Edizioni PensareDiverso
Cenacolo Jung Pauli

CENACOLO
JUNG PAULI

Bruno Del Medico
Cuốn sách được minh họa bởi Elisabetta Del Medico

Tất cả các màu của rối lượng tử.

Tất cả các màu của rối lượng tử.
Từ huyền thoại về hang động của Plato, đến sự đồng bộ của Carl Jung, đến ảnh ba chiều của David Bohm. Vật lý lượng tử bác bỏ chủ nghĩa duy vật và tiết lộ thành phần tinh thần của vũ trụ.

Bruno Del Medico Publisher.
edizioni@delmedico.it

Tóm lược.

Giới thiệu. Cuốn sách này nói về điều gì.

Cuốn sách được chia thành ba phần. Trong phần đầu tiên (Những trực giác), tác giả đề cập đến những giả thuyết phù hợp nhất về thực tế sai lầm của thế giới có thể cảm nhận được. Sự tồn tại của một cấp độ ý thức vượt qua vật chất đã được các nhà tư tưởng vĩ đại dự kiến. Chúng ta tìm thấy ý tưởng này trong Huyền thoại về hang động của Plato, trong "Thuyết vô vật chất" của Berkeley, trong "Tâm lý học về hình thức" (Gestaltpsychologie). Nguồn gốc có thẩm quyền nhất nằm trong các công trình về vô thức tập thể và về lý thuyết đồng bộ của Carl Jung.

Trong phần thứ hai (Xác nhận), tác giả mô tả một cách cơ bản nhưng chi tiết con đường của vật lý lượng tử, từ thí nghiệm của Thomas Young về rào cản với hai khe cho đến các hiện tượng chồng chất của các trạng thái và tương quan lượng tử. Thông qua các khóa đặc quyền này, có thể hiểu được hiện tượng rối lượng tử. Trong phần thứ ba (Các góc nhìn), tác giả mô tả các lý thuyết được phát triển bởi David Bohm về "tiềm năng lượng tử" trên "vũ trụ liên quan và vũ trụ giải thích" và về tầm nhìn ba chiều của vũ trụ. Mọi thứ được giải thích với sự đơn giản tuyệt đối, không sử dụng các công thức toán học và với sự trợ giúp của nhiều hình ảnh minh họa.

Nhân loại, từ nguồn gốc của nó, đã muốn điều tra nguồn gốc và cấu tạo của mọi thứ, để khám phá chức năng và mục đích thân thiết của chúng.

Phương pháp được sử dụng phổ biến là chia nhỏ các đối tượng thành các phần nhỏ hơn và nhỏ hơn, sau đó phân tích chúng bằng mọi kỹ thuật có thể, từ điều tra trực quan đến phản ứng hóa học. Điều này vẫn xảy ra ngày nay. Ví dụ, nếu một nhà khoa học muốn khám phá cấu trúc hóa học và vật lý của một khối đá granit, anh ta sẽ phá vỡ nó thành nhiều mảnh nhỏ hơn và nhỏ hơn cho đến khi nó được chia thành các nguyên tử riêng lẻ.

Tuy nhiên, nếu bản thân nhà khoa học muốn điều tra các hạt riêng lẻ tạo nên nguyên tử, anh ta sẽ nhận được một điều bất ngờ đáng kinh ngạc. Khối đá granit hoạt động giống như một khối băng. Nhà khoa học nhìn thấy vật chất trở thành sương mù, bốc hơi, biến mất giữa các ngón tay của mình. Vật chất rắn trở thành năng lượng dao động.

Các hạt đơn được biến đổi thành sóng dao động mà không có bất kỳ vật chất rắn nào.

Ở cấp độ hạ nguyên tử, vật chất không còn là vật chất rắn nữa, nó trở thành một thứ khác.

Các hạt cơ bản đánh lừa chúng ta. Chúng trông giống như những đốm rắn nếu ai đó quan sát chúng, nhưng chúng hoạt động như sóng rung khi không được quan sát.

Thực tế nguyên tử chỉ chứa chân không.

Nhìn bề ngoài, chúng tôi tin rằng mình có thể chạm, cân, thao tác và đo lường vật chất. Nhưng, trong thành phần gần gũi nhất của nó, vật chất trở thành một gợn sóng của sự trống rỗng, năng lượng, thông tin, sóng hoặc rung động. Đối với chúng ta, những gì dường như là vật chất rắn, về bản chất gần gũi nhất của nó không còn là vật chất rắn.

Tại thời điểm này, rõ ràng là chúng ta không còn có thể nói về một thực tại duy nhất. Tùy theo các mức độ quan sát, từ cực nhỏ đến lớn vô cùng, có rất nhiều thực tại, khác nhau nhưng tất cả đều hoàn toàn đúng.

Hoặc, có lẽ, có nhiều khía cạnh của một thực tế cao hơn, vẫn chưa được biết. Tất cả các triết học và tôn giáo luôn đưa ra giả thuyết về một "khu vực của tinh thần" vượt qua vật chất; Tuy nhiên, không ai có thể cung cấp bằng chứng về sự tồn tại của nó. Ngày nay vật lý lượng tử đang mở ra một cánh cửa lớn trên những chân trời mà cho đến thế kỷ trước, chúng ta không thể tưởng tượng được. Các xác nhận đến từ các thí nghiệm được thực hiện thành công, đặc biệt là những thí nghiệm liên quan đến hiện tượng rối lượng tử.

Ngày nay chúng ta biết rằng có một mức độ thực tế không còn chịu sự ràng buộc của vật lý Newton nữa. Vật lý của vật chất không còn đủ để mô tả vũ trụ.

Vật lý lượng tử chứng minh sự tồn tại của một cấp độ mà năng lượng và thông tin tiếp quản vật chất. Đây là mức được gọi là "không cục bộ". Chúng ta có thể định nghĩa nó là một cấp độ ngoại cảm hoặc tâm linh. Ở cấp độ này, một Trí thông minh phổ quát tương tác với nhân loại. Các con đường giao tiếp với vũ trụ thông minh thông qua vô thức tập thể đã được Carl Jung đưa ra lý thuyết.

Các nhà đồng bộ Jungian hướng dẫn chúng ta trong một dự án tiến hóa văn hóa. Đó là một dự án mà chúng tôi đang bắt đầu nhận thức được.

Phần đầu tiên. Những trực giác cổ xưa.

Những hiện tượng không thể giải thích được xảy ra.

Theo một số tài liệu kỹ thuật hàng không nổi tiếng, ong bắp cày lớn (Vespa Cabro) không thể bay do hình dạng và trọng lượng của cơ thể nó so với bề mặt của cánh. Nhưng chiếc Vespa Cabro không biết điều này, và do đó vẫn tiếp tục bay.

(Igor Ivanovich Sikorsky, nhà tiên phong hàng không Nga)

Sách kỷ lục Guinness chứa đựng nhiều điều kỳ quặc. Trong số những thông tin bất thường này, có một thông tin rất đặc biệt. Đây là cách phân loại công trạng liên quan đến các cặp sinh đôi được sinh ra vào các thời điểm khác nhau. Guiness liệt kê những cặp sinh đôi được sinh ra với thời gian trễ nhất giữa chúng.

Trái ngược với những gì người ta có thể tưởng tượng, khoảng thời gian này không bao gồm giờ hoặc ngày, mà thậm chí là hàng tháng. Ví dụ, vào năm 2000, Sandra Beveridge đến từ Tây Lothian, một quận của Scotland, sinh đôi cách nhau 28 ngày. Peggy Lynn, một phụ nữ đến từ Pennsylvania, thậm chí còn làm tốt hơn. Năm 1995 Peggy sinh đôi sinh đôi cách nhau 84 ngày. Tuy nhiên, kỷ lục hiện tại thuộc về Maria Jones-Elliot, người đã sinh ra Amy ở Ireland vào năm 2013 và chỉ sau 87 ngày đã hạ sinh cặp song sinh Katie.

Các bác sĩ chỉ định rằng đây là những trường hợp rất hiếm. Những trường hợp này chỉ xảy ra khi các cặp song sinh phát triển trong các túi nhau thai riêng biệt.

Cặp song sinh tương quan lượng tử.

Có một khía cạnh thú vị, thuyết phục tôi đề cập đến hồ sơ sinh đôi bị chậm. Đó là về việc cuốn sách “Sách ghi lại kỷ lục Guinness” ra đời từ ngòi bút của hai tác giả. Tên của họ là Ross và Norris McWhirter, và họ cũng là anh em sinh đôi. Hai anh em sinh đôi này, ngoài vai trò là tác giả của cuốn sách, còn là nhân vật chính của một sự kiện "bất khả thi".

Guinness hiện là cuốn sách bán chạy thứ ba trên thế giới, sau Kinh thánh và Kinh Koran. Cuốn sách này đại diện cho sự phát triển thực tế của một ý tưởng được sinh ra một cách hoàn toàn bình thường, trong một chuyến đi săn diễn ra vào ngày 4 tháng 5 năm 1951.

được xảy ra.

Một trong những người tham gia cuộc săn lùng là Ngài Hugh Beaver, giám đốc điều hành của Guinness Breweries ở Dublin.

Sir Beaver đã thất bại trong việc tấn công một số loài chim có cái tên gây tò mò là "chim vàng" (Pluvialis apricaria). Những con chim nhanh hơn khẩu súng trường của anh ta và bỏ chạy với tốc độ cực nhanh ngay khi chúng cảm nhận được sự hiện diện của người thợ săn.

Sự bất tiện này đã làm dấy lên một cuộc tranh luận giữa Sir Beaver và những người thợ săn khác, để xác định con chim nào nhanh nhất.

Những ngày sau đó, Ngài Beaver, người rõ ràng không bận rộn lắm với vai trò quản trị viên, tiếp tục nghiên cứu vấn đề này. Cuối cùng, ông đi đến kết luận rằng nhiều người, giống như ông, sẽ muốn biết không chỉ loài chim nào nhanh nhất, mà còn bất kỳ loại xuất sắc nào khác trong các màn trình diễn khác nhau. Do đó, ông quyết định tạo một cuốn sách mà mọi người đều có thể truy cập vào loại thông tin này.

Nội dung của cuốn sách là một bộ sưu tập các loài linh trưởng trong các hoạt động khác nhau. Do đó, Sir Beaver đã tìm kiếm sự giúp đỡ từ hai chuyên gia trong lĩnh vực điền kinh, hai anh em Ross và Norris McWhirter, và ủy quyền cho họ viết cuốn sách.

Sách ra mắt lần đầu tiên vào ngày 27 tháng 8 năm 1955 với chữ ký của hai anh em. Tiêu đề là "Sách ghi lại kỷ lục Guinness". Cuốn sách ngay lập tức có được thành công vang dội đó tiếp tục đến ngày nay. (Hình 1). Rõ ràng, các tác giả đã trở nên rất nổi tiếng, vì vậy các sự kiện trong cuộc đời của họ được ghi lại và chứng kiến rất đầy đủ.

Hình 1 - Cặp song sinh Norris (trái) và Ross McWhirter (phải) tác giả của ấn bản đầu tiên của "Sách kỷ lục Guinness". Hai người là nhân vật chính của một trường hợp đáng kinh ngạc về giao tiếp ngoại cảm.

được xảy ra.

Cặp song sinh Ross và Norris McWhirter.

Ross và Norris được sinh ra vào ngày 12 tháng 8 năm 1925 với William McWhirter, biên tập viên của "Sunda Pictorial", và Margaret Williamson. Năm 1950 cả hai đều trở thành nhà báo thể thao. Một người bạn của họ, Á hậu Christopher Chataway, được làm việc tại Nhà máy bia Guinness. Khi Christopher biết rằng quản trị viên Hugh Beaver đang tìm kiếm những người có năng lực để làm một cuốn sách về động vật linh trưởng, anh ấy đã giới thiệu cặp song sinh. Hai người ngay lập tức được giao nhiệm vụ viết cuốn sách.

Trong những năm 1960, Ross trở thành một nhà hoạt động chính trị của Đảng Bảo thủ. Bất kể những thời điểm khó khăn, ông đã ủng hộ nhiều luật hạn chế do Anh ban hành nhằm chống lại người dân Ireland.

Anh ta thậm chí còn khuyến khích phần thưởng 50.000 bảng Anh cho bất kỳ ai cung cấp thông tin hữu ích cho việc bắt giữ một phòng giam của IRA (Quân đội Cộng hòa Ireland). Lúc đó IRA đang thực hiện nhiều cuộc tấn công ở London. IRA coi Ross McWhirter là kẻ thù trực tiếp.

Vào ngày 27 tháng 11 năm 1975, hai thành viên IRA đã giết Ross. Cả hai đã đợi anh khi anh trở về nhà. Khi anh đến nơi, họ dùng súng lục bắn hai phát vào anh. Bây giờ là 6 giờ 45 chiều.

Cùng thời điểm Ross bị giết, anh trai sinh đôi của anh là Norris đang ở cách đó khoảng 30 dặm đang nói chuyện với một số người.

Đột nhiên, Norris nắm lấy đầu anh trong hai tay, như thể đầu anh đang vỡ tung.

Trước sự kinh ngạc của những người có mặt, anh gần như ngất đi. Bây giờ là 6 giờ 45 chiều.

Những người có mặt đã làm chứng cho sự việc. Lời chứng được ghi lại bởi học giả Guy Lyon Playfair trong cuốn sách "Thần giao cách cảm song sinh" của ông:

> “Vào đầu buổi tối ngày 27 tháng 11 năm 1975, nhà văn kiêm nhân vật truyền hình Ross McWhirter đã bị hai tay súng bắn vào đầu và ngực khi anh ta đang đứng trước cửa ngôi nhà ở phía bắc London của mình. Anh ta được đưa đến bệnh viện nhưng được thông báo là đã chết ngay sau khi đến nơi. Một nhân chứng ở cùng anh trai sinh đôi Norris McWhirter đã cho tôi lời khai này: "Norris đã có một phản ứng kịch tính, gần như thể anh ấy bị trúng một viên đạn vô hình."

Đây không phải là trường hợp duy nhất của một cặp song sinh, ở khoảng cách rất xa, phản ứng với các sự kiện liên quan đến cặp song sinh kia.

Nữ tử tước Thelma Furness.

Thelma Morgan, sinh tại Thụy Sĩ vào ngày 23 tháng 8 năm 1904, là con gái của Harry Hays Morgan, một nhà ngoại giao Mỹ từng là lãnh sự Hoa Kỳ tại Buenos Aires và Brussels. Thelma và chị gái sinh đôi Gloria sinh ra Laura Delphine Kilpatrick. (Hình 2).

Laura Delphine là cháu gái của một vị tướng Liên minh và thông qua bà ngoại của cô, là hậu duệ của hoàng gia Tây Ban Nha Navarre.

Vì vậy, hai chị em sinh đôi có tất cả những điều kiện cần thiết để tham dự một hội tốt nhất thời bấy giờ. Thelma trở

được xảy ra.

thành tình nhân của Hoàng tử xứ Wales, Vua Edward VIII trong tương lai.

Thật vậy, Thelma đã đi trước Wallis Simpson trong trái tim Edward. Tuy nhiên, sau đó, vì tình yêu của Wallis, Edward từ bỏ ngai vàng và trở thành Công tước xứ Windsor.

Trong mối quan hệ với Hoàng tử Edward vào năm 1929, Thelma kết hôn với một nhà quý tộc, Tử tước Marmaduke Furness. Cuộc hôn nhân không kéo dài nhưng đã cho phép cô mang danh hiệu Tử tước Lông bông trong suốt cuộc đời. Trong cuộc hôn nhân ngắn ngủi, Thelma sinh William Anthony.

Gloria sinh đôi của Thelma kết hôn với Reginald Claypoole Vanderbilt.

Bất chấp cuộc sống đa dạng và đầy biến cố của họ, hai chị em vẫn giữ được một mối quan hệ tâm linh bền chặt.

Mối quan hệ này được thể hiện mạnh mẽ khi Thelma, người đang mang thai với William Anthony, sinh non. Vào thời điểm đó, ông đã ở Melton Mowbray, Vương quốc Anh.

Khi đó, chị gái Gloria của cô đang ở bên kia bờ đại dương, ở New York, nên cô hoàn toàn không biết về việc sinh non.

Tuy nhiên, cùng lúc với những gì đang xảy ra với người chị song sinh của mình, Gloria cũng bị đau bụng dữ dội, giống như thể chính cô phải sinh con.

Gloria đã được giúp đỡ kịp thời nhưng không bao giờ có thể xác định được nguyên nhân khiến cô đau đớn.

Chỉ sau này, người ta mới có thể kết nối nỗi đau của Gloria với sự ra đời của Thelma, diễn ra cùng thời điểm.

Gloria chia sẻ một cách bí ẩn những khó khăn của Thelma như thể cô ấy là một với em gái của mình. Sự hợp nhất không chỉ là tâm linh mà còn là vật chất.

Hai trường hợp tôi đã nêu đều được rất nhiều người biết đến. Có bằng chứng phong phú và đáng tin cậy về những trường hợp này. Những trường hợp này xác nhận rằng một số cặp sinh đôi, nhờ một mối liên kết bí ẩn được thiết lập bởi sự sinh chung, có thể chia sẻ cảm giác vật lý theo cách mâu thuẫn với mọi định luật vật lý cơ bản. Điều này được thể hiện rõ ràng hơn khi chúng ta xem xét khoảng cách giữa các cặp song sinh khi sự thật xảy ra.

Những tai tiếng và lời khai của những trường hợp này khiến người ta khó có thể tranh luận rằng đó là những câu chuyện hư cấu. Những tình tiết này được ghi chép đầy đủ đến nỗi chúng cũng được đề cập đến trên trang web của CICAP (Ủy ban Kiểm soát các khiếu nại của Ý trên Pseudo-sciences).

Hiệp hội này đã thực hiện sứ mệnh của mình là cạnh tranh và làm mất uy tín của bất kỳ tuyên bố nào liên quan đến các hiện tượng ngoại cảm. Tuy nhiên, CICAP liệt kê các trường hợp được mô tả là "sự trùng hợp cảm giác" và định nghĩa chúng là "trường hợp giật gân quyết định".

Trên thực tế, những câu chuyện về cặp song sinh này cho thấy sự tương ứng tuyệt vời với một số khía cạnh điển hình của các hạt hạ nguyên tử. Vật lý lượng tử đã chỉ ra rằng hai hạt tương quan, nghĩa là, được kết hợp bởi những điều kiện cụ thể (điển hình là chúng được sinh ra từ một sự kiện chung) có khả năng duy trì kết nối "có ý thức" ở bất kỳ khoảng cách nào, như thể chúng là một hạt đơn lẻ. Chúng ta sẽ nói về điều này trong phần thứ hai của cuốn sách.

được xảy ra.

Hình 2 - Thelma Morgan, Viscountess Furness (phải) với Gloria sinh đôi của cô. Trong khi Thelma, ở Anh, đau đớn vì sinh non thì chị Gloria của cô, ở New York, cũng cảm thấy đau đớn như vậy.

Vật chất, chỉ vật chất, không gì khác ngoài vật chất.

" Vật chất, chỉ vật chất, không gì khác ngoài vật chất "Những người theo chủ nghĩa duy vật và những kẻ điên rồ không bao giờ nghi ngờ."
(Gilbert Keith Chesterton)

Theo khoa học hiện nay, có một số thứ "có thể được", và những thứ khác "không thể có được".

Đầu tiên là tất cả những thứ có thể được cân, đo và tái tạo trong phòng thí nghiệm. Trong số những điều này, chúng ta cũng hiểu các tác động liên quan, chẳng hạn như từ tính và lực hấp dẫn.

Tất cả các trường hợp khác, bắt đầu với các hiện tượng ngoại cảm, là kết quả của ảo giác hoặc mê tín. Những người ủng hộ những hiện tượng này là những kẻ gian lận hoặc tốt nhất là bị rối loạn tâm thần và phải được điều trị y tế. Để hỗ trợ cho luận điểm này, người ta tìm kiếm những lời giải thích vô lý mà giới hạn chế giễu. Trong mọi trường hợp, sự tồn tại của những hiện tượng này bị phủ nhận trước.

Cần phải nói rằng khoa học hiện tại dựa vào thái độ này trên những nền tảng rõ ràng là vững chắc, tức là trên những định luật vật lý đã biết. Các luật này đã được thiết lập và củng cố trong một vài thế kỷ. Đây là những quy luật mà bản thân chúng ta có thể kiểm chứng, nếu chúng ta quan sát thế giới xung quanh bằng các giác quan đánh lừa của mình. Tôi sẽ cố gắng tóm tắt ngắn gọn các lý thuyết duy vật.

Lý thuyết về "chủ nghĩa nhất nguyên" và chủ nghĩa giản lược duy vật.

Khái niệm về thuyết nhất nguyên rất cổ xưa, nó có từ thế kỷ thứ 5 trước Công nguyên, cụ thể là đối với triết học của Parmenides. Thuật ngữ "thuyết nhất nguyên" được sử dụng vào năm 1734 bởi nhà triết học người Đức Christian Wolff. Học giả, trong tác phẩm "Tâm lý học duy lý", định nghĩa "kẻ độc tài" là người "thừa nhận một loại chất duy nhất".

Thuyết nhất nguyên được phân biệt với thuyết nhị nguyên hay thuyết đa nguyên, theo đó, tổng thể có thể bắt nguồn từ hai hoặc nhiều loại chất. Một số lưỡng tính điển hình là:

- psyche / vật chất
- thân tâm.

Khoa học duy vật thu gọn tất cả thực tại thành một loại "chất", vật chất rắn. Đồng thời, chủ nghĩa duy vật loại trừ bất kỳ sự hiện diện tâm linh hoặc tâm linh nào. Chỉ có tất cả những gì là vật chất là có thật. Tâm trí, suy nghĩ, ý thức chỉ là phần còn lại của các quá trình hóa học diễn ra trong não.

Ngẫu nhiên, chúng tôi xác định rằng không chỉ có chủ nghĩa duy vật duy vật; chẳng hạn, cũng có một "chủ nghĩa nhất nguyên" duy tâm. Đây là "chủ nghĩa tâm thần", và nó nói hoàn toàn ngược lại: chỉ có khía cạnh tinh thần là có thật.

Cả hai vị trí này đều không chính xác theo những khám phá vật lý lượng tử gần đây, như chúng ta sẽ thấy ở phần sau của cuốn sách. Trên thực tế, cả hai đều phủ nhận rằng có thể tồn tại một vũ trụ trong đó vật chất và tinh thần (hoặc tinh thần) kết hợp hài hòa với nhau trong một dự án sáng tạo tuyệt vời.

"Nhân quả".

Theo những nguyên tắc này, vũ trụ là một cỗ máy hoạt động giống như một chiếc đồng hồ. Mọi thứ được thành lập, mọi thứ đều là kết quả. Mỗi sự kiện, mỗi sự thay đổi của một vật thể có chức năng đối với vị trí của nó, tốc độ ban đầu của nó và các lực vật chất hiện diện xung quanh nó.

Hạt giống hút chất dinh dưỡng từ đất và nảy mầm. Hạt đẩy mầm lên trên với một lực nhất định. Nếu đủ sức, mầm hạt sẽ phá vỡ lớp vỏ của đất và trồi lên, nếu không thì nó sẽ chết dưới đất.

Vật chất, chỉ vật chất, không gì khác ngoài vật chất.

Khi mầm của hạt nhô lên khỏi mặt đất, sức mạnh của rễ sẽ đẩy nó lên trên. Tại thời điểm đó, anh ta có thể cạnh tranh với các cây xung quanh trong việc hấp thụ ánh nắng và mưa. Mọi thứ hoạt động như một chiếc đồng hồ, cây phát triển theo một loạt cơ chế, trong đó cây hoàn toàn không nhận thức được.

Nếu tôi ném một hòn đá, nó sẽ đi theo một đường được xác định bởi trọng lượng của nó và lực mà tôi ném nó. Nếu viên đá va vào một vật thể, nó sẽ tạo cho vật thể đó một lực đẩy tỷ lệ với năng lượng sở hữu. Không bao giờ có chuyện một viên đá tự di chuyển một mình. Không có vật thể nào chuyển động trừ khi nó được kích thích bởi một vật thể khác.

Do đó, mọi hành động đều do một hành động khác gây ra. Mỗi hành động kế thừa sức mạnh từ hành động đã gây ra nó và phân bổ sức mạnh cho các hành động tiếp theo.

Điều này rất hữu ích đối với khoa học hiện tại vì nó cho phép bạn xác định vị trí của từng vật thể trong vũ trụ tại bất kỳ thời điểm nào và dự đoán hành vi của máy móc và thiết bị công nghiệp. Máy móc, nếu nhận được năng lượng phù hợp, có thể thực hiện các chức năng chính xác đến một phần nghìn milimet để thu được kết quả mong muốn.

René Descartes tách thực tại thành thuyết nhị nguyên vật chất-tâm trí, do đó dự đoán khái niệm thuyết tất định, vốn loại trừ sự cần thiết phải có tâm trí. Khái niệm loại trừ tâm trí ủng hộ tính duy nhất của vật chất sau này được phát triển bởi Isaac Newton. Pierre Laplace cũng đưa ra khái niệm này trong cuốn sách của ông về cơ học thiên thể. (Mécanique céleste, 1805).

Đây là cuốn sách đầu tiên không đề cập đến Chúa là nguyên nhân của sự sáng tạo. Chính hoàng đế Napoléon cũng vô cùng kinh ngạc và hỏi Laplace: "Tại sao trong tác phẩm của mình, ông không đề cập đến Chúa?"

Laplace trả lời "Đó là một giả thuyết mà tôi không cần".

Nhân quả hoàn toàn phủ nhận khả năng có một dự án sáng tạo mà con người tham gia. Trí thông minh của con người là sản phẩm phụ vô dụng của vật chất. Mọi vật chất đều hoạt động tốt mà không cần đến sự đóng góp của trí tuệ dưới bất kỳ hình thức nào.

Tính liên tục và hướng của thời gian.

Tuyên bố của khoa học là mọi sự kiện đều do sự kiện khác gây ra. Đổi lại, mỗi sự kiện lại khiêu khích những người khác. Điều này ngụ ý khái niệm rằng tất cả những thay đổi và tất cả các động lực của vũ trụ xảy ra liên tục, không có bất kỳ khoảng dừng nào, trong một băng chuyền bắt đầu với Vụ nổ lớn và sẽ không bao giờ kết thúc. Hơn nữa, tất cả sự tiến hóa liên tục này chỉ diễn ra theo một hướng, theo mũi tên thời gian mà chỉ tiến về phía trước.

Chúng tôi gọi "hướng thời gian" là một hiện tượng mà một hệ thống vật chất có thể phát triển từ trạng thái ban đầu sang trạng thái tiếp theo, trong một thời gian nhất định, nhưng không bao giờ có thể trở lại trạng thái ban đầu.

Hiện thực như chúng ta nhận thức được gọi là thực tại cấp vĩ mô. Ở cấp độ này, chúng ta tuân theo định luật entropy. Luật này nói rằng sự rối loạn chỉ có thể tăng lên theo thời gian. Vì vậy, nếu bạn làm vỡ một chiếc kính, bạn chắc chắn sẽ có thể làm vỡ từng mảnh nhỏ hơn nữa.

Tuy nhiên, hãy quên khả năng các mảnh khác nhau sẽ kết nối lại để tạo thành kính khỏe mạnh một lần nữa.

Thật kỳ lạ, chúng ta có thể thấy rằng điều này chỉ đúng ở cấp độ vĩ mô. Thay vào đó, ở cấp độ vi mô, hầu như tất cả các quá trình vật lý đều đối xứng. Đó là, các phương trình mô tả chúng cho thấy rằng chúng sẽ hoạt động rất tốt cả về phía trước và phía sau trong thời gian.

Thật kỳ lạ, theo nguyên lý nhân quả, khoa học có thể dự đoán chính xác hành vi của vũ trụ xung quanh chúng ta. Tuy nhiên, đồng thời khoa học cũng phủ nhận rằng chúng ta có thể biết trước điều gì sẽ xảy ra tiếp theo trong cuộc sống cá nhân của mình. Do đó, khoa học bác bỏ sự tồn tại của các hiện tượng linh cảm. Đó là, khoa học tuyên bố rằng nó có thể dự đoán tương lai cho vũ trụ, nhưng phủ nhận khả năng dự đoán tương lai cho cá nhân đơn lẻ.

Khái niệm "phi địa phương"

Tất cả các hiện tượng và tác động của chúng đều được bản địa hóa, tức là chúng xảy ra trong một phần không gian cụ thể. Hơn nữa, chúng lan truyền với tốc độ và thời gian có thể được đo chính xác.

Một hành động từ xa giữa hai đối tượng mà không có sự trung gian của một "lực lượng vật chất" kết nối chúng là không thể. Điều cần thiết là "một cái gì đó" gắn kết hai đối tượng bằng cách vượt qua không gian ngăn cách chúng trong một thời gian nhất định. Lực này giảm khi khoảng cách tăng lên.

Các vật thể vật chất có giới hạn tốc độ xấp xỉ 300.000 km / giây. Không có gì có thể vượt quá tốc độ này. Ví dụ, điều này xác định rằng liên lạc giữa các vệ tinh không gian và bề mặt hành tinh có thể bị trì hoãn rất nhiều.

Nếu một vụ phun trào xảy ra trên bề mặt Mặt trời, chúng ta chỉ có thể nhìn thấy nó sau tám phút. Đây là khoảng thời gian cần thiết để ánh sáng từ vụ nổ truyền đến Trái đất. Vì vậy, nếu bạn tình cờ nhìn vào Mặt trời, hãy biết rằng đó là

Mặt trời từ tám phút trước. Trong khi đó mặt trời có thể đã bùng nổ, nhưng chúng ta sẽ chỉ biết sau tám phút.

Tính năng này ngăn một hành động nhất định được thực hiện ở một nơi khỏi có các hiệu ứng đương thời ở một nơi khác.

Vì vậy, để lấy một ví dụ về không gian, chúng ta có thể giả định rằng nếu một tiểu hành tinh điên cuồng thoát khỏi Đám mây Oort và tiến thẳng về hành tinh Trái đất, chúng ta sẽ có ít nhất một vài năm để phát triển các chiến lược phòng thủ.

Theo nghĩa này, khoa học đã nhiệt tình chấp nhận xác nhận của Einstein, theo đó khái niệm địa phương vẫn có giá trị ngay cả trong bối cảnh của thuyết tương đối.

May mắn thay, tốc độ giới hạn ánh sáng đã ngăn không cho một tiểu hành tinh thoát ra từ Đám mây Oort va vào hành tinh của chúng ta ngay lập tức.

Ở cấp độ vĩ mô, tức là trong các chiều của vũ trụ, các quy luật vật lý đã biết ngăn cản điều này xảy ra. Cuộc sống hàng ngày của chúng ta cũng diễn ra ở cấp độ vĩ mô. "Luật địa phương" đảm bảo với chúng tôi rằng nếu trong bối cảnh tranh chấp gia đình, người phối ngẫu ném đĩa vào chúng tôi, chúng tôi có thời gian để di chuyển.

Tuy nhiên, như chúng ta sẽ thấy, ở cấp độ hạ nguyên tử, "luật phi địa phương" đang có hiệu lực. Ở cấp độ này, cái chậu sẽ đập vào chúng ta ngay khi nó được ném, bất kể khoảng cách của chúng ta.

Một thực tế khách quan.

Thế giới vật chất độc lập tuyệt đối với tư tưởng của con người, tức là ý thức. Ý thức không có trọng lượng hay khối lượng và do đó không thể làm cho một vật thể chuyển động ở một khoảng cách xa, như một quả bóng bi-a. Không có quá trình xử lý ý thức nào có thể sửa đổi vật chất hoặc ảnh hưởng đến nó.

Tuy nhiên, có những tình huống, ở cấp độ hạ nguyên tử, trong đó người quan sát, với ý chí của mình và do đó với lương tâm của mình, xác định thực tế. Với phương pháp quan sát của mình, người quan sát có thể thiết lập bản chất của một đối tượng hạ nguyên tử, tức là anh ta có thể xác định xem đối tượng đó là sóng hay hạt. Không những vậy, người quan sát có thể xác định được hành vi của đối tượng. Do đó, ở cấp độ hạ nguyên tử, có một thực tế khách quan khác. Chúng tôi sẽ xác minh khía cạnh này trong chương dành riêng cho thí nghiệm khe kép.

Các triệu chứng huyễn hoặc?

Cũng theo những người ủng hộ chủ nghĩa duy vật, mọi thứ không phải là vật chất đều là sản phẩm không mong muốn của vật chất.

Ý thức, tư tưởng, tình cảm, tình yêu hay lòng thương hại là những biểu hiện phụ, "giả" của vật chất, và sự hiện diện hay vắng mặt của chúng không ảnh hưởng đến việc giải thích các hiện tượng thực tế. Hiện tượng chỉ có thể tồn tại nếu chúng có liên quan vật chất với bản thân vật chất. Tâm linh và tất cả các quá trình xử lý tinh thần đều là sản phẩm thải bỏ của các quá trình hóa học diễn ra trong não bộ.

Có, tuy nhiên, Định lý Toàn vẹn của Gödel...

Vì vậy, rất nhiều an ninh khoa học ngay lập tức được đặt câu hỏi bởi chính khoa học. Kurt Friedrich Gödel là một nhà toán học, nhà logic và triết học người Mỹ nhập tịch người

Áo, nổi tiếng với các công trình nghiên cứu về tính không hoàn chỉnh của các lý thuyết toán học.

Định lý mang tên ông về cơ bản nói lên một điều. Mọi hệ thống thuật toán được sử dụng để kiểm tra một nguyên tắc toán học hóa ra là không đầy đủ hoặc mâu thuẫn, vì nó chắc chắn sẽ chứa một phần không thể chứng minh được.

Điều này xảy ra khi thuật toán đủ phức tạp.

Các định luật vật lý cũng là toán học. Do đó, các định luật vật lý dựa trên các thuật toán toán học chắc chắn có một phần không thể chứng minh một cách logic.

Tuy nhiên, các thuật toán này hoạt động.

Điều này có nghĩa là, khi một nhà toán học xây dựng một thuật toán, anh ta sẽ thoát khỏi hệ thống lôgic để nắm bắt một chân lý toán học vượt qua bối cảnh mà quy trình lôgic và phép chứng minh nắm giữ.

Họ sử dụng các khái niệm đã có sẵn mà không thể bị "mắc kẹt" trong công thức. Hiện thực được nhận thức và sử dụng theo bản năng mà không thể biến nó thành "hệ thống".

Do đó, nếu các định luật vật lý hướng dẫn hành vi của vật chất, thì phải công nhận rằng chúng chứa đựng những yếu tố tồn tại tiên nghiệm, vượt lên trên thế giới vật chất.

Ý tưởng này được gọi là "thuyết Platon toán học" vì Plato đã có trực giác rằng hành vi của thế giới vật chất phụ thuộc vào các ký hiệu toán học không thuộc về quy trình logic mà thuộc về thế giới nguyên mẫu.

Trí óc và bộ não.

Có phải vũ trụ chỉ là một đống vật chất, hay nó có ý thức riêng, như các nền văn hóa cổ đại nhất đã luôn tuyên bố?

Ý thức của chúng ta là sản phẩm phụ của quá trình hóa học của não bộ hay nó sinh ra từ ý thức phổ quát?

Vật chất, chỉ vật chất, không gì khác ngoài vật chất.

Lý thuyết của hầu hết các nền văn hóa cho rằng "ý thức phổ quát" là nguồn gốc mà từ đó mọi sáng tạo tuôn chảy. Mọi thứ đều sống động và mọi thứ là một.

Quan niệm mà chúng ta có thể xác định là huyền bí này đã bị phủ nhận và tranh cãi bởi văn hóa khoa học của những thế kỷ trước. Đó là một nền văn hóa phát triển vượt bậc trong thời kỳ Khai sáng nhưng sau đó trở nên băng hoại trong chủ nghĩa duy vật.

Hiện nay, phần lớn giới khoa học tin rằng tâm trí chỉ là một sáng tạo của bộ não. Con người sẽ chỉ là một cỗ máy, như một hiệu ứng phụ, đã có được khả năng xử lý những suy nghĩ và cảm xúc. Khi chúng ta có những cỗ máy có khả năng phân tích sâu sắc bộ não, chúng ta có thể biết chắc chắn những phản ứng hóa học nào xuất phát từ cảm giác có linh hồn, yêu mẹ hay tin vào sự tồn tại của sự sống vĩnh cửu.

Niềm hy vọng của chủ nghĩa duy vật là một ngày nào đó có thể phát triển một loại "thuốc tẩy não" có thể ức chế sự hình thành của những phản ứng hóa học khó chịu này, giải phóng nhân loại khỏi những mê tín dị đoan này!

Vì vậy, khoa học coi hiện tượng sự sống bắt đầu từ đáy. Cơ sở chính là vật chất. Vật chất tập hợp lại thành các phân tử và tế bào, chúng tiến hóa và leo lên nấc thang tiến hóa dưới sự hướng dẫn của một DNA được sinh ra một cách tình cờ.

DNA được tạo ra một cách ngẫu nhiên lần lượt tạo ra bộ não một cách ngẫu nhiên. Trong não, các kích thích điện hóa tạo ra các khuynh hướng vận hành bộ máy của cơ thể. Là một sản phẩm phụ, bộ não cũng tạo ra những giấc mơ, cảm xúc, cảm xúc, sự sáng tạo và tất cả những gì chúng ta gọi là hoạt động của tâm trí.

Ngược lại, tất cả các truyền thống tâm linh lớn đều coi hiện tượng sự sống bắt đầu từ bên trên chứ không phải từ bên dưới. Trước hết, có một ý thức phổ quát mà từ đó mọi thứ bắt nguồn, trên hết là sự sống.

Ý thức vũ trụ tiếp tục hiện diện trong mọi dạng sống. Mọi dạng sống đều sở hữu một phần ý thức phổ quát. Từ ý thức vũ trụ bắt nguồn mọi tạo vật, kể cả vật chất.

Ngay cả các đối tượng vật chất cũng chứa ý thức phổ quát. Vì lý do này, vật chất vật lý có thể tự tổ chức một cách hài hòa, theo một dự án chắc chắn không chứa đựng trong "vật chất vật lý".

Huyền thoại về "hang động của Plato".

Chúng ta có thể tha thứ cho một đứa trẻ khi nó sợ bóng tối. Bi kịch thực sự của cuộc đời là khi một người đàn ông trưởng thành sợ ánh sáng.

(Plato)

Ghế được làm như thế nào?

Luôn luôn có một trào lưu văn hóa, vượt qua nhiều lĩnh vực tư tưởng khác nhau, từ triết học, đến tâm linh, đến khoa học hiện đại, đã hỗ trợ cho tính chất hão huyền của thực tại mà chúng ta đang sống.

Trong bài thơ "Về thiên nhiên" của nhà triết học Hy Lạp "Parmenice", tác giả cho rằng sự đa dạng và thay đổi của thế giới vật chất là ảo tưởng. Như chúng ta sẽ thấy, Plato trong "Cộng hòa của Plato" đề xuất huyền thoại nổi tiếng về hang động. Sau này, George Berkeley sẽ lập luận rằng chúng ta có cảm giác rằng mọi thứ thực sự tồn tại, nhưng trên thực tế, mọi thứ chỉ là những biểu tượng tinh thần. Theo Berkeley, không có đối tượng vật chất mà chỉ có các tập hợp ý tưởng.

Cho đến một vài thập kỷ trước, chúng được coi là "những lý thuyết kỳ lạ hoặc tuyệt vời". Ngày nay, vật lý lượng tử đã chứng minh rằng đây là những ý tưởng chân thực được ban cho phẩm giá khoa học.

Trên thực tế, chúng tôi xem xét "mọi thứ" ở cấp độ vĩ mô của chúng tôi và coi chúng là chất rắn. Tuy nhiên, nếu chúng ta xem xét "sự vật" ở mức độ vô cùng nhỏ, thì "sự vật" xuất hiện hoàn toàn khác.

Chắc chắn đối với chúng ta, một chiếc ghế dường như là một vật rắn. Bản thân chiếc ghế, được khảo sát ở cấp độ các nguyên tử và các hạt hạ nguyên tử cấu thành nên nó, trở thành một tập hợp các rung động rải rác trong một khoảng trống bao la.

Tất cả các vật chất, được xem xét trong thành phần hạ nguyên tử của nó, đều có những đặc điểm này.

Mọi thứ đúng như vẻ bề ngoài của chúng, chỉ bởi vì các giác quan của chúng ta cho thấy chúng như vậy.

Hình 3 - Platon (Athens, 428/427 TCN - Athens, 348/347 TCN), là một triết gia Hy Lạp cổ đại. Trong "Timeo", ông thảo luận về mối quan hệ giữa thế giới tự nhiên và thế giới ý tưởng.

Do đó, các giác quan cho chúng ta thấy một vũ trụ tưởng tượng. Các giác quan hoạt động theo cách này cho phép chúng ta trải nghiệm và tương tác với môi trường xung quanh chúng ta.

Đáng buồn thay, tất cả mọi thứ đều là một ảo ảnh khổng lồ được xây dựng dựa trên sự phù hợp với thể chất của chúng ta.

Về cơ bản, chúng tôi sống trong một "ngôi nhà đồ chơi". Tất cả các đồ nội thất và đồ đạc của ngôi nhà tùy chỉnh được xây dựng theo nhu cầu của chúng tôi.

Bên ngoài "ngôi nhà đồ chơi" của chúng tôi, mọi thứ rất khác.

Theo một số thí nghiệm đáng ngạc nhiên, mọi thứ mà chúng ta coi là "thực tế", bao gồm cả cơ thể của chính chúng ta, có thể là kết quả của sự tương tác xảy ra giữa ý thức của chúng ta và các kích thích thuộc bất kỳ bản chất nào mà các giác quan của chúng ta cảm nhận được.

Trong thực tế, tầm nhìn về thực tế xung quanh chúng ta hoàn toàn được xây dựng bởi lương tâm của chúng ta. Về thực tế này, về những gì nó thực sự là như thế nào, chúng ta biết rất ít.

Vậy thực tế thực sự là gì? Nếu chúng ta đề cập đến những gì chúng ta có thể chạm, ngửi, nếm hoặc nhìn thấy, thì chúng ta đang đi sai đường. Tất cả những "cảm giác" này chỉ là tín hiệu hóa học, điện hoặc các tín hiệu khác. Các giác quan của chúng ta cảm nhận những tín hiệu này và gửi chúng đến não. Sau đó, bộ não sẽ xây dựng một hình ảnh theo các quy trình ít được biết đến.

Nếu chúng ta nhìn vào một cái cây trước mặt, thị giác của chúng ta sẽ cảm nhận được hình dạng của nó và gửi nó đến não. Hình ảnh của cái cây được xây dựng trong não. Bộ não gán màu sắc, mùi hương, kết cấu và các đặc điểm khác cho hình dạng của cây. Ngoài sự phức tạp do bộ não tạo ra, chúng ta không biết cái cây được tạo ra như thế nào, màu sắc của nó ra sao, chúng ta cũng không biết liệu trên thực tế, nó có màu hay không.

Platon và sự tìm kiếm tri thức.

Plato là một triết gia Hy Lạp cổ đại. Cùng với người thầy Socrates và học trò Aristotle, ông đã đặt nền móng cho tư tưởng triết học phương Tây. (Hình 3). Anh ấy sinh ra ở Athens trong một gia đình có cha mẹ là quý tộc: cha anh ấy là Aristone trong số tổ tiên của anh ấy có vị vua cuối cùng của Athens, Codro, trong khi người ta nói rằng mẹ anh ấy, Perictione, là hậu duệ của nhà lập pháp Solon.

Cha anh đặt cho anh cái tên Aristocle, trùng tên với giáo viên thể dục dụng cụ của anh. Sau đó, Aristocles đã đặt cho anh ta biệt danh là Plato, vừa vì chiều rộng của vai anh ta vừa để tránh việc học trò trùng tên với thầy.

Theo lời khai của Apollodorus ở Athens, Plato được sinh ra vào đầu Thế vận hội Hy Lạp lần thứ 88, tức là vào cuối tháng 5 năm 428 trước Công nguyên.

Plato có hai anh em, Adimanto và Glaucon, được nhắc đến trong tác phẩm "Cộng hòa" của ông. Anh ấy cũng có một chị gái, tên là Potone.

Plato đã tham gia vào ba cuộc thám hiểm quân sự, trong Chiến tranh Peloponnesian, tới Tanagra, Corinth và Delium.

Gặp Socrates, Plato đã phá hủy tất cả các sáng tác thơ ca của mình và cống hiến hết mình cho triết học.

Cuộc gặp gỡ với Socrates là nền tảng cho nhân cách của Plato. Plato đau khổ vì chính phủ dân chủ Athens buộc tội Socrates báng bổ và làm hư hỏng giới trẻ.

Socrates bị kết án tử hình vào năm 399 TCN.

Sau khi Socrates biến mất, các đệ tử của ông, bao gồm cả Plato, rời Athens để lánh nạn ở Megara.

Bắt đầu từ năm 395, Plato bắt đầu viết những "đối thoại" đầu tiên. Trong những bài viết này, ông đề cập đến vấn đề văn hóa được đại diện bởi hình tượng Socrates và sự lên án bất công của ông ta.

Năm 387, Plato trở lại Athens; và mua một công viên dành riêng cho Academo. Tại công viên này, ông đã thành lập một ngôi trường mà ông gọi là "Học viện".

Học viện đã thực hiện một phương pháp giảng dạy đặc biệt gọi là phép biện chứng. Việc giảng dạy diễn ra thông qua các cuộc tranh luận, trong đó chính các sinh viên tham gia, do Plato hoặc các sinh viên lớn hơn chỉ đạo. Đôi khi trong các hội nghị của Học viện được tổ chức bởi những nhân vật nổi tiếng đi qua Athens. Plato chết năm 347 TCN.

triết học Platon.

Theo Plato, con người được tạo thành từ hai phần. Phần đầu tiên bao gồm một cơ thể. Cơ thể gắn bó chặt chẽ với thế giới sự vật được tạo thành từ vật chất. Vì vậy, cơ thể con người tuân theo số phận giống như mọi thứ thuộc về thế giới này, chẳng hạn như thực vật và động vật.

Phần thứ hai của con người là linh hồn, được cấu tạo bởi "ý thức và lý trí". Phần này không được làm bằng vật chất và do đó là bất tử, bởi vì nó không thể bị phân hủy về thể chất.

Plato khẳng định sự tồn tại của một nơi tâm linh gọi là "Thế giới ý tưởng". Thế giới này tồn tại giống như thế giới vật chất tồn tại. "Thế giới ý tưởng" là nơi yêu thích để linh hồn tồn tại. Con người có thể biết nơi này bằng lý trí.

Các linh hồn tồn tại trong "Thế giới của Ý tưởng" (Πλατωνικό υπερουράνιο) chờ trú ngụ trong một cơ thể.

Trong thời gian chờ đợi này, các linh hồn trưởng thành một kiến thức hoàn hảo về "Ý tưởng". Tuy nhiên, khi các linh hồn đi vào một cơ thể, họ quên kiến thức này, hay đúng hơn là họ chỉ giữ lại một ký ức mờ nhạt về nó. Do đó, mọi hình thức học tập phát triển trong cuộc sống của con người không phải là một sự tiếp thu thông tin mới, mà là một quá trình hồi tưởng về những điều đã biết nhưng đã bị lãng quên.

Cơ sở khái niệm của triết học Plato được tinh chỉnh trong nhiều "Đối thoại" khác nhau. Trong các tác phẩm này, Plato phủ nhận rằng việc theo đuổi tri thức là không thể, như lập luận của các nhà triết học "hữu học" như Euthydemus và Dionysidores. Luận điểm của các triết gia này có thể được tóm tắt như sau:

- Cứ coi như bạn không biết mình đang tìm gì. Nếu bạn đã tìm thấy nó, bạn sẽ không nhận ra nó là mục tiêu tìm kiếm của mình.
- Nếu bạn đã biết những gì bạn đang tìm kiếm, tìm kiếm của bạn là vô nghĩa.

Plato mâu thuẫn với những giả định này với triết học của mình:

- Đối tượng nghiên cứu chỉ là ẩn số một phần, bởi vì linh hồn của mọi người đều biết những Ý tưởng ban đầu trước khi sinh ra, nhưng sau đó lại quên chúng đi. Do đó, mục tiêu nghiên cứu của con người là kiến thức đã có sẵn trong anh ta, ngay cả khi nó đã bị lãng quên.

Huyền thoại về hang động của Plato.

Đối với Plato, "Ý tưởng" là hoàn hảo và bất biến, và tồn tại độc lập với cơ thể, do đó chúng không thể bắt nguồn từ các giác quan (thị giác, thính giác, khứu giác, v.v.). Năm giác quan là những công cụ không hoàn hảo của cơ thể. Để giải thích khái niệm này, ông sử dụng huyền thoại về cái hang. Hang động là nơi giam cầm những người đàn ông, những người buộc phải nhìn vào một thực tế lừa dối, cụ thể là những cái bóng phản chiếu trên bức tường phía sau. Những hình ảnh thực được tìm thấy bên ngoài hang động, dưới ánh sáng của mặt trời, nghĩa là dưới ánh sáng của lý trí và tri thức. Những ánh sáng này không thể cảm nhận được bằng năm giác quan; đáng buồn thay, các tù nhân không biết về sự tồn tại của họ.

Plato đề xuất huyền thoại này trong Quyển VII của tác phẩm "Cộng hòa" của ông. Ông giải thích điều đó qua cuộc đối thoại giữa Socrates và đệ tử Glaucon. Cuộc đối thoại diễn ra như thế này:

(Socrates). "Bạn của tôi, hãy tưởng tượng một tình huống như thế này. Hãy tưởng tượng rằng một số người đàn ông đang ở trong một căn nhà dưới lòng đất dưới dạng hang động. Những người đàn ông đã bị nhốt ở đây kể từ khi họ được sinh ra. Những người đàn ông này bị xiềng xích. Họ không thể di chuyển cơ thể của mình .

Đằng sau họ tỏa sáng ánh lửa đang cháy."

Glaucon trả lời: "Bức tranh này thật kỳ lạ và những tù nhân thật kỳ lạ!"

Socrates tiếp tục nói:

"Tất nhiên, các tù nhân trông rất kỳ lạ. Bạn có nghĩ rằng trong đời họ đã từng nhìn thấy thứ gì khác ngoài những cái bóng do ngọn lửa tạo ra dưới đáy hang không? Vì vậy, nếu họ có thể nói chuyện, có lẽ chủ đề của cuộc thảo luận sẽ là những cái bóng xuất hiện dưới đáy hang."

"Không nghi ngờ gì."

"Vì vậy, các tù nhân sẽ tin rằng bóng của những đồ vật đó là thực tế tồn tại duy nhất."

"Đó hoàn toàn là sự thật."

"Chà, nếu ai đó thả những tù nhân đó ra khỏi xiềng xích của họ, điều gì có thể xảy ra? Nếu một tù nhân đột nhiên có thể đứng dậy và nhìn xung quanh, đi ra ngoài và nhìn vào ánh sáng, điều gì sẽ xảy ra?

Có lẽ, do ánh sáng chói mắt, tù nhân sẽ không thể nhìn thấy thế giới xung quanh.

Bạn không nghĩ rằng tù nhân sẽ bối rối? Người tù có lẽ sẽ kết luận rằng bóng tối tốt hơn ánh sáng đang làm anh ta mù lòa. Anh không nghĩ vậy sao?"

Huyền thoại về hang động thể hiện sự tương đồng hoàn hảo giữa tình trạng của các tù nhân và tình trạng của chúng ta. Phân tích hệ thống ký hiệu của huyền thoại, chúng ta có thể thiết lập một số điểm tương đồng:

- Các tù nhân đại diện cho chúng tôi, theo nghĩa là chúng tôi sống trong một hoàn cảnh tương tự.
- Bên trong hang động là thế giới thực nghiệm của chúng ta, tức là thế giới kinh nghiệm hàng ngày của chúng ta.
- Xiềng xích giam cầm chúng ta là ngũ dục. Các giác quan là những công cụ hoàn toàn không hoàn hảo buộc chúng ta phải nhìn thấy một thực tế sai lầm.
- Những bóng đen xuất hiện dưới đáy hang là giấc mơ, nỗi sợ hãi, tưởng tượng và ảo tưởng. Chúng được xây dựng trên sự giả dối tổng thể của tình hình.
- Giải thoát mình khỏi xiềng xích để có thể nhìn thấy thực tại và ánh sáng của mặt trời tức là giải thoát mình khỏi sự điều kiện hóa của các giác quan.

Điều kiện bắt buộc này không phải là triết học mà là vật lý. Chúng ta chỉ có thể nghe và thấy trong giới hạn hẹp của các tần số khả dĩ, chúng ta có thể nếm trong giới hạn của ngọt và mặn. Do đó, chúng tôi chỉ có thể có thông tin hạn chế về các đối tượng. Chúng ta có thể đánh giá sự rắn chắc và ấm áp của các vật thể một cách rất đại khái. Đồng thời chúng ta không thể hiểu gì về thành phần nguyên tố của các phân tử và nguyên tử cấu tạo nên vật chất.

Nhận thức của chúng ta về thế giới phải được giải phóng khỏi xiềng xích. Sự giải thoát không thể là thể chất, bởi vì chúng ta không thể buộc năm giác quan hoạt động theo cách khác. Xét cho cùng, chúng ta phải biết ơn năm giác quan vì chức năng của chúng, bởi vì chúng giúp chúng ta có khả năng tương tác với thực tế vĩ mô mà chúng ta đang sống.

Do đó, giải thoát phải là tinh thần, lý trí. Chúng ta phải xây dựng trong mình ý thức rằng có một thực tại và nó ở "ngoài kia, ngoài hang". Các giác quan không cho phép chúng ta nhìn thấy thực tế này. Tuy nhiên, thực tế này có thể được trải nghiệm với lý trí.

Ở cấp độ ý thức, chúng ta có thể thừa nhận rằng tất cả những sự thật bị phủ nhận bởi các giác quan, chẳng hạn như tâm linh, linh hồn, chiều kích tâm linh của các ý tưởng và Trí thông minh có trật tự của vũ trụ đều ở ngay "ở đó, bên ngoài hang động". Những ý tưởng này có thể tự biểu hiện một cách mạnh mẽ trong ý thức của chúng ta.

Điều này cũng có thể xảy ra khi trong kinh nghiệm hàng ngày, chúng ta vẫn bị xiềng xích bởi các giác quan vật lý.

Các tù nhân chưa bao giờ nhìn thấy gì ngoài bóng của họ; do đó, họ nghĩ rằng bóng tối là thực tế. Tuy nhiên, một tù nhân trốn thoát và nhìn xung quanh. Anh ấy nhìn thấy các vật thể và hiểu rằng chúng thực hơn bóng. Anh ta ra khỏi hang và bị chói mắt bởi mặt trời. Anh ta linh cảm rằng bên ngoài hang động mọi thứ đều đúng hơn. Anh ấy tự hỏi ánh sáng đến từ đâu và nhận ra rằng ánh sáng mang lại ý nghĩa cho mọi thứ. Ánh sáng tượng trưng cho tri thức và ý niệm chân thiện mỹ.

Tuy nhiên, Plato không gán giá trị âm hoàn toàn cho bóng tối. Con đường ra khỏi hang bắt đầu ngay trong bóng tối. Bóng được kết nối với các đối tượng thực. Theo Plato, trên hết là "Ý tưởng". Từ "Ý tưởng" rút ra các đối tượng của thế giới khả giác. "Ý tưởng" là "Nguyên mẫu tâm linh", tức là "mô hình nguyên thủy ban đầu". Các vật thể, mà các tù nhân nhìn thấy dưới dạng bóng tối, được mô phỏng theo các mô hình này.

Toàn bộ triết học của Plato có nhiều điểm tương đồng với "lý thuyết về nguyên mẫu" và "lý thuyết về tiềm thức tập thể" được Carl Jung xây dựng nhiều thế kỷ sau.

Hình 4 - Một số cá nhân đã đưa ra các lý thuyết trái ngược với chủ nghĩa duy vật (ảnh từ web).

Từ Plato đến lý thuyết về "thuyết sức sống".

Lý thuyết về "chủ nghĩa sức sống" được phát triển giữa thế kỷ 18 và 19, theo sau các ý tưởng Tân Platon và triết học Phục hưng. Theo dòng tư tưởng này, "Ý tưởng" của Plato nên được mở rộng cho toàn bộ tự nhiên, và trở thành một phần cấu thành của mọi sinh vật đơn lẻ và của tất cả những gì tồn tại. Do đó, toàn bộ vũ trụ được sinh động bởi một nguyên tắc thông minh, Linh hồn của thế giới. (bằng tiếng Latinh “Anima Mundi”).

Thuật ngữ triết học này chỉ ra sức sống của tự nhiên trong tổng thể của nó, coi nó tương tự như một sinh vật sống lớn duy nhất. Do đó, nó là nguyên lý thống nhất của vũ trụ. Từ anh ta, các sinh vật riêng lẻ hình thành: những sinh vật này, mặc dù được khớp nối và phân biệt theo từng đặc điểm riêng của chúng, tuy nhiên vẫn được liên kết với nhau bởi Linh hồn phổ quát chung.

Gottfried von Leibniz quy sự sống và khả năng suy nghĩ ngay cả đối với vật chất, vật chất trơ.

Tất nhiên, điều này hoàn toàn trái ngược với chủ nghĩa quyết định duy vật, vốn không bao giờ chấp nhận khả năng có một sự thống nhất sâu sắc của tất cả tự nhiên.

Henri-Louis Bergson (1859-1941), nhà triết học người Pháp, giải Nobel Văn học năm 1927, là người đề xướng chủ nghĩa sống còn trong thế kỷ 20.

Trong các bài viết của mình, trong cuộc tranh cãi với thuyết định mệnh duy vật, Bergson tái khẳng định rằng đời sống sinh học không bao gồm sự tổng hợp ngẫu nhiên của các hợp chất hóa học tự sinh sản, mà là một sự sáng tạo lâu dài và không ngừng.

Bergson lập luận rằng ở cơ sở của mọi thứ đều có một xung lực quan trọng, thúc đẩy vật chất hướng tới những sáng tạo phức tạp hơn bao giờ hết. Động lượng này mở rộng theo các hướng khác nhau và với cường độ khác nhau. Bằng cách này, ông giải thích sự tồn tại của thế giới thực vật tách biệt với thế giới động vật. Theo quan niệm của Bergson, các luận điểm duy vật về cơ chế và thuyết tất định không còn ý nghĩa gì nữa.

Sự tiến hóa do Bergson hình thành bắt đầu từ giả định rằng không có gì là cố định hay xác định, mà mọi thứ đều vận động được sắp đặt sẵn. Sự tiến hóa đi theo một con đường chỉ có một nguồn gốc.

Bergson đại diện cho một sự tiến hóa sáng tạo.

Trong bối cảnh này, vật chất là đỉnh cao của xung lực sáng tạo. Như vậy, theo Bergson, vật chất là biểu hiện của tinh thần.

Bergson cũng lên án những nỗ lực khám phá bí ẩn của sự sống bằng cách phân tích các bộ phận riêng lẻ của một sinh vật sống. Theo nghĩa này, anh ấy chia sẻ tuyên bố của Mephistopheles trong Faust:

> "Để hiểu và mô tả một sinh vật sống, nhiều người giết nó và chia cơ thể nó thành nhiều phần. Sau đó, chỉ còn lại những mảnh trơ trơ trong tay bạn - thật không may - không có bất kỳ liên quan nào đến sự sống".

Người ta không bao giờ có thể hiểu được bí ẩn của cuộc sống bằng cách tháo rời một sinh vật sống thành từng mảnh. Thật vậy, những người theo chủ nghĩa duy vật muốn làm điều này, bắt chước một đứa trẻ bẻ đôi món đồ chơi để hiểu nó hoạt động như thế nào. Nó có thể được thực hiện với đồ chơi, bởi vì điều bí ẩn về cách thức hoạt động của nó nằm ở một số lò xo cơ học hoặc một số bánh răng; do đó, bí ẩn nằm bên trong món đồ chơi. Trái lại, mầu nhiệm của sự sống không ở bên trong cơ thể sinh vật: nó đến từ bên ngoài, nó là một phần linh hồn của thế giới.

Từ Hans Driesch đến Carl Jung.

Một nhân vật được đặc biệt quan tâm trong lĩnh vực lý thuyết "sức sống" là Hans Driesch, (1867-1941) nhà triết học và sinh vật học người Đức, người tiên phong nghiên cứu trong lĩnh vực phôi học. Từ năm 1891 đến 1900, ông đã tiến hành nghiên cứu về nhím biển tại Viện Động vật học. Ga Napoli.

Lúc đầu, ông cố gắng giải thích sự phát triển của phôi dựa trên các lý thuyết cơ học.

Tuy nhiên, ông sớm phải nhận ra sự thiếu sót của những lý thuyết đó.

Cuối cùng, Driesch He đưa ra giả thuyết về một nguyên lý sống thuộc loại phi vật chất đến từ bên ngoài các sinh vật.

Dựa trên các nghiên cứu của Aristotle, Driesch gọi nguyên tắc này là "Entelechy từ tiếng Hy Lạp “ἐντελέχεια". Thuật ngữ này chỉ ra một thực tế chứa đựng trong chính nó mục tiêu cuối cùng mà nó có xu hướng phát triển. Áp dụng cho một loài hoặc thậm chí một cá thể đơn lẻ, entelechy giả định sự tồn tại của một "nơi" chứa thông tin này.

Đó là một "nơi" bên ngoài thể chất của cá nhân. Tuy nhiên, các cá nhân có thể lấy thông tin từ "nơi" này..

Các lý thuyết của Driesch đặc biệt hấp dẫn đối với Carl Jung. Trong tác phẩm xuất bản năm 1952, "Tính đồng bộ như một nguyên tắc của các kết nối không ngẫu nhiên", mà ông chính thức công bố lý thuyết về tính đồng bộ của mình với thế giới, nhà tâm lý học Thụy Sĩ thừa nhận rằng ông đã bị ảnh hưởng từ năm 1925 khi đọc các bài viết của Driesch.

Những phản ánh của Jung về tính đồng bộ đã bắt đầu từ năm 1916, nhưng những công thức rõ ràng đầu tiên của lý thuyết này có từ khoảng năm 1925, trùng với những khám phá về lý thuyết của Driesch.

Các mức độ tồn tại khác nhau của Ernst Schumacher.

Trong tập "Mùa đông kỷ nguyên. Những cân nhắc hiện tại", Hanspeter Padrutt tiếp tục và bình luận về một bảng xếp hạng đặc biệt do Ernst Friedrich Schumacher xây dựng vào thế kỷ trước, về các mức độ khác nhau của tồn tại (hình 5).
Ernst Schumacher là một triết gia và nhà kinh tế học có ảnh hưởng người Đức, sinh năm 1911 tại Bonn (hình 4). Anh di cư đến Anh trước Chiến tranh thế giới thứ hai để tránh sống dưới chế độ Quốc xã: tuy nhiên, khi chiến tranh bùng nổ, anh bị coi là "kẻ thù ngoài hành tinh" và bị giam giữ tại một trang trại biệt lập ở Vương quốc Anh. Trong thời gian này, ông đã gặp nhà kinh tế học nổi tiếng John Keynes.
Keynes đánh giá cao một số tác phẩm của anh ấy và đã được phát hành. Bằng cách này, Schumacher đã có thể đóng góp vào sự phục hồi kinh tế và tài chính của chính phủ Anh. Kết quả là Schumacher có được một vị trí tốt tại Đại học Oxford.

Ernst Schumacher bắt đầu quan tâm đến các vấn đề khai thác than, và được biết đến với những lời chỉ trích của ông đối với các nền kinh tế phương Tây và những đề xuất của ông về việc áp dụng các công nghệ công nghiệp nhân đạo hơn.

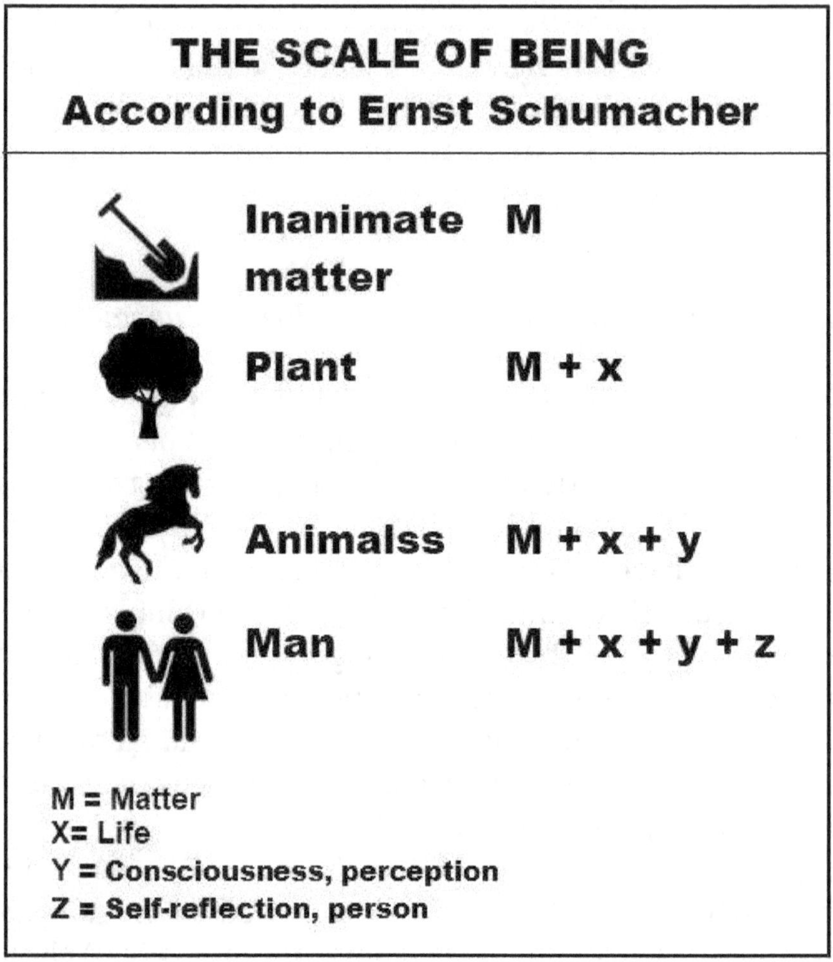
THE SCALE OF BEING
According to Ernst Schumacher
Inanimate matter
M
Plant
M + x
Animalss
M + x + y
Man
M + x + y + z
M = Matter
X= Life
Y = Consciousness, perception
Z = Self-reflection, person

"Nấc thang của sự tồn tại".
Theo Ernst Schumacher.

Hình 5 - Theo Ernst Schumacher, một triết gia và nhà kinh tế học có ảnh hưởng người Đức, mọi cấp độ của thực tế đều hàm ý sự tồn tại của một cấp độ cao hơn.
Mỗi cấp trên bao gồm tất cả các cấp dưới. Đồng thời, cấp độ cao hơn bổ sung thuộc tính cao hơn cho cấp độ thấp hơn.
Ở mức thấp nhất của thang đo, chúng ta tìm thấy vật chất rắn vô tri vô giác.
Đi lên cầu thang, bạn gặp thực vật và động vật.
Schumacher đặt con người ở cấp độ cao nhất.

Năm 1977, ông xuất bản "Hướng dẫn cho người bối rối". Trong tiểu luận này, ông phê phán chủ nghĩa duy vật khoa học và đi sâu vào khám phá bản chất và tổ chức của tri thức về bản thể. Trong "hướng dẫn sống trong thế giới" nhỏ này, Schumacher từ bỏ các mô hình của khoa học cổ điển.

Schumacher mời người đọc tham khảo bản thân và giành lại quyền sở hữu cuộc sống của mình và ý nghĩa của sự tồn tại.

Ngoài kinh tế và triết học, niềm đam mê lớn của anh ấy là làm vườn mà anh ấy đã dành hết tâm huyết. Ông mất năm 1977 khi đang đi du lịch ở Thụy Sĩ.

Ông đã chuyển một phần công trình nghiên cứu triết học của mình thành sơ đồ giải thích. Điều này cho thấy sự đào tạo của anh ấy như một nhà kinh tế học. Thật vậy, Schumacher thể hiện ý tưởng của mình về các cấp độ khác nhau của ý thức và kiến thức theo một cách khác thường gợi nhớ đến các công thức toán học hơn là các khái niệm triết học. Không còn nghi ngờ gì nữa, phương pháp này mang lại sự rõ ràng tuyệt vời cho các khái niệm.

Nhà tâm lý học và triết học William James (chủ tịch Hiệp hội Nghiên cứu Tâm linh từ 1894 đến 1895) được biết đến với tuyên bố của ông:

> “Những gì chúng ta biết chỉ là một giọt nước nhỏ trong đại dương vô minh.”

Quan sát này đã có từ hai thế kỷ trước, nhưng nó vẫn đúng và vẫn còn thời sự, đặc biệt là ngày nay. Vào năm 1835, Auguste Comte, một triết gia người Pháp được coi là cha đẻ của chủ nghĩa thực chứng, đã tuyên bố một cách quả quyết rằng chúng ta không bao giờ có thể nghiên cứu thành phần hóa học của các ngôi sao theo bất kỳ cách nào. Hôm nay việc này được thực hiện bình thường.

Trong lĩnh vực khoa học, ngày nay hơn ngày hôm qua, rõ ràng là chúng ta biết rất ít. Chỉ một vài thập kỷ trước, người ta tin rằng các nguyên tử là phần nhỏ nhất của vật chất và nó không thể phân chia được nữa; thay vào đó, ngày nay, các hạt mới tiếp tục được phát hiện trong máy gia tốc và vật lý lượng tử đặt ra những nghi ngờ nghiêm trọng về hạt là gì, đi xa hơn là đưa ra giả thuyết rằng chúng hoàn toàn không tồn tại mà chỉ bao gồm năng lượng dao động.

Chân trời tri thức nhân loại ngày càng tiến xa hơn: thuyết tương đối vừa làm đảo lộn những điều chắc chắn của chúng ta về tính cố định của thời gian và không gian. Hôm nay chúng tôi đang xác minh làm thế nào vũ trụ mà chúng tôi nghĩ rằng chúng tôi biết rất rõ, lại không được biết đến với chúng tôi ít nhất 90% thành phần của nó.

Trên thực tế, 90% vũ trụ được tạo thành từ "vật chất tối". Cho đến nay chúng ta không biết vật chất tối là gì.

Mỗi ngày ta chinh phục một khoảng không gian tri thức nhỏ bé, để rồi nhận ra rằng khoảng không gian ấy là một ô cửa sổ mở ra những miền đất mới bao la vô định. Khoa học ngày nay có hàng trăm, nếu không muốn nói là hàng nghìn cửa sổ mở trên các bức ảnh toàn cảnh mà chỉ có sự tồn tại là chắc chắn trong khi nội dung vẫn hoàn toàn không được biết đến.

Chúng tôi biết rằng chúng tôi được làm bằng vật chất. Chúng ta là một tập hợp của các phân tử, lần lượt bao gồm tập hợp các nguyên tử, lần lượt bao gồm tập hợp các hạt cơ bản. Tuy nhiên, tia lửa sự sống thuộc về đâu, trú ngụ ở đâu? Tổ chức của những tập hợp vật chất này nằm ở đâu? Cơ thể của chúng ta là một phương tiện, một cỗ máy cực kỳ hiệu quả; nhưng người lái xe, anh ta ở đâu?

Có phải tất cả là tình cờ? Một sự tình cờ kỳ diệu đã tập hợp vật chất một cách ngẫu nhiên thành hình dạng của cơ thể chúng ta. Sau đó, phải chăng một phép màu khác đã xảy ra mang lại khả năng tự nhận thức cho tập hợp vật chất trơ này?

Năm 1981, hai nhà thiên văn học nổi tiếng, Fred Hoyle và Chandra Wickramasinghe, muốn tính toán khả năng sự sống được sinh ra một cách tình cờ như thế nào. Họ kết luận rằng sẽ có xác suất tương đương với xác suất xảy ra một cơn bão, bằng cách xả sức mạnh của nó vào một đống kim loại và di chuyển chúng trong gió lốc, có thể tạo thành một Máy bay phản lực Jumbo sẵn sàng bay. Hoàn hảo. Nhưng ngay cả khi điều này xảy ra một cách thần kỳ thì phi công có khả năng điều khiển nó cất cánh đến từ đâu?

Bất chấp những nỗ lực tốt nhất của các nhà duy vật, rõ ràng là một mình vật chất không thể vượt ra ngoài một giới hạn nhất định. Đằng sau sự hoàn hảo của vũ trụ phải có một trí tuệ, một ý thức cao siêu hướng dẫn mọi thứ.

Nhân loại đang chờ đợi khoa học cuối cùng đặt ra cho mình mục tiêu từ bỏ chủ nghĩa duy vật và tìm kiếm một cấp độ phi vật chất. Cấp độ này sẽ là một "Ý thức phổ quát" không phụ thuộc vào thời gian và không gian, một "Trường năng lượng và thông tin".

Nhiệm vụ của khoa học sẽ là xác định đâu là “Dự án”, đâu là “Sách hướng dẫn”.

Chúng ta nói về nơi chứa đựng tất cả trí tuệ của vũ trụ. Lương tâm của chúng ta rút ra từ trí tuệ phổ quát, một cách vô thức. Điều này xảy ra ngay bây giờ.

Ý thức cá nhân của chúng ta là một phần của ý thức lớn hơn, từ đó nó rút ra thông tin và trí tuệ.

Trái tim tôi có lẽ không biết rằng nó là một phần của một tổng thể lớn hơn, nghĩa là nó là một phần của cơ thể tôi. Tương tự như vậy, tôi cũng là một phần của một tổng thể lớn hơn mà không hề hay biết. Tuy nhiên, tổng thể vĩ đại hơn mà tôi là một phần biết tôi và quan tâm đến tôi.

Theo nghĩa này, Schumacher đề xuất trong sơ đồ của mình các giai đoạn khác nhau, trong đó một phần của vũ trụ là một phần của tổng thể lớn hơn, ngay cả khi không biết điều đó; đến lượt nó, toàn bộ lớn hơn bao gồm các bộ phận ở phía dưới tỷ lệ và thêm một số thứ nữa (hình 5).

Mức thấp nhất (M) là mức vật chất trơ có thể cân trên cân và đo theo kích thước của nó. Nó là một phần của cấp độ cao hơn, của thế giới thực vật. Cấp độ này bao gồm "M" nhưng thêm "x", viết tắt của cuộc sống.

Do đó, nếu cấp dộ khoáng chất chỉ là M (vật chất) thì cấp độ tiếp theo, cấp độ thực vật, là M+x, tức là vật chất + sự sống. Nhưng cấp độ này lại là một phần của cấp độ cao hơn, cấp độ thứ ba.

Cấp độ thứ ba, liên quan đến vương quốc động vật, bao gồm cấp độ thấp hơn (M+x) nhưng thêm "y", tức là ý thức và khả năng nhận thức. Vì vậy, cấp độ thứ ba trở thành M+x+y.

Toàn bộ cấp độ thứ ba là một phần của cấp độ thứ tư, tức là cấp độ liên quan đến con người. Cấp độ thứ tư thêm chữ "z", tức là sự tự nhận thức về "Bản thân" của một người. Do đó, ở "mức độ hiện hữu" con người là M+x+y+z.

Schumacher dừng thang của mình ở đây. Nhưng nếu mỗi bước đều thuộc về một bậc cao hơn, thì cấp độ thứ tư, tức là con người, cũng phải có một cấp độ cao hơn.

Có cấp độ nào cao hơn cấp độ của con người không?

Tại sao không? Tại sao không thể có cấp độ cao hơn, bao gồm M, x, y, z mà còn có "gì đó" nữa?

Câu trả lời tự nhiên nhất là: có, cấp độ này tồn tại. Có cấp độ thứ năm, đó là "Ý thức phổ quát", cấp độ này bổ sung một giá trị khác.

Không biết làm thế nào để xác định giá trị này, chúng tôi gọi nó là "vô hạn". Ký hiệu của nó là ∞.

Cấp độ thứ năm của thang đo sẽ trở thành M+x+y+z+∞.

Thang bậc của bản thể, do đó được hoàn thành, khiến con người trở thành một phần của Ý thức phổ quát bao gồm toàn bộ vũ trụ: Vật chất, sự sống, ý thức, sự tự nhận thức, năng lượng vô hạn và thông tin.

Bằng cách này, phần phi vật chất của chúng ta, phi công cá nhân của chúng ta, được hợp nhất với phi công vũ trụ vĩ đại, người mà anh ta nhận được giấy phép bay. Lương tâm cá nhân của chúng ta liên tục đối thoại liên tục với Ý thức phổ quát. Nếu đây là trường hợp, cuối cùng chúng ta sẽ biết trực giác sâu sắc của chúng ta, kiến thức tiên nghiệm của chúng ta, những cảm xúc cao quý nhất của chúng ta đến từ đâu.

Do đó, chúng ta sẽ biết phần hoàn toàn xa lạ với thú tính của chúng ta đến từ đâu. Chúng ta sẽ thoát khỏi tình trạng hoàn toàn là động vật mà chủ nghĩa duy vật muốn ép buộc chúng ta.

Đúng vậy, trong suốt lịch sử nhân loại, con người luôn tin vào một điều gì đó cao cả hơn bằng trực giác. Con người đã gọi thực tại cao hơn này bằng cách sử dụng vô số tên của các vị thần vô hạn.

Chắc chắn có một Trí thông minh Vũ trụ vượt qua sự hiểu biết của chúng ta. Chúng tôi liên tục bị ảnh hưởng bởi Trí thông minh này.

Dường như con người có nhu cầu bẩm sinh là tin vào một điều gì đó vĩ đại hơn. Xét cho cùng, ngay cả niềm xác tín rằng không có gì vĩ đại hơn vẫn là một niềm tin, một hành động của niềm tin.

Những giấc mơ gợi ý những phát minh và thành công.

Sự khẳng định rằng các thông điệp hữu ích cho sự phát triển của các cá nhân đơn lẻ hoặc thậm chí của cả nhân loại bắt nguồn từ Ý thức Vũ trụ đã được xác nhận bởi nhiều nhân vật nổi tiếng trong nghệ thuật và khoa học. Những nhân vật này tuyên bố đã nhận được nguồn cảm hứng cho những sáng tạo của họ trong một giấc mơ. Câu chuyện đầy những vấn đề được giải quyết vào lúc bình minh. Ví dụ, Friedrich Kekulé, một nhà hóa học người Đức có tên gắn liền với định nghĩa về cấu trúc của benzen và các hợp chất thơm, đã mơ thấy một con rắn cắn vào đuôi của chính mình và khi tỉnh dậy, ông hiểu rằng phân tử benzen có hình lục giác..

Bảng tuần hoàn của Mendeleev.

Trong giới khoa học Nga, người ta cho rằng Dmitry Ivanovich Mendeleev đã xác định được thành phần của Bảng nguyên tố nhờ một giấc mơ. Nhà hóa học nổi tiếng (1834–1907) muốn sắp xếp 65 nguyên tố hóa học đã biết vào thời của ông một cách hợp lý. Ông đã trực giác rằng mô hình tổ chức phải liên quan đến trọng lượng nguyên tử, nhưng ông không thể xác định mối quan hệ chính xác. Theo nhà hóa học người Nga B.M. Kedrov, Mendeleev tuyên bố:

"Trong một giấc mơ, tôi nhìn thấy một bề mặt phẳng, ở đó tất cả các yếu tố được sắp xếp theo thứ tự cần thiết. Sau khi tỉnh dậy, tôi lập tức vẽ sự sắp xếp đó lên một tờ giấy".

Do đó, bảng tuần hoàn mà chúng ta vẫn biết ngày nay đã ra đời. Mendeleev nhận thấy rằng sự sắp xếp nhìn thấy trong giấc mơ chính xác đến mức nó tiết lộ rằng một số yếu tố trước đó đã được đo lường không chính xác.

Công cụ tìm kiếm của Google.

Larry Page, đồng sáng lập Google, nói rằng ý tưởng về một công cụ tìm kiếm mang đặc điểm của Google đến với ông trong một giấc mơ "sống động". Sau khi nói chuyện với người bạn của anh ấy là Sergey Brin, họ đã cùng nhau tạo ra Backrub, tiền thân của Google ngày nay.

Paul McCartney và "Yesterday".

Paul McCartney nói với người viết tiểu sử Barry Miles rằng vào một buổi sáng năm 1965, ông thức dậy với tiếng nhạc trong đầu. Anh ấy đứng dậy và chơi giai điệu sẽ trở thành "Yesterday" trên đàn piano. Ngày nay, bài hát Born in a Dream này đã được ghi vào sách Guinness với tư cách là bài hát được ghi nhiều nhất.

Việc truyền tín hiệu trong não.

Vào đầu những năm 1900, các nhà khoa học đã lầm tưởng rằng việc truyền tín hiệu trong não là điện. Thay vào đó, một giấc mơ của Otto Loewi đã gợi ý lý thuyết chính xác. Loewi từng là giảng viên tại Đại học Graz ở Áo, nhưng đã chuyển đến Hoa Kỳ dưới chế độ Quốc xã. Tại đây, ông giảng dạy tại Đại học New York, thành phố nơi ông qua đời năm 1961. Các nghiên cứu của ông tập trung vào dược lý của các chất tác động lên hệ thần kinh tự chủ, cả giao cảm và phó giao cảm, khám phá ra rằng các chất trung gian hoạt động trong hoạt động của hệ thần kinh thực vật. của các dây thần kinh và cơ thuộc loại hóa chất, và không thuộc loại điện.

Loewi đã khám phá ra điều này sau một giấc mơ. Anh thức dậy và viết nguệch ngoạc một số ghi chú trên một tờ giấy. Khi tỉnh dậy, ông nhận ra rằng mình đã viết nên nền tảng của lý thuyết sẽ thay đổi lịch sử y học: thông tin đó được truyền tải về mặt hóa học, thông qua các chất trung gian hóa học tích cực. Nhờ khám phá này, năm 1936 Otto Loewi đoạt giải Nobel sinh lý học.

Niels Bohr và nguyên tử

Trong một bài viết tại Viện Công nghệ Massachusetts (MIT) của Edwina Portocarrero cùng với một số cộng tác viên của cô ấy, chúng tôi đọc được những điều sau:

> «Niels Bohr (1885–1962) đã phát triển mô hình nguyên tử dựa trên giấc mơ của mình. Trong giấc mơ, Bohr ngồi trên mặt trời trong khi tất cả các hành tinh đang quay xung quanh phát ra những tiếng rít và chuyển động như trên dây đàn».

Thật vậy, mô hình nguyên tử hiện nay bao gồm một hạt nhân trung tâm và một loạt các electron xoay quanh nó. Bài báo của Portocarrero dành riêng cho những giấc mơ và có tựa đề "Bài học trên gối: Giao diện không liên tục để gợi lại và tái tạo giấc mơ".

Mary Shelley và Frankenstein

Tháng 5 năm 1816, một nhóm nhà văn ở trong một khách sạn ở Geneva. Trong số những nhà văn này có Lord Byron, tình nhân của ông là Claire Clairmont cùng với em gái Mary Shelley và những người yêu thích văn chương khác. Hôm đó trời mưa, và họ quyết định vượt qua sự nhàm chán bằng cách đọc truyện ma. Byron sau đó gợi ý rằng họ nên tự sáng tác một câu chuyện ma: mọi người đều chấp nhận. Mary Shelley không biết phải bắt đầu từ đâu, nhưng trong đêm, cô đã nhìn thấy trong giấc mơ khoảnh khắc nhà khoa học điên đã tạo ra Frankenstein. Sáng hôm sau, anh ấy bắt tay vào viết phần tiếp theo rùng rợn, và cuốn sách đã thành công như chúng ta biết. Văn học kinh dị ngày nay sẽ ra sao nếu không có Frankenstein?

Máy khâu của Elias Howe

Việc phát minh ra máy may được cho là của Elias Howe (1819–1867), người đã có công cải tiến vượt bậc một số thiết kế hiện có và đăng ký bằng sáng chế cho phiên bản cải tiến của mình. Trong một thời gian dài Howe bị mắc kẹt với dự án của mình: trên thực tế, Howe không biết đặt lỗ kim ở đâu.

Vì vấn đề này mà công việc bị dừng lại và anh ấy gần như rơi vào cảnh nghèo khó. Ý tưởng ban đầu của ông là tuân theo truyền thống và đặt lỗ kim lên đầu kim. Tuy nhiên, khi làm như vậy, sợi chỉ luôn bị rối. Anh chưa bao giờ nghĩ đến việc đặt lỗ kim gần đầu kim.

Năm 1845 Howe có một giấc mơ kỳ lạ. Một số kẻ ăn thịt người đã bắt được anh ta và dùng giáo đâm anh ta. Con mắt tinh tường của anh nhận thấy rằng những ngọn giáo có một cái lỗ gần đầu nhọn của chúng. Nói rồi, ông đã áp dụng ý tưởng này vào phát minh của mình và chiếc máy khâu ra đời.

Những giấc mơ của Wolfgang Pauli

Nhà vật lý từng đoạt giải Nobel Wolfgang Pauli nhiều lần tuyên bố rằng ông đã nhận được những nguồn cảm hứng trong giấc mơ, điều này rất hữu ích cho việc xây dựng các lý thuyết khoa học của ông.

Một trong những giấc mơ mà Pauli nhớ suốt đời là cái mà ông gọi là "Đồng hồ thế giới". Trong giấc mơ, Pauli nhìn thấy hai bánh xe đồng tâm quay theo hướng không điều hòa. Than ôi, các bánh xe được nối với nhau bằng một trục trung tâm bất khả thi. Trong thời gian Pauli có giấc mơ, anh ấy đang được phân tích tâm lý tại studio của Jung, và anh ấy hiểu rằng hình ảnh chứa đựng một thông điệp sẽ được chuyển vào nghiên cứu khoa học của anh ấy. Đối với Pauli, hai bánh xe đại diện cho tinh thần và vật chất, cần được thống nhất trong một lý thuyết khoa học. Thật không may, mặc dù theo đuổi mục tiêu này như một sứ mệnh suốt đời, Pauli đã thất bại trong việc tìm ra cách dung hòa chủ nghĩa duy vật khoa học với tâm linh. Thật vậy, khoa học hiện đại bác bỏ bất kỳ đề cập nào đến tâm lý hoặc tinh thần như thể nó là bệnh phong.

Từ Plato đến Berkeley.

Trong huyền thoại về hang động, Plato gợi ý rằng tất cả mọi thứ, như chúng ta thấy, chẳng qua là một ảo ảnh không lồ, nhưng không đi xa đến mức tuyên bố rõ ràng rằng mọi thứ không tồn tại. Tuy nhiên, khái niệm này đã được nêu ra nhiều lần trong tư tưởng con người, và trở thành xương sống trong triết học của George Berkeley (hình 6). Berkeley là một nhà thần học người Ireland và giám mục Anh giáo. Cùng với John Locke và David Hume, Berkeley là một trong ba nhà kinh nghiệm vĩ đại của Anh. Theo Berkeley, đối tượng tri thức duy nhất của con người là các ý tưởng.

Những gì chúng ta định nghĩa là một sự vật không là gì ngoài một tập hợp các ý tưởng. Ví dụ, một quả táo không là gì ngoài sự kết hợp của một màu sắc nào đó, một mùi vị nào đó, một mùi nào đó, một hình dạng nào đó, một sự đồng nhất nào đó.

Tất cả những đối tượng mà chúng ta tin rằng tồn tại (vì các giác quan khiến chúng ta tin rằng chúng tồn tại) trên thực tế hoàn toàn không tồn tại: chúng không có tính nhất quán, chúng không có hình thể, chúng chỉ là những ý tưởng được các giác quan chuyển tải đến bộ não, chúng ta cấu hình bằng cách gán cho chúng một ấn tượng sai lầm về tính trọng yếu.

Chúng ta hoàn toàn không biết các đối tượng: chúng ta chỉ biết các ý tưởng về đối tượng mà các giác quan truyền đến não của chúng ta. Chúng ta sống như trong một giấc mơ, giống như những tù nhân trong hang động Platon quan sát những cái bóng và tin rằng chúng là có thật. Chúng ta có nhận thức về không-thời gian liên quan đến các đối tượng được cho là không tồn tại.

Hình 6 - George Berkeley là một triết gia, nhà thần học và giám mục Anh giáo người Ireland. Ông tuyên bố rằng đối tượng duy nhất của tri thức con người là ý tưởng; mọi thứ tự nó không tồn tại, chúng chỉ là một tập hợp các ý tưởng.

Berkeley và cây đổ.

Thật hữu ích khi đặt lại một câu hỏi cổ xưa: nếu một cái cây đổ trong rừng và không có ai xung quanh, nó có gây ra tiếng động không? Câu hỏi này đã được hỏi bởi George Berkeley.

Berkeley sinh ra ở Kilkenny, Ireland, vào ngày 12 tháng 3 năm 1685 và qua đời ở Oxford vào ngày 14 tháng 1 năm 1753. Ông tốt nghiệp năm 1707, sau khi hoàn thành chương trình học đại học về toán học, logic, văn học cổ điển, thần học và triết học tại Trinity College, Dublin. Ông ngay lập tức đào sâu kiến thức của mình về các nhà tư tưởng vĩ đại trong thời đại của mình bằng cách đọc các tác phẩm của Locke, Gassendi, Newton, Descartes, Hobbes và những người khác, do đó định hình và định hướng cho sự phát triển tư tưởng của ông, chẳng hạn như để có thể đưa ra tuyên ngôn của Đức Hồng Y. nguyên tắc triết học của ông: chủ nghĩa phi vật chất.

Năm 1709, ông xuất bản cuốn sách "Luận về một lý thuyết mới về tầm nhìn" và năm sau cuốn "Luận về các nguyên tắc tri thức của con người". Năm 1713, ông cũng viết "Đối thoại giữa Hylas và Philonous".

Năm 1728, ông kết hôn với Anne Forster, con gái lớn của John Forster, Chủ tịch Hạ viện Ireland. Được hưởng lợi từ một tài sản thừa kế đáng kể, tinh thần tôn giáo nhiệt thành của anh ấy đã thúc đẩy anh ấy muốn cùng vợ rời đi đến những vùng đất mới của Châu Mỹ, nơi anh ấy dự định thực hiện hoạt động truyền giáo bằng cách thành lập một trường cao đẳng tôn giáo ở Quần đảo Bermuda.

Trong khi chờ đợi để nhận được số tiền đã hứa, Berkeley chuyển đến Mỹ và định cư ở Rhode Island, nơi Henry, đứa con đầu lòng của ông, chào đời. Than ôi, sau đó nhà triết học buộc phải từ bỏ sáng kiến. Thật không may, Nữ hoàng đã không giữ lời hứa tài trợ ban đầu. Trở lại Ireland, ông được bổ nhiệm làm Giám mục Cloyne (cho Nhà thờ Ireland).

Tư tưởng triết học của Berkley đều tập trung vào chủ nghĩa duy tâm mà ông cực lực phản đối chủ nghĩa "Khai sáng" xuất hiện từ cuối những năm 1600 và đầu những năm 1800. Berkeley bác bỏ chủ nghĩa duy vật thoái hóa thành chủ nghĩa hoài nghi và chủ nghĩa vô thần. Về chủ đề này, ông đã sáng tác "Alcifrone", một cuộc đối thoại mang tính luận chiến chống lại những nhà tư tưởng tự do thời bấy giờ.

Berkeley lập luận rằng các đối tượng chỉ tồn tại khi chúng được nhận thức. Vì vậy, nếu cây đổ trong rừng không có người chứng kiến thì không gây tiếng động.

Theo quan điểm của lẽ thường, chúng ta có thể phản đối rằng rõ ràng là cây đổ chắc chắn tạo ra tiếng ồn, bởi vì sự đứt gãy của các thớ gỗ và va chạm với cành của những cây khác gây ra chuyển động không khí đặc trưng của sóng âm.

Tuy nhiên, rõ ràng chính khoa học đã can thiệp bằng cách bày tỏ quan điểm có lợi cho Berkeley. Trên thực tế, một trong những tạp chí khoa học nổi tiếng lâu đời và uy tín nhất, "Scientific American", được thành lập bởi Rufus Porter vào năm 1845, đã tham gia vào chủ đề này vào năm 1884. Với một bài báo được ghi chép đầy đủ, ông đã chứng minh một cách hợp lý rằng một cái cây đổ không gây ra hậu quả gì. tiếng ồn nếu không có ai có thể nghe thấy âm thanh của mùa thu.

Tạp chí khẳng định trên thực tế, đúng là cây đổ tạo ra những rung động trong không khí, nhưng những rung động này chỉ có thể được phát hiện bằng hệ thống thính giác, thông qua các bộ phận bên trong của tai, có thể chuyển chúng thành âm thanh. Do đó, trong trường hợp không có hệ thống thính giác có khả năng phát hiện tiếng ồn, điều này không có. Lời giải thích hoàn hảo.

Bằng cách này, chúng ta giải quyết được một câu hỏi mà đôi khi bị gán cho triết lý Thiền một cách sai lầm: nếu cái cây đổ khi không có ai ở xung quanh để nghe thấy thì nó sẽ không gây ra tiếng động nào.

Trở lại Berkeley, để củng cố luận điểm của mình, ông đã đặt ra câu nói "Esse est percipi" (Có nghĩa là được nhận thức). Toàn bộ sự tồn tại của một đối tượng bao gồm việc nó được nhận thức, và không có gì khác. Đó là bản tóm tắt lý thuyết phi vật chất của ông, theo đó mọi thứ chẳng qua chỉ là một chuỗi các ý tưởng, và chỉ tồn tại khi chúng được nhận thức.

Đây không phải là một tiết lộ đặc biệt đáng ngạc nhiên đối với một nhà vật lý lượng tử. Như chúng ta sẽ thấy, ở cấp độ các hạt cơ bản, chúng thay đổi hành vi của chúng cho dù có người quan sát chúng hay không: hơn nữa, tùy thuộc vào cách chúng được quan sát, chúng có thể thay đổi hình thức mà chúng xuất hiện.

Sau nhiều thế kỷ cười khúc khích mỉa mai, các lý thuyết của Berkeley đang bắt đầu có sự nhất quán vững chắc với thực tế.

Cùng loại với cây đổ là một vấn đề nan giải mang tính công nghệ hơn: nếu chúng ta bật một bóng đèn trong một căn phòng trống, nơi không ai có thể quan sát được, thì nó có phát ra ánh sáng không? Thông thường người ta sẽ trả lời có; ngoại trừ điều đó, ánh sáng chẳng qua là nhận thức của hệ thống thần kinh, do đó, nếu không có hệ thống nào trong phòng có khả năng nhận biết ánh sáng, tức là mắt, thì không có ánh sáng. Ánh sáng bắt đầu tồn tại khi ai đó có thể nhìn thấy nó: nó không có sự tồn tại của riêng nó, nó chỉ là sự tạo ra của một hệ thống thị giác. Trên thực tế, bằng cách đóng công tắc, một dạng năng lượng sẽ chảy và biến đổi thành một dạng năng lượng khác mà chúng ta không biết. Nó chỉ xuất hiện dưới dạng ánh sáng khi có người quan sát nó.

Tương tự như vậy, chúng tôi sẽ nói: món ăn hấp dẫn được phục vụ cho bạn có vị như thế nào? Không ai. Thức ăn sẽ bắt đầu có vị khi bạn đưa nó vào vòm miệng của mình. Bản thân hương vị là một chất lượng hoàn toàn không liên quan đến thực phẩm bạn đang ăn.

Tại thời điểm này, có vẻ hợp lý khi tự hỏi liệu chính chúng ta thích nghi với thực tế hay đúng hơn là thực tế tự thích nghi với chúng ta.

Vũ trụ tồn tại bởi vì chúng ta nhìn vào nó.

Hãy quay trở lại chủ đề ánh sáng. Nếu đúng là bóng đèn trong phòng kín không phát ra ánh sáng vì không ai có thể nhìn thấy nó, thì cũng giống như cách chúng ta có thể nói rằng nếu chúng ta không ở đó để nhìn vào vũ trụ, thì vũ trụ sẽ tối tăm. Các ngôi sao sẽ không tỏa sáng, mặt trời sẽ không phát ra ánh sáng nếu không có ai nhìn vào chúng.

Để vũ trụ đúng như vẻ ngoài của nó, cần phải có ai đó ở đó để nhìn thấy nó. Nếu không có những con mắt có khả năng biến đổi các photon do các ngôi sao phát ra thành ánh sáng, thì vũ trụ sẽ chìm trong bóng tối.

Trong câu thứ hai của Kinh thánh (Sáng thế ký 1, 2), tác giả bắt đầu câu chuyện về sự sáng tạo bằng những lời sau:

"Và Đức Chúa Trời phán: "Phải có ánh sáng," và có ánh sáng. Đức Chúa Trời thấy rằng ánh sáng là tốt lành, Ngài phân rẽ ánh sáng với bóng tối...."

Chúa thấy ánh sáng đó là tốt lành. Sau khi tạo ra nó, nhìn thấy nó, anh ấy thừa nhận rằng đó là một điều tốt. Ánh sáng trở thành điều tốt lành khi Chúa nhìn thấy nó. Không những thế, khi Thiên Chúa tạo dựng con người, Ngài tạo dựng con người “theo hình ảnh và giống Thiên Chúa”. Bằng cách này, con người cũng có thể nhìn thấy ánh sáng để sự sáng tạo vẫn là một "điều tốt đẹp" vì nó là một điều gì đó được ngưỡng mộ trong bản chất của nó.

Sự phản đối chính đối với điều này phải xuất phát từ thuyết tiến hóa, theo đó tất cả các sinh vật sống bắt nguồn từ một sinh vật tổ tiên duy nhất mà từ đó tất cả sự đa dạng sinh học hiện tại phát triển. Đối với mọi sinh vật, các cơ quan phù hợp nhất sẽ phát triển để đảm bảo sự sống còn của nó. Tất cả các cơ quan (tay, chân, đuôi, lông, tai, da, v.v.) sẽ là kết quả của quá trình cải tiến dần dần của các cơ quan đã có từ trước, hoặc trong mọi trường hợp do tổ tiên phát triển. Do đó, vây có thể biến thành chân để đi cùng với quá trình di chuyển của cá sang động vật trên cạn: nghĩa là, một cơ quan được phát triển trong một điều kiện nhất định là hữu ích để sinh tồn trong điều kiện đó có thể tiến hóa thành một cơ quan khác để hữu ích trong một điều kiện khác . Lý thuyết này đáng tin cậy đối với hầu hết các cơ quan, nhưng không phải đối với mắt.

Những mâu thuẫn tiến hóa của mắt.

Nếu có một vấn đề ám ảnh những người theo thuyết Darwin, thì đó chính là sự tiến hóa của mắt. Bản thân Darwin, trong tác phẩm

"Nguồn gốc các loài" đã khẳng định trên thực tế:

Cho rằng con mắt, với tất cả các cơ chế không thể bắt chước của nó, có thể được hình thành bằng phương pháp chọn lọc tự nhiên, dường như là vô lý."

Nỗ lực rõ ràng hiệu quả đầu tiên để giải thích sự phát triển dần dần của mắt bắt đầu từ năm 1994: đó là công trình nổi tiếng của Nilsson và Pelger "Một ước tính bi quan về thời gian cần thiết để mắt tiến hóa". Theo các học giả này, mắt sẽ tiến hóa từ một lớp tế bào ban đầu nhạy cảm với ánh sáng, nhờ đó sinh vật nguyên thủy có thể tự hướng về phía nguồn sáng. Trong mọi trường hợp, điều này khẳng định rằng nhu cầu nhìn đã có sẵn trong sinh vật đầu tiên.

Sau đó, các quá trình tiến hóa sẽ gây ra sự đóng gói của các tế bào cảm quang này trong một loại giếng hình bán cầu; khi buồng lái trở nên đủ sâu, một màng ngăn có khả năng co lại xuất hiện ở các cạnh. Cuối cùng, một khu vực dày đặc hơn có khả năng hoạt động như một thấu kính sẽ hình thành trong phần rỗng đã được lấp đầy bởi chất trong suốt.

Thật không may, chuỗi tiến hóa được mô tả trong các đoạn văn này hoàn toàn không phải là một quá trình tiến hóa dần dần và liên tục, và không tương ứng với những thay đổi tối thiểu liên tiếp của cùng một đặc điểm, vì nó bao gồm việc bổ sung các cấu trúc hữu cơ hoàn toàn độc lập khác. Cần phải có "đồng tử nguyên thủy" và "thấu kính nguyên thủy của mắt nguyên thủy".

Trên thực tế, mắt không đại diện cho sự tiến hóa của một sinh vật nguyên thủy duy nhất mà đòi hỏi phải bổ sung các bộ phận phức tạp và khác nhau, chẳng hạn như thủy tinh thể, cơ điều tiết, tế bào cảm giác và các dây thần kinh. Thấu kính không có võng mạc cũng như võng mạc không có thấu kính đều không hoạt động. Tuy nhiên, võng mạc và thủy tinh thể không phải là một phần của cùng một quá trình tiến hóa bởi vì chúng có chất lượng mô khác nhau ngụ ý những nguồn gốc khác nhau cả trong quá trình phát triển phôi và trong quá trình tiến hóa.

Điều này chắc chắn khẳng định rằng mắt là sản phẩm của sự hội tụ tiến hóa của các bộ phận khác nhau trong một chức năng tích hợp duy nhất: do đó, nếu chúng ta muốn nói về tính ngẫu nhiên, thì đó sẽ là tính ngẫu nhiên được nâng lên lũy thừa bậc n.

Tóm lại, thật không thể tưởng tượng được rằng một thiết bị chuyên dụng như mắt lại có thể phát sinh từ sự phát triển ngẫu nhiên, tất cả ban đầu không có lợi thế tiến hóa cụ thể, sau đó được tích hợp một cách kỳ diệu vào chức năng thị giác.

Chúng ta có thể tưởng tượng sự phát triển của một con mắt nguyên thủy, không có võng mạc và tinh thể, chỉ khi chúng ta hiểu nó như một bước bắt buộc hướng tới một chức năng trong tương lai: nghĩa là, như một phần của dự án đã thấy trước công dụng của nó trong các thời đại sau này. Chắc chắn không phải là một sự tiến hóa mù quáng, mà là một dự án được hướng dẫn và hỗ trợ bởi một trí thông minh phổ quát.

Khi mọi thứ không như vẻ ngoài của chúng.

Con người là một phần của tổng thể mà chúng ta gọi là "vũ trụ", một phần bị giới hạn về thời gian và không gian. Anh ta trải nghiệm bản thân, những suy nghĩ và cảm giác như một thứ gì đó tách biệt với phần còn lại, trong một loại ảo ảnh quang học của ý thức.

Ảo tưởng này là một loại nhà tù giới hạn chúng ta trong những ham muốn cá nhân và tình cảm của chúng ta đối với một số người gần gũi nhất với chúng ta. Nhiệm vụ của chúng ta là giải phóng bản thân khỏi ngục tù này bằng cách mở rộng lòng trắc ẩn của chúng ta ở các trung tâm đồng tâm để ôm lấy tất cả các sinh vật sống và tất cả thiên nhiên trong vẻ đẹp của nó.

(Albert Einstein, nhà vật lý, giải Nobel)

Trường hợp kỳ lạ của hai tổng thống.

Trong thời gian gần đây, trên báo chí tin đồn, việc tìm kiếm những sự trùng hợp kỳ lạ liên kết những người nổi tiếng là rất mốt. Đặc biệt, việc tìm kiếm các sự kiện, sự kiện và hoàn cảnh liên quan đến Kate Middleton và Charlene của Monaco đang diễn ra điên cuồng.

Có rất nhiều sự trùng hợp ngẫu nhiên, nhưng dường như chúng không có ý nghĩa đặc biệt. Ví dụ, có nhiều điểm nổi bật là cả Kate và Charlene đều không có máu xanh. Cả hai người phụ nữ đều sinh vào tháng 1, Kate vào ngày 9 và Charlene vào ngày 25. Về ngày tháng, Kate và Charlene đều kết hôn vào năm 2011.

Từ quan điểm cá nhân hơn, hai nữ quý tộc đều là những vận động viên thể thao và thích tham gia tất cả các loại cuộc thi, thử sức mình ở nhiều bộ môn khác nhau. Hơn nữa, cả hai còn phải đối phó với hai bà mẹ chồng khá "rườm rà" là Công nương Diana của Kate và Grace Kelly của Thái Trác Nghiên.

Chắc chắn, tường thuật về sự trùng hợp liên kết hai trong số các tổng thống nổi tiếng nhất của Hoa Kỳ là hấp dẫn hơn. Hãy nói về John Fitgerald Kennedy (hình 7) và Abraham Lincoln (hình 8). Các sự trùng hợp có liên quan nhất có liên quan đến phương thức cái chết của họ. Trên thực tế, cả hai tổng thống đều bị giết trong những hoàn cảnh rất giống nhau, Lincoln vào ngày 14 tháng 4 năm 1865 và Kennedy vào ngày 22 tháng 11 năm 1963. Dưới đây là một số sự trùng hợp nổi tiếng xung quanh vụ giết người của họ:

- Cả hai đều bị giết hôm thứ Sáu, với một phát súng vào đầu.
- Cả hai đều có vợ bên cạnh, ai không bị đánh.

- Kennedy bị giết khi đang ngồi trên chiếc limousine Ford Lincoln Continental; Lincoln tham dự "Những người anh em họ Mỹ của chúng ta" tại Nhà hát Ford ở Washington.
- Vào thời điểm xảy ra vụ tấn công, cả Lincoln và Kennedy đều có một cặp vợ chồng đi cùng: trong cả hai trường hợp, người đàn ông đi cạnh tổng thống đều bị thương.
- Cả hai sát thủ (John Wilkes Booth cho Lincoln, và Lee Harvey Oswald cho Kennedy) đều có ba cái tên với tổng cộng mười lăm chữ cái.
- Cả hai kẻ giết người đều chết trong hoàn cảnh không rõ ràng trước khi bị xét xử. Cái chết của họ xảy ra vào khoảng "cùng thời điểm trong ngày" mà nạn nhân của họ đã chết. Cả hai đều chết vì vết thương do đạn bắn

Sau đó là những sự trùng hợp liên quan đến đời tư hay sự nghiệp chính trị.

- Cả hai đều có họ gồm bảy chữ cái và đã được rửa tội với cùng tên với ông bà nội của mình. Hơn nữa, cả hai đều là con thứ trong gia đình riêng của họ.
- Cả hai đã tham gia chiến tranh; Lincoln trong Chiến tranh Diều hâu đen và Kennedy trong Thế chiến thứ hai.
- Cả hai đều mất một người con trai trong nhiệm kỳ tổng thống của họ. Lincoln mất William Wallace, và Kennedy mất Patrick Buovier.

Hình 7 - Một loạt sự trùng hợp đáng kinh ngạc liên kết hai vị tổng thống nổi tiếng nhất của Hoa Kỳ, Abraham Lincoln và John Fitgerald Kennedy, cả hai đều là nạn nhân của các vụ tấn công.

- Cả hai đều có bốn người con vào thời điểm họ qua đời.
- Cả hai đều được bầu vào Quốc hội lần đầu năm 1946; tương tự như vậy vào năm 1956, họ là ứng cử viên cho chức phó tổng thống, nhưng không được bầu vì đảng của họ đã thua trong cuộc bầu cử.
- Cả hai đều tham gia bảo vệ quyền của người da đen, Lincoln liên quan đến việc bãi bỏ chế độ nô lệ và Kennedy liên quan đến việc thúc đẩy các quyền công dân.
- Cả hai đều được kế nhiệm bởi một phó tổng thống tên là Johnson: Andrew Johnson cho Lincoln và Lyndon Johnson cho Kennedy.

Nếu điều đó vẫn chưa đủ, bất cứ ai muốn có thể tìm thấy hàng trăm sự trùng hợp ngẫu nhiên khác kết nối cuộc đời của hai vị tổng thống, bằng cách tham khảo trang web (bằng tiếng Anh): https://www.near-death.com/

Những lời giải thích của những người hoài nghi.

Trong khi một nửa thế giới cố gắng nghiên cứu những trường hợp như thế này để thêm nhiều sự trùng hợp vào danh sách, thì nửa còn lại cố gắng chứng minh rằng một số sự trùng hợp được trình bày là sai. Nhiều người sử dụng một số lý lẽ không chính xác để phủ nhận toàn bộ sự việc.

Sau đó, có một số phản đối chung phù hợp với bất kỳ trường hợp nào, chẳng hạn như phản đối không quá khó để tìm ra sự trùng hợp giữa hai sự kiện được chọn ngẫu nhiên, nếu người ta xem xét tất cả các chi tiết.

chúng.

Hình 8 - Abraham Lincoln, nạn nhân của một vụ ám sát vào ngày 14 tháng 4 năm 1865. Nhiều tình tiết về cuộc đời và cái chết của ông trùng khớp đến khó tin với những tình tiết tương tự liên quan đến Tổng thống John Kennedy.

,.

Theo quy luật số lớn, nếu đánh giá chi tiết cuộc đời và sự nghiệp của hai người nổi tiếng thì không khó để xây dựng một danh sách trùng hợp. Ví dụ, nếu chúng tôi đề cập đến Masaniello và Tướng Lamarmora, có thể cả hai đều thích bánh pizza Neapolitan và cả hai đều mặc cỡ 44 feet, nhưng tôi không biết có thể tìm thấy những sự trùng hợp thực sự quan trọng nào khác.

Khi năm giác quan đánh lừa.

Nhưng tại sao khoa học lại phản đối quá nhiều sự phản kháng đối với điều huyền bí? Trên thực tế, khoa học phương Tây đã trải qua vài thế kỷ của cuộc đời mình để không tin vào điều đó. Ngày nay, các vết nứt đang bắt đầu xuất hiện trong sự chắc chắn của đá hoa cương này, và nhiều nhà khoa học đã để mình bị cuốn theo chủ nghĩa cơ hội. Thật vậy, thật khó để từ bỏ những tiện nghi, địa vị vững chắc, sự nghiệp được xây dựng trên sự khẳng định của chủ nghĩa duy vật.

Hơn nữa, bản thân chúng ta, những người là mặt nước mà con tàu khoa học lướt đi, nghiện những vị trí này đến mức chúng ta coi chúng là điều hiển nhiên, mặc dù thực tế là hàng ngày chúng ta phải đối mặt với những điều huyền bí hoặc với những nhận thức ngoại cảm. Bây giờ chúng ta đã quen với việc chỉ tin vào những gì có thể chạm vào, cân nhắc và đo lường, vì vậy ngay cả bằng chứng cũng không thể xóa bỏ những giáo điều của chủ nghĩa duy vật khỏi tâm trí chúng ta.

Sự lo lắng khiến chúng ta chỉ coi trọng những thứ hữu hình. Chúng ta quên rằng, trong hầu hết các trường hợp, những thứ quan trọng nhất không thể nắm trong tay để biến chúng thành tiền.

Nguồn gốc chính của hạnh phúc của chúng ta là những suy nghĩ, tâm trạng tích cực, cảm xúc và tất cả các hoạt động liên quan đến tinh thần hoặc tâm hồn quản lý để mang lại ý nghĩa và động lực sâu sắc cho sự tồn tại của chúng ta hoặc ngược lại, quản lý để làm cho nó có vẻ vô dụng và không có Tương lai

Những sự thật xảy ra xung quanh chúng ta được định hình bởi cách chúng ta giải thích chúng, bởi sự lạc quan hay bi quan của chúng ta, bởi trách nhiệm của chúng ta về hy vọng hay tuyệt vọng. Xung quanh chúng ta không có thực tại khách quan, vạn vật không bất động mà thay đổi theo chìa khóa diễn giải của chúng ta, tức là qua bộ lọc của lương tâm và lý trí.

Theo nghĩa này, những gì chúng ta cảm nhận được bằng năm giác quan, tức là thực tại cảm tính, luôn là kết quả của quá trình xử lý ngoại cảm.

Tuy nhiên, chúng ta liên tục trải nghiệm những khả năng ngoại cảm không thể cân đo đong đếm nhưng chắc chắn là có, chẳng hạn như lòng dũng cảm, một tầm nhìn lạc quan về tương lai, nhận thức rằng cuộc sống được tạo nên từ những thăng trầm. Sau mỗi mức thấp sẽ luôn có mức cao một cách tự nhiên. Tin tưởng vào bản thân và người lân cận, lòng trắc ẩn và lòng tốt, khả năng giúp đỡ và được giúp đỡ, tất cả những điều này làm cho niềm tin của chúng ta trở nên vững chắc. Bất kỳ cơn gió nào cũng có thể thổi mạnh tùy thích mà không bao giờ có thể nhổ bật gốc rễ những niềm tin này.

Những gì chúng ta cảm nhận được bằng năm giác quan của mình, trong thời kỳ giông bão và bình lặng, luôn là sự thật qua trung gian. Điều này có giá trị không chỉ ở cấp độ tâm lý, mà còn ở cấp độ thực tế. Các giác quan của chúng ta, dường như rất hoàn hảo đối với chúng ta, được thiết kế để tiết kiệm tối đa. Chúng chỉ phục vụ để cung cấp cho chúng tôi sự trợ giúp cần thiết để di chuyển và hoạt động trong môi trường mà không bị hư hại.

Ví dụ, thính giác của chúng ta có khả năng tiếp nhận những âm thanh rất thấp (tần số khoảng 30 Hertz) cho đến những âm thanh có âm vực rất cao, khoảng 10-15.000 Hertz. Tuy nhiên, có vô số âm thanh nằm ngoài phạm vi này. Thật không may, đôi tai của chúng ta không thể cảm nhận được những âm thanh này. Ví dụ, siêu âm, thường được nghe bởi nhiều vật nuôi của chúng tôi. Tại sao chúng ta chỉ nghe thấy tần số từ 30 đến 15.000 Hertz chứ không phải tần số cao hơn hoặc thấp hơn? Đơn giản, bởi vì chúng sẽ không hữu ích cho sự sống còn của chúng ta.

Tần số âm thanh thấp hơn có thể báo hiệu tiếng ầm ầm của trận tuyết lở đang đến gần và tần số âm thanh cao hơn có thể báo hiệu tiếng rít của rắn. Chúng tôi không cần bất cứ điều gì khác để tồn tại.

Bị ràng buộc bởi các giới hạn của thính giác, chúng tôi đặt tất cả những gì thiêng liêng của nghệ thuật như âm nhạc trong dải tần số này và chúng tôi thậm chí không tưởng tượng được mình có thể nghe được những bản giao hưởng nào nếu dải tần này rộng hơn. Đối với chúng tôi, tất cả âm nhạc đều bị giới hạn trong phạm vi hạn hẹp khốn khổ của những gì tai chúng tôi cảm nhận được, từ 30 đến 15.000 hertz. Chúng tôi thậm chí không hình dung được sự tồn tại của những bản hòa âm cực kỳ phức tạp và hấp dẫn. Đối với chúng tôi, không thể có âm nhạc nào khác ngoài những gì tai chúng tôi có thể nghe được.

Chúng ta không biết bản hòa tấu của khu rừng đang lớn, của một bông hoa đang nở, hay bản giao hưởng u tối của một tảng đá rên rỉ nhiều năm khi nó sắp rời khỏi sườn núi.

Chúng tôi bù đắp cho những thiếu sót này bằng cách dán các bản nhạc giả trong các bộ phim tài liệu đã quay, phù hợp với tầm nghe của chúng tôi. Tất nhiên, đó không phải là những âm thanh thực sự.

Sau đó, khi họ kể cho chúng tôi nghe về các thầy phù thủy và pháp sư, những người tìm cách du hành trong những thế giới này và lắng nghe những âm thanh này, những tiếng nói ẩn giấu của tự nhiên, chúng tôi không tin những người nói với chúng tôi và chúng tôi đánh giá họ là điên rồ.

Các giác quan của chúng ta không được tạo ra để đưa chúng ta đến gần hơn với vũ trụ, mà, một cách tầm thường hơn nhiều, để ngăn chúng ta đập ngón chân vào một góc nào đó khi đi bộ. Chúng rất hữu ích để ngăn chúng ta đưa thức ăn quá nóng vào miệng khi ăn. Các giác quan và trực giác cũng giúp chúng ta tránh nọc độc của một sinh vật nhỏ nào đó quá sặc sỡ hoặc quá phủ đầy gai góc.

Các giác quan của chúng ta vẫn là của Người Neanderthal, trong khi chúng ta hiện đã tiến hóa vượt xa giai đoạn "Sapiens sapiens", chúng ta hiện là "Homo ciberneticus". Chúng ta cần phát triển các giác quan mới, thích nghi với giai đoạn tiến hóa mới của chúng ta.

Khách quan và chủ quan.

Những gì chúng ta tin tưởng quyết định chất lượng cuộc sống của chúng ta.

Chúng ta có thể lựa chọn giữa khách quan và chủ quan.

Tính khách quan nhất thiết ngụ ý rằng chúng ta không thể can thiệp vào những thứ xung quanh chúng ta. Mọi chuyện là như vậy, dù muốn hay không. Từ quan điểm khách quan, mọi thứ hình thành và xảy ra bên ngoài chúng ta và không cho chúng ta cơ hội trốn thoát. Chúng tôi là đồ chơi máy móc. Chúng tôi cứ lặp đi lặp lại nhiệm vụ đã được lập trình sẵn là diễu hành và đánh trống lục lạc như những người lính đồ chơi trong cả nắng lẫn mưa, trong khi không thể tránh khỏi việc mặt trời làm phai màu sắc của chúng tôi và mưa làm rỉ sét bánh răng của chúng tôi.

Ngược lại, tính chủ quan làm cho chúng ta có khả năng hiểu và chấp nhận mọi thứ bằng cách làm trung gian cho chúng. Tính chủ quan là một trang web mà chúng ta dệt và thông qua đó chúng ta sàng lọc thực tế. Tính chủ quan cung cấp những công cụ mạnh mẽ và hiệu quả để chống lại hoặc hỗ trợ những gì cuộc sống mang lại cho chúng ta.

Đối mặt với cuộc sống từ quan điểm chủ quan có nghĩa là giải phóng bản thân khỏi sự áp đặt của một số phận đại chúng hóa và xây dựng một số phận trung gian, cá nhân, được tô điểm bởi những cơ hội khác nhau cho mỗi người.

Một cuộc sống được sống một cách chủ quan không còn có thể đo lường và cân nhắc được trong phòng thí nghiệm, bởi vì các thước đo tiêu chuẩn không còn giá trị nữa; mỗi bộ đặt các giá trị riêng của nó, do đó thoát khỏi sự xác minh của các nhà quan sát bên ngoài. Chúng không còn có thể kiểm chứng được trong phòng thí nghiệm, nhưng có thật đối với mọi người trong trái tim, trong máu, trong bụng, trên làn da và trên hết là trong tâm hồn họ.

Tình yêu, lòng chung thủy, sự hào phóng, tình bạn, sự tin tưởng vào bản thân và người khác đều là những thực tế không khách quan mà chúng ta lấy làm khuôn mẫu cho cuộc sống của mình.

Do đó, có một thực tế vượt xa năm giác quan, và cho phép chúng ta rời khỏi chiều không gian của máy móc để trở thành con người, chính là chúng ta.

Chiến thắng của chủ quan thể hiện sự thất bại của chủ nghĩa duy vật và sự thu nhỏ của năm giác quan, những giác quan không còn là dấu hiệu của sự thật tuyệt đối, mà là những công cụ hỗ trợ đơn giản hữu ích để đặt sự tồn tại của chúng ta trong vũ trụ cảm tính. Trong vũ trụ này, vũ trụ của vật lý học Newton, dựa trên ba chiều cổ điển cộng với thời gian, năm giác quan hỗ trợ chúng ta một cách thực sự mẫu mực. Tuy nhiên, khi chúng ta xem xét sự tồn tại của các vũ trụ tâm linh, không có vật chất, nơi các nhận thức khác nhau liên quan đến tư tưởng và linh hồn chiếm ưu thế, thì chúng ta nhận ra rằng năm giác quan không còn giúp ích gì cho chúng ta nữa mà ngược lại, chúng thường đánh lừa chúng ta.

Trong những thế kỷ gần đây, chủ nghĩa duy vật đã giao cho năm giác quan nhiệm vụ đại diện một cách tuyệt đối cho tất cả những trải nghiệm có thể có của con người. Trên thực tế, bản thân khoa học duy vật đã gặp khó khăn khi đối mặt với cái mà ngày nay chúng ta gọi là các hiện tượng liên quan đến vật chất, chẳng hạn như từ tính và điện.

Một trong những giác quan dễ đánh lừa nhất, khi chúng ta muốn sử dụng nó cho những mục đích khác với mục đích mà nó được phát triển, tức là để sinh tồn, là thị giác. Thị giác xử lý các vật thể và sinh vật dưới dạng các hình thức, được ghi nhớ để cho phép chúng ta nhận ra chúng trong những lần gặp gỡ tiếp theo. Đây không phải là một sự ghi nhớ chính xác, bởi vì chúng ta có thể nhận ra khuôn mặt của một người ngay cả khi các đặc điểm của anh ta đã thay đổi rất nhiều, sau hàng chục năm. Ngược lại, chúng tôi rất khó nhớ phong cảnh nào ở hậu cảnh hoặc những chiếc xe và người nào đang đi trên con đường phía sau cô ấy. Vậy mà chính mắt chúng ta cũng đã nhìn thấy những chi tiết đó.

Hình 9 - Hình vẽ của Rubin ở trên có thể có hai ý nghĩa riêng biệt, tùy theo cách giải thích chủ quan của người quan sát.

"Tâm lý của hình thức".

Giữa thế kỷ 19 và 20, tâm lý học thực nghiệm đã dành rất nhiều năng lượng để nghiên cứu các cơ chế mà chúng ta liên hệ với thực tế bên ngoài.

Cơ sở của nghiên cứu thường bắt đầu từ việc xem xét rằng mọi thứ chúng ta cảm nhận được bằng các giác quan không có tầm quan trọng như nhau trong quá trình xây dựng nó. Lắng nghe một cuộc trò chuyện, chúng ta thường lọc bỏ tất cả những tiếng ồn xung quanh. Khi quan sát một cảnh tượng, chúng ta tập trung vào sự kiện cốt yếu trong khi bỏ qua các đường viền.

Nói cách khác, chúng ta có thể chỉ định một hệ thống phân cấp cho các sự kiện được quan sát, nghĩa là thiết lập những gì chúng ta quan tâm và những gì không, nhằm củng cố sự hiểu biết về chỉ một phần của bức tranh được quan sát trong khi bỏ qua phần còn lại.

Nhận thức của chúng ta về những gì đang xảy ra xung quanh chúng ta không bao giờ là sự tái tạo chính xác của thực tế. Điều này có nghĩa là kiến thức của chúng ta về thế giới không bao giờ trở nên toàn vẹn, bởi vì chúng ta không ghi lại một cách trung thực mọi thứ diễn ra trong tâm trí mình, mà chỉ ghi lại những gì chúng ta quan tâm.

Tất cả các kích thích cảm nhận được ngay lập tức được chia thành "thú vị" hay không, do đó hầu hết bị loại bỏ và mất vĩnh viễn.

Hình ảnh của Rubin, được đề xuất trong hình 9, có thể được diễn giải theo hai cách. Có thể thấy, ở trung tâm, hình dạng của một chiếc cốc, hoặc ở hai bên, hai mặt cắt của con người. Thông qua một quan sát nhanh, các giác quan của chúng ta ghi nhận một trong hai ý nghĩa, nhưng liệu nó có phải là ý nghĩa tương ứng với thực tế không? Có bao nhiêu khung hình "không rõ ràng" khác mà chúng ta cảm nhận được với cái nhìn từ thực tế xung quanh chúng ta?

Câu hỏi đặt ra là: ai quyết định điều gì khiến chúng ta quan tâm, và ai quyết định nên loại bỏ điều gì và ngược lại, nên giữ lại điều gì?

Liên quan đến những khía cạnh này của nhận thức con người, một số nhà nghiên cứu như nhà tâm lý học người Séc Max Wertheimer và người Đức Wolfgang Köhler và Kurt Koffka đã bắt đầu một dòng nghiên cứu mà họ đặt tên là Tâm lý học hình thức (Gestaltpsychologie).

Những nghiên cứu này nhằm mục đích tìm hiểu các nguyên tắc theo đó một số yếu tố nhận thức tổng hợp sẽ tạo thành một "hình thức" nổi lên trong nền, bỏ qua các yếu tố khác. Những yếu tố này, mặc dù hiện diện trong nhận thức, được coi là thừa, như thể chúng không phải là một phần của tổng thể nhận thức. Nếu đúng như vậy, thì rõ ràng là năm giác quan không giúp ích gì cho chúng ta, trái lại, chúng thường đánh lừa chúng ta.

Koffka lập luận rằng có những thứ và "không phải thứ": những thứ được đặt trong một kịch bản "không phải thứ". Hình ảnh của Mona Lisa nổi lên trên nền của một phong cảnh mà chủ yếu chỉ các nhà phê bình nghệ thuật quan tâm. Thay vào đó, hàng triệu người đã quan sát bức tranh, sau một khoảng thời gian nhất định, cùng lắm chỉ nhớ một cách mơ hồ về sự hiện diện của một cây cầu (hay nó là một tòa tháp?). Thông thường không ai nhớ chính xác có bao nhiêu cây bách được nhìn thấy trong nền.

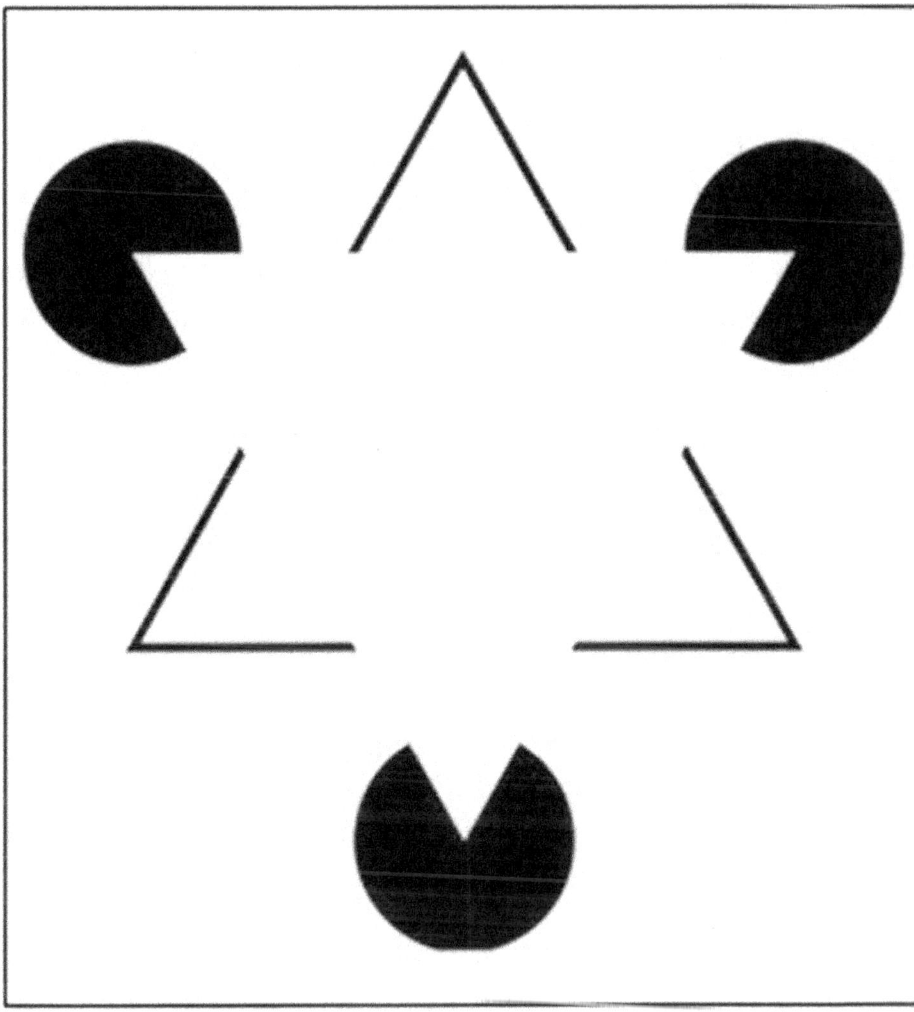

Hình 10 - Trong hình Kanizsa minh họa ở trên, một hình tam giác màu trắng hoàn toàn có thể nhìn thấy ở trung tâm. Tuy nhiên, điều này không được vẽ theo bất kỳ cách nào và chỉ có thể tưởng tượng được bằng cách xem xét độ phức tạp của bản vẽ.

Trong thực tế, thói quen liên hệ với thế giới bên ngoài thông qua năm giác quan khiến chúng ta biến tất cả thực tại thành sự vật: không phải vô cớ mà chúng ta thường nói giống như vậy khi đối mặt với một đối tượng hoặc một sự việc mà chúng ta làm. không hiểu: Đây là cái gì?

Để được các giác quan của chúng ta chấp nhận, mọi thứ phải có kích thước và trọng lượng, và chúng phải được đặt một cách thích hợp so với những thứ khác xung quanh chúng. Một chiếc ghế đặt cạnh bàn là thứ không khiến chúng tôi lo lắng. Chúng ta có thể lo lắng nếu chiếc ghế xuất hiện rồi biến mất hoặc quay cuồng trong không trung.

Điều này đúng miễn là chúng ta quan sát hiện trường và phân tích nó một cách tỉ mỉ đến từng chi tiết, tức là áp đặt một bản phân tích hoàn chỉnh về tình huống lên chính chúng ta.

Điều này thường không xảy ra. Các giác quan của chúng ta nhanh nhạy hơn nhiều, và chúng phải như vậy vì các cảnh giống như những dòng sông đang chảy, chúng có thể thay đổi theo thứ tự từng phần của giây.

Do đó, các giác quan không bao giờ phân tích hoàn toàn toàn bộ tình huống mà chỉ trích xuất các yếu tố thiết yếu và điều này, trong hầu hết các trường hợp, là lừa dối cũng như tùy tiện.

Một ví dụ được trích dẫn nhiều là việc chia mười ba lá bài trong trò chơi "Scalaforty". Nếu một người chơi nhận được tất cả mười ba trái tim, từ Át đến Vua, thì đó sẽ là một phép màu. Trên thực tế, chỉ có một cơ hội duy nhất trong số 635 tỷ là một người chơi sẽ được chia 13 lá bài cùng chất.

Nhưng nếu chúng ta nghĩ về nó, bất kỳ sự kết hợp nào của mười ba lá bài chỉ có thể xảy ra một lần trong số 635 tỷ lần, vì vậy, bất kỳ sự phân bố nào của các lá bài đều đại diện cho một phép màu nhỏ.

Việc một người chơi được chia mười ba quân bài giống nhau là rất quan trọng và đáng kinh ngạc đối với chúng tôi, nhưng trên thực tế, đây là một điều hoàn toàn bình thường. Chỉ có chúng ta mới gán một ý nghĩa phi thường cho một sự kiện mà bản thân nó là hoàn toàn bình thường.

Đối với tâm lý học Gestalt, một sự kiện thuộc loại này không quan trọng vì nó hiếm về mặt thống kê, mà bởi vì nó nổi bật mạnh mẽ so với bối cảnh của hàng ngàn phân phối thẻ ít tuyến tính khác.

Các ví dụ nổi tiếng được thể hiện bằng các số liệu của Kanizsa.

Gaetano Kanizsa, sinh năm 1913 tại Trieste và mất tại cùng thành phố năm 1993, là một nhà tâm lý học và họa sĩ người Ý. Cha anh là người Do Thái gốc Hungary, mẹ anh là người Công giáo Slovenia. Sau khi tốt nghiệp trung học, anh đăng ký vào khoa triết học của Đại học Padua, nơi Cesare Musatti giới thiệu anh với tâm lý học. Do luật phân biệt chủng tộc, anh ta bị tước quyền công dân Ý. Sau hiệp định đình chiến Cassibile, ông chạy trốn đến Rome, nơi ông được giao vị trí nghiên cứu viên tại Viện Tâm lý học của CNR.

Hình 10 hiển thị rõ ràng một hình tam giác màu trắng. Tuy nhiên, điều này không được vẽ theo bất kỳ cách nào và chỉ có thể tưởng tượng được bằng cách xem xét độ phức tạp của bản vẽ. Mặc dù nó không ở đó, nhưng nó bắt mắt hơn nhiều so với các hình hình học khác. Không chỉ vậy, phần bên trong của nó có vẻ "trắng hơn" đối với chúng tôi so với màu trắng chứa phần còn lại của hình ảnh. Hình ảnh xác nhận các giác quan của chúng ta có khả năng khiến chúng ta nhìn thấy những thứ không tồn tại như thế nào.

Hình 11 có thể giải mã được với độ khó cao hơn và hiển thị khuôn mặt của một phụ nữ trẻ hoặc cách khác là khuôn mặt của một phụ nữ lớn tuổi.

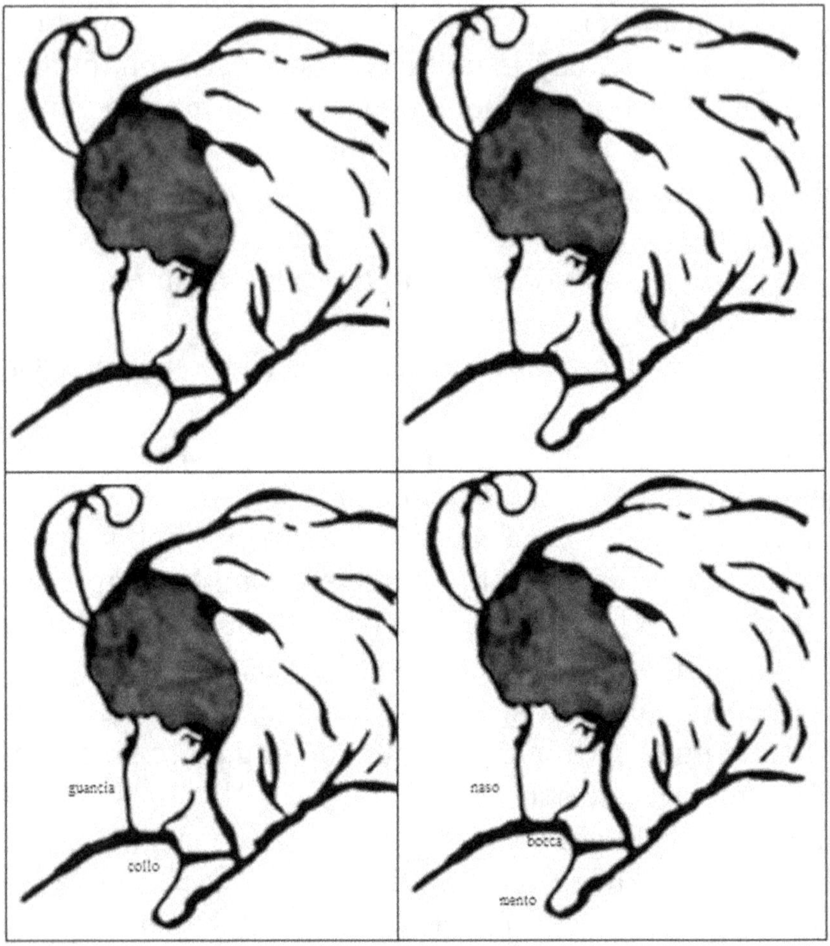

Hình 11 - Con số này khó giải mã hơn và cho thấy khuôn mặt của một phụ nữ trẻ hoặc cách khác là khuôn mặt của một bà già.

Rất khó để nắm bắt cả hai ý nghĩa mà không biết sự tồn tại của chúng. Nhưng các giác quan của chúng ta không có dây để phân tích chính xác sự tấn công liên tục của các kích thích mà chúng nhận được.

Do đó, các giác quan sẽ ghi nhận một trong hai ý nghĩa của hình, bỏ qua sự tồn tại của ý nghĩa kia. Nhưng chúng ta có chắc họ sẽ ghi lại cái phù hợp nhất với thực tế không? Trong 50% trường hợp, khi đối mặt với một đại diện kiểu này, các giác quan của chúng ta sẽ đánh lừa chúng ta. Họ có thể sẽ đăng ký ý nghĩa gần nhất với những gì chúng tôi mong đợi, nghĩa là, họ sẽ "tuân thủ" hành lý văn hóa có được của chúng tôi. Điều này có nghĩa là, thông thường, mọi kích thích trí tuệ sẽ được đặt sang một bên để bảo tồn và củng cố cái hiện có.

Một giả định của tâm lý học Gestalt là các giác quan của chúng ta nhận biết và sắp xếp các nhận thức dọc theo một số đường vận hành đặc quyền, bí ẩn nhưng vững chắc.

Các nghiên cứu của Koffka đã xác định các nguyên tắc tổ chức của nhận thức.

Trong số những cái chính là sự giống nhau, đối xứng, gần hoặc xa, và những cái khác.

Ví dụ: một loạt tiếng bíp nhanh được hiểu là tín hiệu nguy hiểm; hai con chó chăn cừu trong một đàn cừu được tách biệt thành một cặp khác biệt với các hình còn lại; một loạt ba điểm đen cách đều nhau, cộng với ba điểm khác gần nhau nhưng hơi xa điểm đầu tiên, không được hiểu là một bộ sáu điểm mà là hai bộ ba.

Một nguyên tắc đặc biệt thú vị là sự gần gũi về mặt thời gian. Chúng ta có xu hướng tổ chức các nhận thức và tín hiệu mà chúng ta nhận được từ bên ngoài cũng theo mối liên hệ thời gian hợp nhất chúng. Một tiêu chí quan trọng khác là cảm giác. Có những nhận thức đập vào mắt chúng ta như những ngọn hải đăng trong đêm, về cách chúng được phân phối theo thời gian và về ý nghĩa, ý nghĩa mà chúng truyền cảm hứng cho chúng ta.

Nhưng ở đây chúng ta bước vào một lĩnh vực khác, đó là những sự trùng hợp quan trọng.

Sự trùng hợp ngẫu nhiên, tiềm thức tập thể, sự đồng bộ.

"Những gì chúng ta biết về bản thân chỉ là một phần, và có lẽ là một phần rất nhỏ của chúng ta mà chúng ta không hề hay biết."
(Luigi Pirandello, nhà viết kịch, nhà văn và nhà thơ người Ý).

Mạnh hơn cả những máy tính mạnh nhất.

Trong chương trước, chúng ta đã thấy các giác quan của chúng ta quét một lượng dữ liệu khổng lồ như thế nào, dữ liệu này không đến được ý thức của chúng ta khi nó được phát hiện. Dữ liệu được xử lý theo các quy trình có khả năng trích xuất từ khối lượng dữ liệu mà chúng tôi quan tâm nhất. Sau đó, dữ liệu thú vị được lưu trữ theo các sơ đồ có nội dung tượng trưng cao. Điều này cho phép chúng tôi nhận ra một khuôn mặt nhiều năm sau lần cuối chúng tôi nhìn thấy nó. Trong thực tế, chúng tôi không ghi nhớ khuôn mặt như nó vốn có, mà là hình dạng của khuôn mặt, một số tài liệu tham khảo mà nhiều năm sau có thể truy ngược lại bản gốc.

Nó giống như thể một phần mềm cụ thể, cư trú trong ý thức của chúng ta, thao túng thực tế trần trụi khi nó xuất hiện trước các giác quan, biến nó thành các hình thức hoặc khái niệm hoàn toàn linh hoạt, có thể được điều chỉnh và tái sử dụng khi cần thiết. Điều này giúp có thể phân loại bất kỳ đối tượng nào được trang bị một hoặc nhiều chân và bề mặt nằm ngang phù hợp để chứa lưng dưới là "ghế".

Nhận dạng mùi là một chức năng cực kỳ mạnh mẽ. Sau nhiều thập kỷ, chúng ta có thể nhận ra một và ngay lập tức dựng lại khung cảnh mà chúng ta nhìn thấy nó lần đầu tiên. Ví dụ, mùi rong biển ngay lập tức đưa chúng ta trở lại chuyến du ngoạn của các cậu bé đến một thành phố ven biển.

Nhận dạng khuôn mặt là một trong những chức năng đặc quyền của phần mềm cá nhân của chúng tôi. Bất kể bức tranh toàn cảnh kỳ lạ nào mà chúng ta đối mặt, chúng ta có thể ngay lập tức xác định hình dạng có thể có của một khuôn mặt trong sự sắp xếp của các đối tượng và yếu tố. Chúng ta dễ dàng nhận ra những khuôn mặt trong những đám mây, hay trong những mũi đá hay thậm chí trong những vết ẩm ướt trên những bức tường cổ.

Trên thực tế, mọi kích thích đến trực tiếp từ các giác quan đều được xử lý bởi phần mềm nằm trong ý thức của chúng ta và được biến đổi để có thể sử dụng được trong các tình huống tiếp theo; do đó, nó là một phần mềm học tập và ghi nhớ, với tính năng chính là nó được trang bị một thuật toán phục hồi mạnh mẽ.

Trong những ngày đầu của khoa học máy tính, mọi sinh viên có ý định viết các chương trình nhỏ đều phải đối mặt với vấn đề lưu trữ và truy xuất dữ liệu. Ví dụ, muốn viết một chương trình nhỏ có khả năng chỉ ra thủ đô của một quốc gia, sinh viên tạo một tệp hai cột chứa các cặp thủ đô của quốc gia (Ý - Rome, Pháp - Paris, Tây Ban Nha - Madrid, v.v.).

Nếu bạn đặt cho máy tính tên của một quốc gia, chẳng hạn như Tây Ban Nha, máy sẽ cuộn qua tệp cho đến khi tìm thấy cặp có chứa Tây Ban Nha và in kết quả ra màn hình: Madrid.

Đây được gọi là truy cập tuần tự và nó có thể hoạt động cho đến khi chỉ còn vài nghìn cặp dữ liệu, sau đó hệ thống trở nên quá chậm để thực sự hữu ích.

Ngày nay chúng ta đang sống trong thời đại của các công cụ tìm kiếm, có khả năng kiểm tra hàng tỷ dữ liệu. Tất nhiên, việc tìm kiếm không còn tuần tự nữa. Các công cụ tìm kiếm có các thuật toán rất phức tạp có khả năng trích xuất thông tin trong khoảng thời gian tính bằng mili giây.

Bạn có thể gõ "quantum entanglement" vào dòng tìm kiếm của Google, và bạn sẽ thấy rằng trong 0,36 giây, nó sẽ cho biết có khoảng 9.700.000 kết quả (được tìm kiếm vào tháng 5 năm 2018).

Chà, rất lâu trước khi con người phát triển các thuật toán này, một thứ gì đó tương tự nếu không muốn nói là tinh vi hơn đã hiện diện trong tâm trí con người. Các thuật toán tinh thần của chúng ta có khả năng trích xuất thông tin hữu ích cho cuộc sống hàng ngày của chúng ta trong một phần nghìn giây bằng cách rút ra từ khối lượng hàng tỷ tỷ megabyte thu được trong nhiều năm bằng các giác quan của chúng ta. Nhưng họ sẽ không chỉ cho biết có bao nhiêu tài liệu tham khảo: họ sẽ ngay lập tức chọn tài liệu hữu ích nhất cho chúng tôi tại thời điểm đó.

Đó là một tổ chức hiệu quả tuyệt vời và đáng kinh ngạc. Có thể nào đây chẳng qua là kết quả của nhiều nỗ lực, thất bại và nỗ lực tái diễn của quá trình tiến hóa, như các luận điểm duy vật muốn lập luận? Nghi ngờ là chính đáng.

Có phải nó chỉ hoạt động với các kích thích đơn giản?

Tại thời điểm này, chúng ta phải tự hỏi liệu phần mềm của chúng ta chỉ hoạt động như chúng ta đã thấy nó cho đến bây giờ, xử lý mà chúng ta không hề hay biết các kích thích nhận được từ các giác quan, loại bỏ hoặc lựa chọn theo các tiêu chí bí ẩn các hình thức thú vị để lưu giữ và quản lý khối lượng dữ liệu này. dữ liệu mà không có bất kỳ sự can thiệp nào từ phía chúng tôi. Hoặc nếu chúng ta không thể đưa ra giả thuyết về khả năng tham gia tích cực của chúng ta.

Chúng ta phải bắt đầu từ một giả định. Nếu phần mềm của chúng tôi có khả năng phân biệt cái gì có thể hữu ích và cái gì không, thì nó nhất thiết phải được trang bị không chỉ trí thông minh mà còn cả khả năng phân biệt dự đoán. Đó là, anh ta phải biết điều gì sẽ hữu ích cho chúng ta trong tương lai, do đó anh ta phải có tầm nhìn về sự tồn tại của chúng ta vượt xa trải nghiệm của quá khứ và hiện tại, mà còn mở rộng đến tương lai, vào những hoàn cảnh và dịp mà sẽ phát sinh trong tương lai. Do đó, phần mềm của chúng tôi nên biết tương lai của chúng tôi để xử lý thông tin hiện tại một cách hữu ích.

Nếu điều này là đúng, và chắc chắn là như vậy, thì chúng ta có thể từ bỏ khái niệm phần mềm, bởi vì phần mềm không gì khác hơn là một chương trình được xây dựng để thực hiện một số hành động nhất định. Cho dù một phần mềm thông minh đến đâu, nó sẽ không bao giờ thông minh hơn lập trình viên đã tạo ra nó.

Một phần mềm có khả năng biết được quá khứ và tương lai vượt xa khả năng của con người. Thứ hoạt động trong lương tâm của chúng ta không phải là một phần mềm thông minh, cũng không phải là một phần mềm được phát triển một cách tình cờ trong những thăng trầm tiến hóa của loài. Đó là một Trí tuệ, hay đúng hơn là một Trí tuệ đã có từ trước, mà chúng ta có thể định nghĩa là Trí tuệ Vũ trụ.

Trí tuệ Vũ trụ biết quá khứ, hiện tại và tương lai của chúng ta bởi vì nó tồn tại ở một chiều không gian khác với chiều không gian mà chúng ta quen sống, được tạo thành từ vật chất tuân theo các quy tắc vật lý Newton (lực hấp dẫn, thời gian, v.v.).

Cấp độ của Trí thông minh vũ trụ phải hoàn toàn là tâm linh; nó là một cấp độ được tạo thành từ năng lượng và thông tin, trong đó không có vật chất.

Có thể tồn tại một cấp độ như vậy không? Chắc chắn là có, như chúng ta sẽ thấy trong các chương sau. Vật lý lượng tử đã tiết lộ và xác nhận bằng thực nghiệm sự tồn tại của cấp độ này.

Vật lý lượng tử chắc chắn đã không xác nhận sự tồn tại của Trí thông minh phổ quát theo bất kỳ cách nào, nhưng chúng tôi muốn tưởng tượng rằng có, nếu không thì toàn bộ một loạt các hiện tượng không thể được giải thích theo bất kỳ cách nào, bao gồm cả những điều đã nói về việc lưu trữ hình dạng thông minh được làm lại từ những nhận thức thô sơ của các giác quan của chúng ta.

Điểm đặc biệt của Trí thông minh này là khả năng thiết lập một loại tương tác với lương tâm của chúng ta. Ngoài vai trò tự động thực tế là xây dựng và ghi nhớ các hình thức hữu ích cho sự sống còn của chúng ta, Trí thông minh còn xây dựng các hướng dẫn và chỉ dẫn cuộc sống. Hơn nữa, Trí tuệ Toàn cầu xây dựng các đề xuất nhằm mục đích thay đổi, điều chỉnh, thường chỉ đơn giản là cải thiện mối quan hệ của chúng ta với thực tế. Những đề xuất này là những hình thức giao tiếp đã được nghiên cứu trong nhiều thập kỷ bởi nhà tâm lý học người Thụy Sĩ Carl Jung. Ông gọi chúng là những sự trùng hợp đáng kể, hay sự đồng bộ.

Các nguyên tắc tổ chức nhận thức của chúng ta, được quản lý bởi cái mà chúng ta gọi là Trí thông minh phổ quát, không chỉ áp dụng cho thực tế được nhận thức tức thời, được hiểu là một chuỗi các hiện tượng riêng biệt, mà còn cho nhận thức về các sự kiện, hiện tượng và sự trùng hợp thường có vẻ như không có bất kỳ mối quan hệ hoặc kết nối nào giữa chúng. Đôi khi những nhận thức này. xuất hiện hoàn toàn tự phát, trong ý thức của chúng ta. Chúng ta thấy các kết nối logic và trực giác xuất hiện mang lại ý nghĩa cho những sự trùng hợp này và khiến chúng trở nên quan trọng đối với sự hiểu biết của chúng ta.

Chúng ta có thể nói rằng Trí thông minh xây dựng sự đồng bộ cho chúng ta và khiến chúng ta có khả năng trực cảm nhận được thông điệp ẩn giấu ở đó. Điều này có thể xảy ra khi chúng ta đánh giá cao khả năng xảy ra và sự hiện diện của các sự đồng bộ, tránh xem xét các sự kiện ngẫu nhiên đơn thuần.

Đồng hồ dừng lại vào thời điểm chủ nhân của nó qua đời tạo thành một sự trùng hợp đáng kể, vì sự đồng thời của hai sự kiện; điều này sẽ không xảy ra nếu đồng hồ dừng lại muộn hơn hoặc sớm hơn hai ngày.

Tương tự như vậy, việc gặp lại một người quen từ quá khứ, sau khi mơ thấy anh ta vào đêm hôm trước, được coi là một sự trùng hợp đáng kể.

Carl Gustav Jung

Carl Gustav Jung là một trong những nhân vật trí thức hàng đầu của tư tưởng tâm lý học và phân tâm học, bác sĩ tâm thần, nhà phân tâm học, nhà nhân chủng học và triết gia Thụy Sĩ (hình 12).

Ông sinh ngày 26 tháng 7 năm 1875 tại Kesswil, Thụy Sĩ, với Paul Achilles Jung, một mục sư và nhà thần học Tin lành, và Emilie Preiswerk. Ông tốt nghiệp y khoa và năm 1900 đến làm việc tại bệnh viện tâm thần ở Zurich.

Ban đầu, ông gần với tư tưởng của Sigmund Freud, đồng ý với cách giải thích của ông về các hiện tượng tâm linh. Hai người gặp nhau ở Vienna vào năm 1907, và trong dịp đó họ đã nói chuyện trong mười ba giờ đồng hồ.

Kết quả của sự hợp tác này, Jung bắt đầu được gọi là "con cá heo" của phân tâm học, và người ta kỳ vọng rằng ông sẽ kế vị Freud trong vai trò lãnh đạo phong trào phân tâm học.

Bất đồng và đoạn tuyệt với Sigmund Freud.

Thay vào đó, chỉ sau một vài năm, những dấu hiệu đầu tiên về sự bất đồng của họ đã xuất hiện, từ đó hai định hướng lịch sử chính của phân tâm học ra đời, được Freud hiểu là một liệu pháp và bởi Jung là một cách hiểu về tâm lý.

Tầm nhìn kép này nhanh chóng được thiết lập, đến nỗi vào năm 1909, Đại học Clark, sau khi lên kế hoạch cho một chu kỳ hội nghị ở Hoa Kỳ, đã mời cả hai người.

Trong cuộc hành trình bằng tàu thủy, hai nhà khoa học quyết định thực hành phân tích giấc mơ của nhau. Tuy nhiên, Jung không hài lòng với sự hợp tác của Freud vì theo ý kiến của anh ấy, Freid đang cố gắng che giấu một số khía cạnh trong cuộc sống riêng tư của anh ấy, điều không thể thiếu để phân tích kỹ hơn.

Khi Jung bày tỏ sự bối rối này, Freud không phủ nhận mà khẳng định rằng lý do cho sự kín tiếng của ông nằm ở chỗ ông không thể bộc lộ những khía cạnh trong tính cách của chính mình. Freud tin rằng một số chi tiết có thể gây nguy hiểm cho quyền lực của mình. Kể từ thời điểm đó, lòng kính trọng của Jung đối với Freud bắt đầu phai nhạt và sự đánh giá cao của ông đối với các lý thuyết của mình cũng vậy.

Thêm vào đó là sự đào sâu của một hành trình khá dày vò về sự khác biệt về khái niệm. Con đường này đạt đến đỉnh cao khi vào năm 1912, Jung quyết định xuất bản tác phẩm của mình (Libido. Biểu tượng và sự biến đổi), trong đó ông phơi bày tất cả những bất đồng của mình đối với các lý thuyết của Freud.

Trong cuốn sách này, Jung thể hiện định hướng của mình, nhằm mở rộng nghiên cứu phân tích từ câu chuyện của cá nhân đến tính toàn cầu của nhân loại: trên thực tế, theo Jung, ngoài tiềm thức cá nhân còn có tiềm thức tập thể, thể hiện sự hiện diện và hành động của nó. thông qua các nguyên mẫu.

Trong tầm nhìn này, cuộc sống của cá nhân trở thành một con đường mà qua đó việc thực hiện Bản ngã cá nhân diễn ra. Jung gọi quá trình này là "quá trình khám phá".

Sau khi xuất bản cuốn sách này, mối quan hệ của ông với Freud tan vỡ. Bình luận về suy nghĩ của Freud, Jung nói: “Bộ não được xem như một phần phụ của cơ quan sinh dục”.

Về nội dung của hai cách giải thích và sự khác biệt của chúng, chúng ta phải thừa nhận rằng ban đầu Jung đã chia sẻ với Freud nhận định về bệnh tâm thần. Theo những giả thuyết này, sự hiểu biết về bệnh tật đòi hỏi kiến thức về lịch sử cá nhân của bệnh nhân và về "các quá trình kìm nén" liên quan đến nội dung có bản chất tình dục độc quyền.

Tuy nhiên, sau đó, Jung đã đưa ra giả thuyết rằng các hiện tượng của tâm hồn không phải là những gì Freud đã mô tả. Theo lý thuyết mới của Jung, những hiện tượng đó là biểu hiện của một năng lượng có trong tự nhiên, mà ông định nghĩa là "năng lượng bản năng".

Năng lượng của bản năng (libido) và các biểu tượng.

Năng lượng của bản năng là một loại xung lực sống còn, một động lực hướng tới sự sống và bảo tồn giống loài một cách năng động.

Do đó, trong liệu pháp tâm lý, không nhất thiết phải chỉ ghi nhớ thành phần sinh học. Đây sẽ là một cách tiếp cận bi quan. Ngược lại, thành phần tinh thần cũng phải được ghi nhớ. Thành phần này mang lại cho cá nhân một sự căng thẳng lành mạnh nhằm đạt được sự cải thiện.

Hình 12 - Carl Gustav Jung. Suy nghĩ của anh ấy cho rằng, ngoài "tiềm thức cá nhân", còn có một "tiềm thức tập thể" thể hiện chính nó thông qua các nguyên mẫu. Cuộc đời của cá nhân được xem như một con đường, được gọi là "quá trình cá nhân hóa".

Theo Jung, các động lực của năng lượng bản năng cũng có thể được chuyển hướng sang các khái niệm và tham vọng phi vật chất và do đó có thể tạo ra một sự tiến hóa tâm linh. Bệnh tâm thần xảy ra khi quá trình tiến hóa này bị chặn lại; trong những điều kiện này phát sinh chứng loạn thần kinh. Năng lượng bản năng hoạt động bằng cách tạo ra các biểu tượng. Nhờ vậy, con người nguyên thủy đã có thể chuyển những xung động tức thời của mình bằng cách hướng chúng đến sự sáng tạo, do đó bắt đầu quá trình chuyển đổi từ cấp độ động vật bản năng sang cấp độ văn hóa.

Những biểu tượng của năng lượng bản năng có những nội dung vượt ra ngoài ý thức cá nhân và có thể góp phần chuyển hóa bản chất con người.

Một số biểu tượng này là phổ quát, phổ biến và được chia sẻ bởi tất cả các cá nhân. Jung gọi chúng là nguyên mẫu, một thuật ngữ bắt nguồn từ tiếng Hy Lạp. Ý nghĩa của "nguyên mẫu" có thể dễ hiểu hơn nếu chúng ta định nghĩa nó là "hình ảnh gốc", "mô hình", "hình ảnh ảo", "sự thể hiện có thể".

Các nguyên mẫu tương ứng với những kinh nghiệm mà nhân loại thu được trong suốt lịch sử tiến hóa của mình, trong khi phát triển ý thức. Chúng là ký ức của nhân loại, và được bao bọc trong một không gian mà Jung gọi là "tiềm thức tập thể".

Tiềm thức này mang tính tập thể vì nó không phải của cá nhân mà được chia sẻ, được toàn thể nhân loại và mỗi con người có thể tiếp cận được.

Các nguyên mẫu nằm trong tiềm thức tập thể có khả năng can thiệp vào cuộc sống của những cá nhân đơn lẻ bằng cách tạo ra các giai đoạn mà Jung gọi là sự đồng bộ.

Hình 13 - Wolfgang Pauli, sinh viên rất trẻ tại Döblinger Gymnasium ở Vienna. Khi trưởng thành, anh gặp Jung để được điều trị, điều này nhanh chóng dẫn đến một tình bạn vững chắc và trao đổi thư từ kéo dài một phần tư thế kỷ...

Khi xây dựng lý thuyết này, Carl Jung đã nhận được sự hỗ trợ về mặt văn hóa và tinh thần của nhà vật lý nổi tiếng đoạt giải Nobel, Wolfgang Pauli, (Hình 13), người đã khuyến khích ông đưa ra kết luận rõ ràng mặc dù Jung đã do dự trong nhiều năm để làm như vậy. Pauli đã thuyết phục Jung xuất bản cùng nhau, vào năm 1952, một cuốn sách chứa lý thuyết về tính đồng bộ dưới dạng một bài tiểu luận có tựa đề "Tính đồng bộ như một nguyên tắc của các kết nối ngẫu nhiên".

Biểu tượng theo Jung.

Đặc tính biểu tượng của các nguyên mẫu tạo ra hệ quả là ngay cả những sự đồng bộ do chúng tạo ra cũng có các khía cạnh biểu tượng.

Diều này được hỗ trợ bởi kinh nghiệm và một số nhà phân tích theo trường phái Jungian không ngần ngại định nghĩa sự đồng bộ là "những giấc mơ sống động, tỉnh táo".

Trên thực tế, giấc mơ hoàn toàn không phụ thuộc vào ý chí của chúng ta và chúng ta khó có thể can thiệp để điều khiển chúng trong cuộc sống bình thường. Tương tự như vậy, sự đồng bộ là những sự kiện có một không hai xuất hiện trong cuộc sống của chúng ta để khơi dậy sự hoang mang và ngạc nhiên. Sự đồng bộ luôn được bao quanh bởi một vầng hào quang bí ẩn do hình thức tượng trưng của chúng.

Những sự trùng hợp kỳ lạ mà đôi khi chúng ta là nhân vật chính cũng có giá trị biểu tượng, nhưng sự lặp lại của chúng có thể hướng dẫn chúng ta giải mã biểu tượng và hiểu được thông điệp. Điều này, khi nó xảy ra, tuân theo các thủ tục bí ẩn. Đôi khi điều đó xảy ra: đơn giản là ý thức của chúng ta mở ra trước mắt chúng ta ý nghĩa của biểu tượng, mặc dù chúng ta không thể tái tạo lại quy trình mà điều này có thể xảy ra.

Theo nghĩa thông thường, biểu tượng là cái gì đó đứng "thế chỗ cho cái khác". Hầu hết ý nghĩa ẩn giấu của biểu tượng thoát khỏi chúng ta. Mặc dù chúng ta dường như có nó "trên đầu lưỡi", nhưng nó vo ve xung quanh chúng ta mà chúng ta không thể nắm bắt được.

Theo nghĩa này, biểu tượng tạo ra một sự căng thẳng giữa cái xuất hiện và cái thoát khỏi sự hiểu biết, nó chứa đựng một phần của cái đã biết và một phần của cái chưa biết. Nó đại diện cho một thách thức đối với lương tâm, trong khi lương tâm chịu sự thao thức của một vấn đề chưa được giải quyết, một câu hỏi chưa được trả lời, một con tốt không có chỗ đứng.

Không phải là không thể chiến thắng thử thách. Thật vậy, sự đồng bộ có chức năng truyền đạt thông điệp từ tiềm thức tập thể, sử dụng tiềm thức cá nhân của chúng ta.

Một thông điệp bí ẩn tuôn ra từ tiềm thức tập thể, được viết bằng một ngôn ngữ và với các biểu tượng được xây dựng dựa trên quá trình tiến hóa mà toàn nhân loại đã trải qua và do đó không thể giải mã được ở mức độ tối đa đối với tầm nhìn mà trải nghiệm vô cùng hạn chế của chúng ta cho phép. Hãy nói rằng lương tâm của chúng ta không có đôi mắt đủ to để có thể hình dung và hiểu được ý nghĩa tổng thể của thông điệp.

Khi nó đi qua tiềm thức cá nhân của chúng ta, thông điệp sẽ cố gắng làm cho lương tâm của chúng ta có thể hiểu được.

Được trung gian bởi tiềm thức cá nhân, biểu tượng khoác lên mình những điều đã xảy ra mà chúng ta không còn nhớ nữa hoặc chúng ta muốn quên đi.

Tuy nhiên, tại một thời điểm nhất định, biểu tượng này đã trở nên quen thuộc với chúng ta và sử dụng chúng để thể hiện bản thân theo cách phù hợp hơn với trải nghiệm của chúng ta. Trong khi vẫn giữ được bản chất khó hiểu, nó trở nên dễ giải mã hơn.

Nếu nó không được kết nối với tiềm thức tập thể, tiềm thức cá nhân của chúng ta sẽ chỉ là một thứ vô dụng đáng buồn, một nghĩa địa của những trải nghiệm bị chôn vùi.

Nhờ có tiềm thức tập thể, tiềm thức cá nhân của chúng ta trở thành một công cụ quý giá, và được biến thành phương tiện của những khoảnh khắc phấn khích trong cuộc sống, của những giấc mơ ban ngày có thể hướng dẫn chúng ta tiến tới sự tiến hóa tâm linh và một cuộc sống tốt đẹp hơn.

Nguyên mẫu, ý tưởng, khái niệm.

Từ nguyên mẫu xuất phát từ tiếng Hy Lạp cổ đại và có thể có nghĩa là bản gốc, kiểu mẫu, thương hiệu. Theo một số người, nó cũng có thể có nghĩa là "bắt đầu". Nó lần đầu tiên được sử dụng bởi Philo of Alexandria, một triết gia Hy Lạp cổ đại còn được gọi là Philo the Jew, sống ở Alexandria ở Ai Cập và là người cùng thời với Chúa Giêsu. của Samosata.

Tuy nhiên, sự phát triển của chủ đề về các nguyên mẫu có thể được đưa vào truyền thống Platon, nơi chúng xuất hiện dưới dạng các ý tưởng, tức là các mô hình ban đầu của các thực tại có thể cảm nhận được. Một số người theo chủ nghĩa Tân Platon chẳng hạn như Plotinus coi chúng là những ý tưởng đã có từ trước trong tâm trí thần thánh và là mô hình của những thứ được tạo ra.

Trong truyền thống này, Jung coi các nguyên mẫu là những hình ảnh nguyên thủy tạo thành tiềm thức tập thể, hoặc thậm chí là những hình thức nguyên thủy mà thần thoại và tôn giáo dựa vào.

Trong tâm lý học phân tích, các nguyên mẫu có được giá trị đạo đức và tình cảm đối với chủ thể, và quy định anh ta ít nhiều một cách có ý thức trong suốt quá trình tồn tại của anh ta.

Thật vậy, các nguyên mẫu, theo ý tưởng của Jung, đã được nhiều tác giả so sánh với các cấu trúc thần thoại và truyện cổ tích phổ biến. Trên thực tế, chúng sẽ tiết lộ nhiều điểm tương đồng về ý nghĩa với truyện cổ tích và thần thoại. Ngược lại, có những chủ đề cơ bản trong thần thoại và tôn giáo có thể được coi là nguyên mẫu. Trong cuốn sách "Các loại tâm lý" của mình, Jung nói: "Các mô-típ thần thoại chính của mọi thời đại và mọi chủng tộc có lẽ thuộc loại này (tương tự như các nguyên mẫu)."

Việc loại trừ yếu tố thứ tư.

Jung là một giảng viên lành nghề, luôn cố gắng thu hút sự quan tâm của khán giả ngay cả khi họ không phải là những người được giới thiệu về môi trường khoa học. Trái ngược với văn xuôi của Freudian, không tô điểm và đo lường, Jung biết cách thể hiện cá tính phong phú và có văn hóa của mình ngay cả trong những tác phẩm kỹ thuật hoặc hệ thống nhất. Trong chương này, tôi chủ yếu đề cập đến ba tiểu luận của ông, được trình bày dưới dạng các bài giảng. Cuốn đầu tiên, "Các nguyên mẫu của vô thức tập thể", được viết vào năm 1934 và được sửa đổi vào năm 1954. Cuốn thứ hai, "Khái niệm về vô thức tập thể", được viết vào năm 1936.

Tác phẩm thứ ba, "Tính đồng bộ như một nguyên tắc của các kết nối phi ngẫu nhiên", xuất bản năm 1952, gần như là một bản tóm tắt của những tác phẩm đầu tiên và là tác phẩm mà ông thể hiện đầy đủ lý thuyết về tính đồng bộ của mình.

Jung rất miễn cưỡng xuất bản bài tiểu luận này, và chỉ đến năm 1952, bạn của ông và phóng viên Wolfgang Pauli mới thuyết phục ông làm như vậy.

Hai người đã hợp tác hơn hai mươi năm thông qua trao đổi ý kiến sâu sắc, chính xác là về những vấn đề này.

Trên thực tế, mặc dù là một trong những cha đẻ của vật lý lượng tử, người đoạt giải Nobel Vật lý năm 1945, Pauli rất chia sẻ ý tưởng của Jung. Anh ấy muốn môi trường khoa học có thể vượt qua sự ngờ vực, hoài nghi và chế nhạo bằng cách xem xét khả năng có một con đường song song và một ngôn ngữ chung giữa khoa học và tâm lý, thứ có thể cho phép hiểu biết nhiều hơn.

Cuộc đối đầu trí tuệ giữa Jung và Pauli đã tạo ra một nghiên cứu được gọi là "yếu tố bị loại trừ thứ tư". Trên thực tế, đối tượng nghiên cứu của họ có xu hướng giải quyết nhiều nghi ngờ do vật lý lượng tử đặt ra liên quan đến tính hoàn chỉnh của mô hình bộ ba của vật lý cổ điển: thời gian, không gian, quan hệ nhân quả; Jung và Pauli đã tưởng tượng ra "yếu tố thứ tư bị loại trừ" được đặt tên là tính đồng bộ.

Pauli bị thu hút bởi khả năng thêm yếu tố thứ tư vào bộ ba.

Về phần mình, Jung bị cuốn hút bởi những nghiên cứu đầu tiên về các hạt hạ nguyên tử đang bắt đầu bộc lộ những đặc tính lạ thường. Ví dụ, những hạt này có thể biến thành rung động, hoặc chúng có thể biến mất và xuất hiện trở lại ở những điểm xa xôi trong vũ trụ. Các hạt cơ bản có thể giao tiếp trên những khoảng cách bao la thông qua các kết nối phi vật lý bí ẩn. Jung i coi vật lý lượng tử mới ra đời, cũng như thuyết tương đối của Einstein, có thể là những xác nhận khoa học về các khái niệm tâm lý của ông về tính đồng bộ và điều huyền bí.

Pauli sở hữu một trực giác sâu sắc (mà anh ấy nói rằng bắt nguồn rất nhiều từ những giấc mơ của mình) và một khả năng tư duy đặc biệt.

Khi còn rất trẻ, ông đã xuất bản một bài báo về thuyết tương đối được xuất bản bởi "Enzyklopadie der mathematischen Wissenschaften". Khi Einstein, cha đẻ của lý thuyết, đọc nó, ông đã bình luận như sau:

> "Bất cứ ai nghiên cứu tác phẩm này sẽ không tin rằng nó được viết bởi một chàng trai trẻ chỉ mới hai mươi mốt tuổi. Tôi không biết phải ngưỡng mộ điều gì hơn: sự hiểu biết tâm lý về sự phát triển của các ý tưởng, tính chính xác của các suy luận toán học, trực giác sâu sắc, khả năng trình bày công việc với sự rõ ràng có hệ thống, tính đầy đủ thực tế hoặc tính không thể sai lầm quan trọng."

Thật không may, Jung, giống như tất cả các thiên tài, luôn phải đối mặt với sự lạnh lùng và khó hiểu đối với những ý tưởng nguyên bản nhất của mình từ đồng nghiệp và môi trường làm việc. Sự hối tiếc của anh ấy, và có lẽ là sự đau khổ của anh ấy khi không bao giờ có thể thu hút ngay cả những người thân thiết nhất vào trực giác của mình, được thể hiện rõ ràng qua các trang của "Ký ức, giấc mơ, suy tư". Cuốn sách này là một loại nhật ký thú tội, được giao phó cho ngòi bút của Aniela Jaffè. Do đó, khi trưởng thành, theo bản năng, Jung đã có thái độ miễn cưỡng công khai những lý thuyết tiên tiến nhất của mình.

Chính Pauli đã vượt qua sự dè dặt của anh ta bằng cách thuyết phục anh ta xuất bản một cuốn sách cùng nhau, trong đó có hai bài tiểu luận; một của chính Pauli có tựa đề "Ảnh hưởng của các nguyên mẫu đối với các lý thuyết khoa học của Kepler" và bức thứ hai, do Jung ký tên, "Tính đồng bộ như một nguyên tắc của các kết nối không ngẫu nhiên"

Archetypes là "hình ảnh nguyên thủy".

Cuốn sách được xuất bản với Pauli đại diện cho sự tổng hợp của nhiều thập kỷ làm việc. Lần đầu tiên Jung sử dụng thuật ngữ nguyên mẫu là vào năm 1919, nhân dịp một hội nghị chuyên đề được tổ chức tại London.

> "Trong vô thức, chúng ta cũng tìm thấy những đặc điểm không phải do cá nhân có được mà do di truyền, đó là những bản năng được hiểu là những xung lực đối với các hoạt động xuất phát từ sự thôi thúc bên trong mà không có động cơ có ý thức. Thêm vào đó là các dạng trực giác bẩm sinh, tức là các nguyên mẫu của nhận thức và hiểu biết, (...) Bản năng dẫn con người đến một hành vi cụ thể của con người. Tương tự như vậy, các nguyên mẫu điều chỉnh nhận thức và trực giác đối với các khía cạnh cụ thể của con người. Bản năng và các nguyên mẫu của trực giác hình thành vô thức tập thể."

Jung sớm phát triển niềm tin rằng các nguyên mẫu là những ý tưởng bên ngoài ý thức cá nhân, luôn tồn tại và kết nối chặt chẽ với những huyền thoại nguyên thủy. Sự kiện đưa ông đến với luận điểm về mối quan hệ với thần thoại một cách thuyết phục được chính ông kể lại trong tiểu luận "Khái niệm về vô thức tập thể" viết năm 1936.

> "Khoảng năm 1906, tôi bắt gặp một ảo tưởng kỳ lạ, xuất hiện ở một bệnh nhân tâm thần phân liệt hoang tưởng đã phải nhập viện nhiều năm. Bệnh nhân mắc

bệnh từ nhỏ và vô phương cứu chữa. Anh ấy đã học ở một trường công lập và đã từng làm thư ký trong một văn phòng. Anh ấy không có khuynh hướng đặc biệt nào và bản thân tôi cũng không biết gì về thần thoại hay khảo cổ học vào thời điểm đó. Một ngày nọ, tôi tìm thấy bệnh nhân bên cửa sổ, lắc đầu và chớp mắt với mặt trời. Anh ấy bảo tôi cũng làm như vậy để thấy một điều rất thú vị. Khi tôi hỏi anh ấy đang nhìn thấy gì, anh ấy ngạc nhiên vì tôi không thể nhìn thấy gì: "Bạn chắc chắn nhìn thấy dương vật của mặt trời… khi tôi di chuyển đầu qua lại, dương vật cũng di chuyển. Từ chuyển động này đến gió." Tất nhiên tôi không hiểu ý tưởng kỳ lạ này, nhưng tôi đã ghi nhớ nó.

Sau đó khoảng bốn năm, trong quá trình nghiên cứu thần thoại học, tôi tình cờ đọc được một cuốn sách của Albrecht Dieterich, nhà ngữ văn nổi tiếng. Cuốn sách đã làm sáng tỏ điều tưởng tượng này. Tác phẩm được xuất bản năm 1910 đề cập đến một cuốn giấy cói bằng tiếng Hy Lạp từ Thư viện Quốc gia ở Paris. Dieterich nghĩ rằng ông đã phát hiện ra nghi lễ Mithraic trong một phần của văn bản. Văn bản chắc chắn là một đơn thuốc tôn giáo liên quan đến hoạt động của một số câu thần chú trong đó Mithra được đặt tên. (…) Các chỉ dẫn sau đây có thể được đọc trong văn bản:

> "Hãy hít vào từ các tia sáng, hít vào gấp ba lần hết mức có thể và bạn sẽ cảm thấy mình được nâng lên và đi lên phía trên và dường như bạn đang ở giữa vùng không trung… Bạn sẽ thấy con đường của các vị thần có thể nhìn thấy qua chiếc đĩa của các vị thần. mặt trời, đó là Thiên Chúa cha tôi. Vì vậy, bạn cũng sẽ thấy cái gọi là đường ống, là nguồn gốc của gió thương hại. Bởi vì bạn sẽ thấy một cái gì đó giống như một cái ống treo trên đĩa mặt trời. Bạn sẽ thấy điều này đối với các khu vực phía tây, vô tận như một cơn gió thổi từ phía đông."

(...) Bây giờ, bệnh nhân hoàn toàn không thể có bất kỳ kiến thức nào về một cuốn sách cói bằng tiếng Hy Lạp được xuất bản bốn năm sau đó".

Jung coi tình tiết này là bằng chứng đầu tiên về mối quan hệ chặt chẽ giữa các nguyên mẫu hình thành trong tâm trí con người và các biểu tượng của thần thoại cổ đại.

Tiềm thức tập thể.

Tiềm thức tập thể là một khái niệm từ tâm lý học phân tích của Jung. Trái ngược với tiềm thức cá nhân mang tính cá nhân, tiềm thức tập thể được chia sẻ bởi tất cả mọi người và bắt nguồn từ tổ tiên chung của toàn nhân loại. Theo nghĩa này, nó đại diện cho một vật chứa tâm linh phổ quát, tức là một phần của tiềm thức chung được chia sẻ bởi toàn nhân loại. Nó chứa các nguyên mẫu, tức là các hình dạng và biểu tượng đặc trưng của tất cả các dân tộc thuộc mọi nền văn hóa (hình 14).

Điều quan trọng cần lưu ý là các nguyên mẫu không xuất phát từ kinh nghiệm của cá nhân, chúng tồn tại một cách tiên nghiệm, vì chúng là di sản kinh nghiệm của toàn nhân loại. Một số học giả chia nhỏ tiềm thức tập thể theo các tầng khác nhau: tầng sâu nhất bắt nguồn từ cội nguồn xa xưa của quá khứ; phân tầng ở giữa chứa các giá trị và phong tục xã hội của thời điểm chúng ta đang sống, và phân tầng thứ ba chứa các quá trình phát triển tiềm năng và có thể xảy ra trong tương lai của loài người.

Jung trình bày và bảo vệ lý thuyết của mình trong tiểu luận "Khái niệm về vô thức tập thể", xuất bản năm 1936.

Ông giới thiệu khái niệm này bằng cách tuyên bố rằng tiềm thức cá nhân tồn tại nhờ kinh nghiệm cá nhân và về cơ bản bao gồm các nội dung đã được ý thức, mặc dù chúng có thể đã bị lãng quên hoặc loại bỏ sau đó.

Ngược lại, nội dung của tiềm thức tập thể chưa bao giờ có trong ý thức cá nhân và do đó chưa bao giờ được cá nhân tiếp thu. Những nội dung này chỉ tồn tại nhờ vào sự kế thừa nguyên thủy.

Do đó, ông phân biệt hai loại tiềm thức bằng cách đề cập đến nội dung của chúng: tiềm thức cá nhân trước hết chứa đựng tất cả các phức hợp, mặt khác, tiềm thức tập thể về cơ bản được hình thành bởi các nguyên mẫu tâm linh nguyên thủy.

Jung bảo vệ ý tưởng của mình về nguyên mẫu như một hình thức tồn tại từ trước, trích dẫn các nhà nghiên cứu khác như Lévy-Bruhl, người trong nghiên cứu của mình về tâm lý học của người nguyên thủy đã định nghĩa nguyên mẫu là "đại diện tập thể". Jung cũng trích dẫn Hubert và Mauss, những người trong nghiên cứu của họ về tôn giáo so sánh đã định nghĩa các nguyên mẫu là "phạm trù của trí tưởng tượng". Ông cũng trích dẫn Adolf Bastian, người trong nghiên cứu dân tộc học của mình đã định nghĩa nguyên mẫu là "suy nghĩ cơ bản" hoặc "suy nghĩ nguyên thủy".

Được củng cố bởi những điểm hội tụ khoa học này, Jung trình bày luận án của mình, theo đó:

> "Bên cạnh ý thức tức thời của chúng ta, vốn hoàn toàn mang bản chất cá nhân và là thứ mà chúng ta coi là tâm lý thực nghiệm duy nhất (ngay cả khi chúng ta thêm tiềm thức cá nhân như một phần phụ), còn có một hệ thống tâm linh thứ hai.

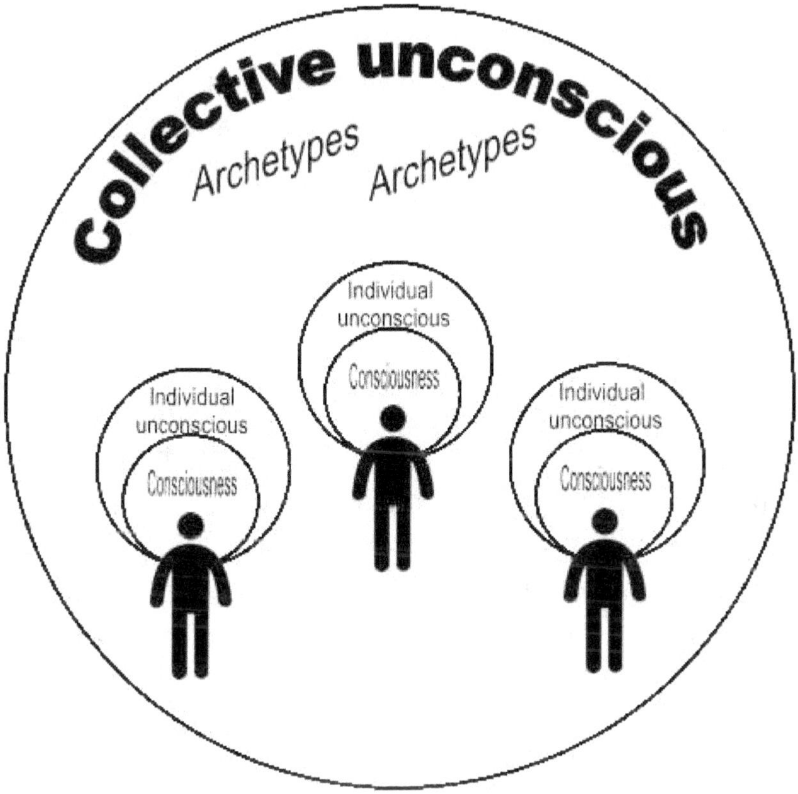

Hình 14 - Các cấp độ của ý thức theo Carl Jung.
1. Tiềm thức tập thể là chung của toàn nhân loại
2 Nguyên mẫu đến từ tiềm thức tập thể.
3 -4 Mỗi cá nhân đều có tiềm thức và ý thức riêng.

> Hệ thống này mang tính tập thể, phổ quát và khách quan, đồng thời giống hệt nhau ở mọi cá nhân. Tiềm thức tập thể này không phát triển riêng lẻ mà được di truyền. Nó bao gồm các hình thức tồn tại từ trước, các nguyên mẫu, chỉ có thể trở nên có ý thức sau này và mang lại một hình thức cụ thể cho các nội dung tâm linh nhất định".

Sau đó, Jung tiếp tục minh họa ý nghĩa của tiềm thức tập thể và bắt đầu bằng cách đề cập đến tâm lý học trị liệu trong tầm nhìn của Sigmund Freud và Alfred Adler, vốn có bản chất độc quyền theo chủ nghĩa cá nhân và phủ nhận mọi đóng góp hoặc mối liên hệ bên ngoài với cá nhân.

Jung nhấn mạnh sự mâu thuẫn do thực tế là, dù mang tính cá nhân nào, tầm nhìn của Sigmund Freud và Alfred Adler cũng đề cập đến các yếu tố không chỉ mang tính cá nhân, chẳng hạn như bản năng tình dục hoặc động lực khẳng định bản thân.

Ngay cả Freud hay Adler cũng không thể phủ nhận sự tồn tại của các bản năng tồn tại một cách tiên nghiệm và hiện diện ở cả con người và động vật. Bản năng chắc chắn không phải là thành phần cá nhân mà là thành phần phổ biến và di truyền của tâm lý, và thường hoạt động bên trên ý thức. Theo nghĩa này, bản năng cho thấy sự tương đồng rất gần với các nguyên mẫu.

Do đó, theo Jung, giả thuyết về sự tồn tại của tiềm thức tập thể không táo bạo hơn giả thuyết về sự tồn tại của bản năng. Dựa trên lập luận này, anh ta tự bảo vệ mình khỏi lời buộc tội về chủ nghĩa thần bí chống lại lý thuyết của anh ta về tiềm thức tập thể. Giống như bản năng có thể ảnh hưởng đến suy nghĩ, ý thức và hành động của các cá nhân theo một cách hoàn toàn thần bí, các nguyên mẫu của tiềm thức tập thể cũng có thể làm như vậy.

Quá trình cá nhân hóa Jungian.

Trong chương đầu tiên của tác phẩm "Những khía cạnh của kịch nghệ đương đại", Jung viết như sau:

> “Các nguyên mẫu giống như lòng sông bị nước bỏ rơi, tuy nhiên có thể đón nước trở lại sau một thời gian nhất định. Một nguyên mẫu tương tự như một hẻm núi mà nước (dòng chảy của sự sống) đã đổ vào từ lâu. Nước càng đào luống này, càng giữ phương này, thì sớm muộn gì cũng trở về”.

Tâm lý thực chất bao gồm phần ý thức (ý thức) và phần vô thức, trong đó ta có thể phân biệt tiềm thức cá nhân và tiềm thức tập thể.

Sự năng động giữa hai phần (ý thức - tiềm thức) được Jung coi là động cơ cho phép cá nhân đối mặt với một hành trình dài nhằm nhận thức nhân cách của chính mình.

Sự tương tác giữa ý thức và tiềm thức tạo ra một quá trình mà Jung gọi là "cá nhân hóa". Trong con đường này, cá nhân gặp gỡ và đối mặt với các khía cạnh vô thức (được gọi là: nguyên mẫu) trong tính cách của chính mình: bằng cách đối mặt với chúng, anh ta có thể mở rộng ý thức của mình.

Quá trình cá nhân hóa thể hiện con đường tích hợp và thống nhất các phức hợp hình thành nên nhân cách, tức là một cách tiếp cận tiệm tiến của "Self" với "Ego", thông qua một con đường dẫn đến nhận thức về Bản ngã và giải phóng Bản ngã khỏi những xung đột bên trong của nó.

Jung tin rằng nhiệm vụ của phân tâm học là thiết lập mối quan hệ thứ bậc giữa "Self" và "Ego", xem xét chính xác rằng cái thứ nhất là toàn bộ trong khi cái thứ hai chỉ là một phần. Mối quan hệ này sẽ cho phép nối lại mối quan hệ hài hòa giữa hai bên, khi điều này đã bị ngưng lại bởi chứng loạn thần kinh do sự cứng nhắc trong các yêu cầu của "Self" đối với các nhu cầu cá nhân của "Ego" (do đó có tên : quá trình cá nhân hóa).

Cách tiếp cận diễn ra thông qua việc giải mã ý nghĩa của các biểu tượng mà cá nhân gặp phải trong suốt cuộc đời của mình. Các biểu tượng có thể được tìm thấy cả trong thế giới bên trong, thông qua các chuyển động thoái lui và tiến bộ của ham muốn tình dục, và trong thế giới bên ngoài, nhờ các giai đoạn đồng bộ hóa. Do đó, tính đồng bộ là một trợ giúp hợp lệ trong sự phát triển của quá trình cá nhân hóa.

Dưới ánh sáng này, cá nhân hóa là thành quả của sự cộng tác liên tục giữa Ý thức, Tiềm thức, Bản ngã và Bản ngã. Quá trình cá nhân hóa đại diện cho một hành trình tâm linh hướng tới sự tự nhận thức lớn hơn. Tiến trình trên hành trình có thể nhận ra bởi các cột mốc của nó.

Giai đoạn đầu tiên: nguyên mẫu của Bóng tối.

Giai đoạn đầu tiên được đặc trưng bởi nguyên mẫu của Bóng tối, tức là tất cả những khía cạnh mà cá nhân không biết hoặc muốn che giấu về bản thân, cũng như tất cả những gì đã bị loại bỏ sau những thỏa hiệp do giáo dục và ảnh hưởng của môi trường.

Cái Bóng đại diện cho phần khó chịu và tiêu cực nhất của tâm hồn; nó trùng khớp với cả những xung động bản năng thấp nhất mà chúng ta thường có xu hướng kìm nén. Nó cũng đại diện cho những tật xấu và khuynh hướng mà cá nhân có xu hướng phủ nhận là của mình, nhưng bất chấp điều này, lại ảnh hưởng đến hành vi của anh ta và thể hiện ở những khía cạnh đáng ghét của tính cách hoặc bằng những "cám dỗ" mà phần ý thức cố gắng phớt lờ.

Nguyên mẫu này có thể xuất hiện trong những giấc mơ và biểu tượng có hình ma quỷ, quái vật và những cuộc rượt đuổi, những cơn ác mộng sống trong bóng tối.

Một nguyên mẫu thường được đề cập cùng với Bóng tối là "Persona".

"Người" (từ tiếng Latinh, "mặt nạ của diễn viên") là một nguyên mẫu biểu thị vai trò của chủ thể trong bối cảnh xã hội mà anh ta hành động. Con người chính xác là chiếc mặt nạ, danh tính che đậy mà chúng ta hành động và nhờ đó chúng ta là những gì người khác muốn chúng ta trở thành và những gì chúng ta tin rằng chúng ta là.

Giai đoạn thứ hai: nguyên mẫu của Anima hoặc Animus.

Giai đoạn thứ hai được đặc trưng bởi cuộc chạm trán với nguyên mẫu Anima (đối với nam) và Animus (đối với nữ). Mặc dù cái tên gợi nhớ đến linh hồn, nhưng nó không đề cập đến bất kỳ khái niệm tôn giáo hay giáo điều nào.

Hình ảnh của anima được đàn ông chiếu lên phụ nữ, trong khi ở phụ nữ, nguyên mẫu tương ứng, animus, được chiếu lên đàn ông.

Linh hồn đại diện cho sự tiếp xúc với các khía cạnh tâm linh và tinh thần, tức là cách tiếp cận đầu tiên của một cá nhân với tâm lý của anh ta, gần như là một nghi thức nhập môn. Đó là cánh cửa cho phép tiếp cận với thế giới siêu việt.

Nó là một nguyên mẫu của giao tiếp tuyệt vời bởi vì nó thể hiện nhiều hình ảnh vô thức, tạo ra hiểu lầm, tạo ra ảo tưởng và hậu quả là khủng hoảng.

Theo nghĩa này, cuộc đối đầu với linh hồn đòi hỏi khắt khe hơn nhiều so với cái bóng; nó liên quan đến việc đi vào những vùng lãnh thổ có nguy cơ bị nghiền nát. Mọi thứ mà Linh hồn chạm vào đều trở nên vô số, nghĩa là tuyệt đối, nguy hiểm, bị cấm kỵ, ma thuật.

Animus (thành phần nam của nữ) đại diện cho các khía cạnh thực tế và cụ thể, hợp lý và thực tế. Nó được thể hiện trong những giấc mơ với chiến tranh, thợ rèn và những biểu tượng tương tự. Nó có các nội dung về phản xạ, kiểm soát, phân tích, trọng số, tính hợp lý, tính toán, quyết định, lập trình, phân biệt.

Hai nguyên mẫu này cho chúng ta một cái nhìn bao quát về mức độ kép của tâm hồn.

Theo Jung, mỗi nguyên mẫu chứa đựng một khía cạnh của cuộc sống và mặt trái của nó, người ta hiểu rằng cả hai đều có giá trị và vị trí riêng. Ngược lại, tư tưởng của Freud tập trung vào xung đột và đấu tranh để loại bỏ một trong hai.

Theo Jung, tính hai mặt của tâm lý cung cấp sự khuất phục để vượt qua sự lạm dụng và tình yêu vượt qua sự căm ghét. Ngoài ra còn phải có sự phối hợp hài hòa giữa ý thức và vô thức.

Tính hai mặt của Jungian cũng vẫn có giá trị đối với sự đa dạng của giới tính, vì tâm hồn có năng lượng nam tính và nữ tính bên trong nó, và mọi người đàn ông đều có mặt nữ tính, cũng như mọi phụ nữ đều có mặt nam tính. Rõ ràng là mỗi người sở hữu một năng lượng vượt trội, nhưng tuy nhiên, các máy chủ, mặc dù ở phía sau, cũng là năng lượng ngược lại.

Trong các bức phù điêu của các ngôi đền Ấn Độ, nam tính và nữ tính được thể hiện như một người đàn ông và một người phụ nữ ôm nhau; theo nghĩa bóng, chúng là hai nhân vật phổ quát. Sự thống nhất ban đầu của hai thể loại cũng xuất hiện từ các câu chuyện tôn giáo hoặc thần thoại, nơi chúng ta đọc rằng Eve được sinh ra từ xương sườn của Adam và Athena ra khỏi đầu (hoặc bắp chân) của Zeus.

Giai đoạn thứ ba: nguyên mẫu của "ông già thông thái".

Giai đoạn thứ ba tương ứng với cuộc gặp gỡ với nguyên mẫu của "ông già thông thái", có thể hiểu là hình tượng người cha nam, phản chiếu nguyên mẫu của Grance Madre. Toàn bộ kinh nghiệm của cá nhân được bao bọc trong Nhà hiền triết cổ đại, cùng với đó là tất cả khả năng suy luận và dự đoán của anh ta. Nó đại diện cho mục tiêu biến đổi mà một người đạt được sau khi đối mặt với bản thân với các nguyên mẫu của các giai đoạn trước. Trong điều kiện này, người ta có thể đánh giá quá khứ, hiện tại và tương lai. Ông lão thông thái được miêu tả là một triết gia có khả năng tư vấn.

"Người mẹ vĩ đại" đại diện cho mục tiêu cuối cùng của tâm lý phụ nữ. Trong tâm lý học Jungian, nó là một nguyên mẫu của sức mạnh vĩ đại và mâu thuẫn, đồng thời là kẻ hủy diệt và vị cứu tinh, kẻ cho ăn và nuốt chửng. Nó được khoác lên mình sự thiêng liêng, chẳng hạn như trở thành một trong những sức mạnh thần kỳ của vô thức.

Giai đoạn thứ tư: nguyên mẫu của Bản ngã.

Nguyên mẫu của Bản ngã là lý do cuối cùng của quá trình cá nhân hóa, tức là lý do tồn tại của cá nhân, lý do này tự bộc lộ cho anh ta và mở ra trước mắt anh ta như một bông hoa đang nở rộ.

Nó được miêu tả là ánh sáng, tứ giác, trung tâm của sự vật. Biểu tượng của nó có thể là mandala, một hình tượng trong truyền thống tôn giáo Phật giáo và Ấn Độ giáo tượng trưng cho vũ trụ và được vẽ trên vải hoặc bích họa trên tường của các ngôi đền.

Bản thân đại diện cho chính cá nhân đó, với tất cả kinh nghiệm và kiến thức mà anh ta đã tích lũy được trong con đường cá nhân hóa của mình. Khi cá nhân gặp gỡ Bản ngã, điều đó có nghĩa là chứng loạn thần kinh bị đánh bại và đạt được sự hài hòa bên trong.

Vì vậy, Bản ngã là mục tiêu, là đỉnh cao của sự thực hiện nhân cách, một đỉnh cao mà ở đó mọi mặt ý thức và vô thức của cá nhân hội tụ và thống nhất.

Các nguyên mẫu cổ điển khác đại diện cho những hình ảnh phổ quát đồng thời thể hiện tính tích cực hoặc tiêu cực: Nước, Số, Anh hùng, Pháp sư, Kẻ nổi loạn, Chủ quyền, Vô tội, Apollo, nhiều nhân vật tôn giáo, v.v.

Khi các nguyên mẫu đề cập đến các nhân vật thần thoại, tôn giáo hoặc huyền thoại, chúng được Jung gọi là "các thế lực thần thánh", sử dụng một thuật ngữ đã được đặt ra bởi Rudolf Otto, nhà thần học và nhà sử học người Đức về các tôn giáo.

Jung và thuật giả kim: cá nhân hóa và "Opus alchemicum".

Cuốn sách cuối cùng do Jung viết vào năm 1956 có tựa đề "Mysterium Coniunctionis" và đề cập đến nguyên mẫu đồng âm, đề cập đến cuộc hôn nhân thiêng liêng hoặc "giả kim thuật" giữa Mặt trời và Mặt trăng. Jung tập trung vào thuật giả kim trong nhiều tác phẩm của mình, cố gắng làm nổi bật ý nghĩa của "Opus alchemicum" (Công việc giả kim) như một nhiệm vụ tâm linh.

Nghiên cứu của ông nhằm mục đích khám phá những điểm tương đồng tồn tại giữa các quá trình giả kim thuật và những quá trình liên quan đến lĩnh vực tâm linh. Cụ thể, ông đã phân tích các giai đoạn mà qua đó công việc giả kim sẽ diễn ra, tức là quy trình lấy đá triết gia. Thủ tục này bao gồm một số giai đoạn, mà ban đầu là bốn:

- "Nigredo" hoặc bôi đen, liên quan đến nguyên tố đất.
- "Albedo" hoặc tẩy trắng, liên quan đến yếu tố nước.
- "Citrinitas" hay ngả vàng, liên quan đến yếu tố không khí.
- "Rubedo" hoặc màu đỏ, liên quan đến yếu tố lửa.

Bốn giai đoạn này sẽ tương ứng với quá trình cá nhân hóa tâm linh.

Đặc biệt, giai đoạn nhận dạng đầu tiên, tức là so sánh với nguyên mẫu của Bóng tối, sẽ tìm thấy sự tương ứng trong giai đoạn của quá trình giả kim thuật được gọi là "nigredo".

"Nigredo" là một thuật ngữ Latinh có nghĩa là "màu đen" hoặc "màu đen". Nó đánh dấu "Giai đoạn chuyển sang màu đen" của Opus, khởi đầu của quá trình tạo ra hòn đá triết gia. Và giai đoạn thối rữa và phân hủy. Đây là thời điểm tinh tế nhất, được tượng trưng bởi một con quạ đen. Trong giai đoạn này, cần phải để tất cả các thành phần chết, ngâm và nấu chúng trong một thời gian dài cho đến khi tạo thành một khối sẫm màu.

Giai đoạn thứ hai, tức là cuộc gặp gỡ với Anima hoặc Animus, sẽ tìm thấy sự tương ứng trong giai đoạn Opus của "albedo", một thuật ngữ Latinh có nghĩa là "độ trắng". Giai đoạn này được tượng trưng bởi một con thiên nga trắng và được gọi là "Opera al Bianco". Nó bao gồm việc thanh lọc khối không hình dạng do "nigredo", để rửa sạch các tạp chất và chuẩn bị cho giai đoạn tiếp theo. Trong ngôn ngữ hóa học, nó tương ứng với sự chưng cất. Nói một cách ẩn dụ, với đoạn văn này, linh hồn được giải thoát khỏi những ràng buộc của xác thịt.

Giai đoạn thứ ba, đó là cuộc gặp gỡ với ông già thông thái, sẽ tương ứng với giai đoạn của quá trình giả kim gọi là "Citrinitas".

"Citrinitas" là giai đoạn làm vàng hoặc cháy vật liệu của Opus. Màu của nó là màu vàng citrine, biểu tượng của ý chí và lương tâm năng động. Từ sự thối rữa ban đầu, một hợp chất chưng cất đã thu được, dành cho quá trình thăng hoa.

Giai đoạn thứ tư, của quá trình cá nhân hóa, tức là cuộc gặp gỡ với nguyên mẫu của Bản ngã, sẽ tìm thấy sự tương ứng trong giai đoạn của Opus được gọi là "Rubedo".

Thuật ngữ rubedo trong tiếng Latinh có thể được dịch là "đỏ". Nó đại diện cho "Giai đoạn Đỏ" và là sự hoàn thành của quá trình biến đổi hóa học, trùng hợp với việc tạo ra viên đá triết gia có khả năng biến kim loại cơ bản thành vàng. "rubedo" diễn ra do tác động của lửa, tức là của Thánh Linh. Biểu tượng của nó là phượng hoàng, hoa hồng đỏ, quả trứng, một vị vua đăng quang.

Đồng rubedo cũng có các giá trị biểu tượng khác, liên quan đến thực tế là màu đỏ trong truyền thống giả kim thuật đại diện cho màu trung gian giữa đen và trắng. Do đó, nó đại diện cho sự kết hợp của các mặt đối lập và sự kết hợp giữa tinh thần và vật chất hoặc giữa nam tính và nữ tính.

Cuối cùng, giống như "nigredo" tương ứng với cơ thể vật lý của nhà giả kim thuật và "albedo" tương ứng với linh hồn của anh ta, "rubedo" tương ứng với tinh thần của anh ta, tức là phần cao nhất trong ba yếu tố cấu thành của con người.

tính đồng bộ của Carl Jung.

Chính trong khu vực của trái tim, sự nhận biết tự phát các mối liên hệ diễn ra mà tâm trí thường chỉ hiểu được sau đó. Những kết nối tinh thần này hầu như không thể giải thích được lúc đầu. Tuy nhiên, sau đó, chúng được nhận thức với sự rõ ràng tuyệt đối. Trong trường hợp này, chúng được gọi là sự đồng bộ, hoặc sự trùng hợp phi thường, hoặc đơn giản là phép màu.
(Ruediger Schache, Lời khuyên từ trái tim)

Jung giải thích đầy đủ lý thuyết về tính đồng bộ của mình trong bài tiểu luận "Tính đồng bộ như một nguyên tắc của các mối liên hệ nhân quả" Ông bắt đầu lý luận của mình bằng cách định nghĩa các khái niệm nhân - quả.

Jung bắt đầu giải thích của mình bằng cách nhấn mạnh khái niệm cơ bản của các quy luật tự nhiên là mọi sự kiện đều do một nguyên nhân. Tuy nhiên, điều này không phải luôn luôn đúng; có những sự kiện về bản chất không liên kết với nhau bằng quan hệ nhân quả nên phải được hiểu khác đi.

Sẽ là một công việc vô ích nếu tìm kiếm những sự kiện này trong thế giới vật lý vĩ mô, nếu chỉ vì không thể giải thích được chúng. Hãy tưởng tượng một quả bóng bi-a di chuyển mà không cần lực đẩy. Quả bóng chưa chịu tác động của quả bóng khác, sức đẩy của gió, nó không nằm trên mặt phẳng nghiêng. Một thực tế như vậy là không đáng tin cậy. thậm chí không có nhiều nhân chứng nói với nó.

Đây là sự xác nhận của khái niệm vật lý về "thuyết tất định", theo đó mọi hiện tượng hoặc sự kiện vật lý nhất thiết phải được xác định bởi một hiện tượng hoặc sự kiện khác đã xảy ra trước đó.

Để xem xét một hiện tượng, một lời khai là không đủ, cần nhiều lời khai. Mặc dù vậy, ngay cả khi có nhiều bằng chứng, hiện tượng này sẽ tiếp tục bị phủ nhận nếu không có khả năng lặp lại, tức là khả năng tái tạo nó một cách bình thường. Khả năng lặp lại phải có thể thực hiện được trong bất kỳ điều kiện tương tự nào. Tuy nhiên, đôi khi, ngay cả một hiện tượng hiếm gặp cũng có thể được xem xét, như xảy ra trong sinh học, trong đó một mẫu vật của một loài chưa biết làm cho sự tồn tại của toàn bộ loài trở nên đáng tin cậy.

Câu hỏi mà Jung tự đặt ra là: liệu có khả năng đạt được sự xác nhận của các sự kiện mà không có nguyên nhân một cách tổng quát hay không? Có những sự kiện mà không có nguyên nhân xác định?

Câu trả lời của anh ấy là tích cực. Jung đề cập đến thế giới của "cơ hội", trong đó các sự kiện dường như không được liên kết bởi mối quan hệ nhân quả với các sự kiện khác.

Khi chúng ta nói về cơ hội, người ta thường lập luận rằng ngay cả những sự kiện được định nghĩa là "ngẫu nhiên" hoặc "sự trùng hợp ngẫu nhiên" cũng có thể được giải thích. Khi những sự kiện này không thể được quy cho một nguyên nhân, thì điều đó chỉ phụ thuộc vào thực tế là chúng ta không biết nó. .

Nhưng, Jung tiếp tục, nguyên tắc theo đó mọi sự kiện phải có nguyên nhân là tương đối, nghĩa là, nó chỉ áp dụng cho bối cảnh của thực tại vật lý vĩ mô, nơi mà chúng ta đang sống. Do đó, trong khi thừa nhận rằng phần lớn các sự kiện phải có nguyên nhân, điều này không loại trừ rằng một số sự kiện có thể không có nguyên nhân.

Trong phần lớn các sự kiện liên quan đến nguyên nhân, có thể tìm thấy những trường hợp hiếm hoi không có nguyên nhân tồn tại, khi xem xét kỹ lưỡng, mối quan hệ nhân quả dường như không thể tưởng tượng được. Ở đây Jung đưa ra một ví dụ:

> “Tôi phải lưu ý là vé xe điện của tôi có cùng số với vé xem phim mà tôi mua ngay sau đó. Trong buổi tối cùng ngày, tôi nhận được một cuộc điện thoại trong đó có cùng một số điện thoại. Trong trường hợp này, một mối quan hệ nhân quả đối với tôi dường như rất khó xảy ra, và ngay cả trí tưởng tượng điên rồ nhất cũng không cho phép tôi nghĩ rằng một mối quan hệ đó có

thể tồn tại, mặc dù mỗi trường hợp tự nó được thực hiện đều có nguyên nhân của nó.

Rõ ràng là tất cả các sự trùng hợp có thể giống như các mục tiêu tình cờ trúng đích, nhưng lý thuyết này có thể hợp lệ miễn là nó không vượt quá mức xác suất hợp lý. Khi vượt quá ngưỡng này, rõ ràng là sự phức tạp của các sự trùng hợp trở nên không thể giải thích được và không thể quy cho bất kỳ nguyên nhân nào.

Tuy nhiên, Jung thừa nhận khả năng rằng một nhóm các sự trùng hợp ngẫu nhiên có thể chỉ do ngẫu nhiên.

Tuy nhiên, có thể có những nhóm "sự trùng hợp kỳ lạ" mang một giá trị khác và rất có ý nghĩa đối với nhân vật chính. Đây là những trường hợp mà người liên quan quản lý để kết nối các sự trùng hợp, mang lại cho chúng một ý nghĩa.

Sự xuất hiện của những nhóm trùng hợp này chứa đựng một thành phần quan trọng, bí ẩn, thiêng liêng, khiến chúng trở nên quan trọng, và khi điều này xảy ra, Jung đặt cho nhóm này cái tên là sự đồng bộ.

Để minh họa những sự trùng hợp quan trọng, Jung nhóm chúng thành ba loại.

Điều đầu tiên cung cấp rằng có một mối liên hệ giữa trạng thái tâm linh của chủ thể và một sự kiện đương thời và khách quan, tương ứng với trạng thái tâm linh. Một ví dụ là tình tiết do chính Jung kể lại: trong khi một bệnh nhân đang nói với anh ấy rằng cô ấy đã mơ thấy một con bọ tương tự như bọ cánh cứng, thì một con côn trùng thuộc loại đó đã lao vào cửa sổ phòng làm việc.

Loại trùng hợp quan trọng thứ hai cung cấp rằng có một mối liên hệ giữa trạng thái tâm linh của một chủ thể và một sự kiện bên ngoài, diễn ra ở một nơi khác nhưng có thể được xác minh sau đó. Có thể lấy vô số lời chứng về những giấc mơ thông báo về cái chết của một người, sau đó được phát hiện là xảy ra cùng lúc với giấc mơ, có thể được dùng làm ví dụ.

Loại thứ ba cung cấp rằng có một mối liên hệ giữa trạng thái tâm linh của đối tượng và một sự kiện chưa xảy ra nhưng sẽ xảy ra trong tương lai. Ví dụ, có thể xảy ra trường hợp bạn đột nhiên nghĩ đến một người mà bạn đã mất liên lạc và gặp họ vào ngày hôm sau.

Trong cả ba trường hợp, rõ ràng là cần có sự tồn tại của một trạng thái tâm linh cho phép chủ thể chặn các tín hiệu báo trước sự kiện, gán cho chúng một ý nghĩa và thúc đẩy bản thân có trách nhiệm mong đợi trùng với sự kiện xảy ra. chính nó.

Thật không may, các tín hiệu mà chúng ta có thể định nghĩa là điềm báo thường bị bỏ qua, dù chúng có nhiều đến đâu, bởi vì chúng ta thường nhìn thế giới theo các tham số của vật lý tất định và lơ đãng xem xét các sự kiện bất thường và sự trùng hợp kỳ lạ, mà chúng ta hạ cấp xuống thành trường hợp không quan trọng.

Sự ra đời của một sự đồng bộ.

Trong bài viết "Tính đồng bộ như một nguyên tắc của các kết nối nhân quả" xuất bản năm 1952, Jung trích dẫn một ví dụ về tính đồng bộ:

"Để trích dẫn một ví dụ trong số nhiều ví dụ khác, tôi đã lưu ý trường hợp sau đây vào ngày 1 tháng 4 năm 1949. Hôm nay là thứ Sáu. Chúng tôi có cá cho bữa trưa. Mọi người đều nhớ công dụng của "cá tháng Tư". Trong buổi sáng, tôi đã chú thích một dòng chữ: "Est homo totus medius piscis ab imo". Vào buổi chiều, một bệnh nhân cũ mà tôi đã không gặp trong nhiều tháng cho tôi xem một số bức tranh cá đặc biệt khêu gợi mà cô ấy đã vẽ trong thời gian chờ đợi. Vào buổi tối, họ cho tôi xem một bức tranh thêu tượng trưng cho quái vật biển dưới dạng cá. Sáng sớm ngày 2 tháng 4, một bệnh nhân cũ mà tôi đã nhiều năm không gặp kể cho tôi nghe một giấc mơ, trong đó cô ấy đang ở ven hồ thì thấy một con cá lớn đang bơi nhanh về phía mình. Tại một thời điểm, anh ta nhìn thấy cùng một con cá "bay" trước chân mình. Trong giai đoạn này tôi đang bận rộn với công việc nghiên cứu với chủ đề là biểu tượng lịch sử của loài cá. Chỉ có một trong những người có tên ở trên biết điều này. Rõ ràng là có sự nghi ngờ rằng trong trường hợp này, đó có thể là một sự trùng hợp đáng kể, một mối quan hệ tình cờ. Tôi phải thừa nhận rằng sự tập trung này đã gây ấn tượng với tôi. Đối với tôi nó có một nhân vật quan trọng nhất định. Trong những trường hợp như vậy, người ta có câu nói nổi tiếng: "Không thể hoàn toàn là ngẫu nhiên!". Cá thường nổi lên như biểu tượng của nội dung vô thức."

Theo ngôn ngữ của tâm lý học về hình thức, ý nghĩa là phẩm chất phân biệt 'sự vật' với 'không phải sự vật', cảnh trung tâm với hậu cảnh, các hành động liên quan tạo nên các hình dạng và đường viền không liên quan.

Chúng ta có thể chia nhận thức thành ảnh và video, để gợi ý rằng không chỉ có nhận thức tức thời, có thể so sánh với ảnh..

tính đồng bộ của Carl Jung.

Hình 15 - Hãy tưởng tượng rằng ô vuông có chấm bao quanh một giai đoạn trong cuộc đời của một người, mà chúng ta gọi là Philip. Một ngày, một tuần hoặc hơn thế nữa. Mỗi dấu chấm đại diện cho một trong vô số sự kiện xảy ra trong giai đoạn này.

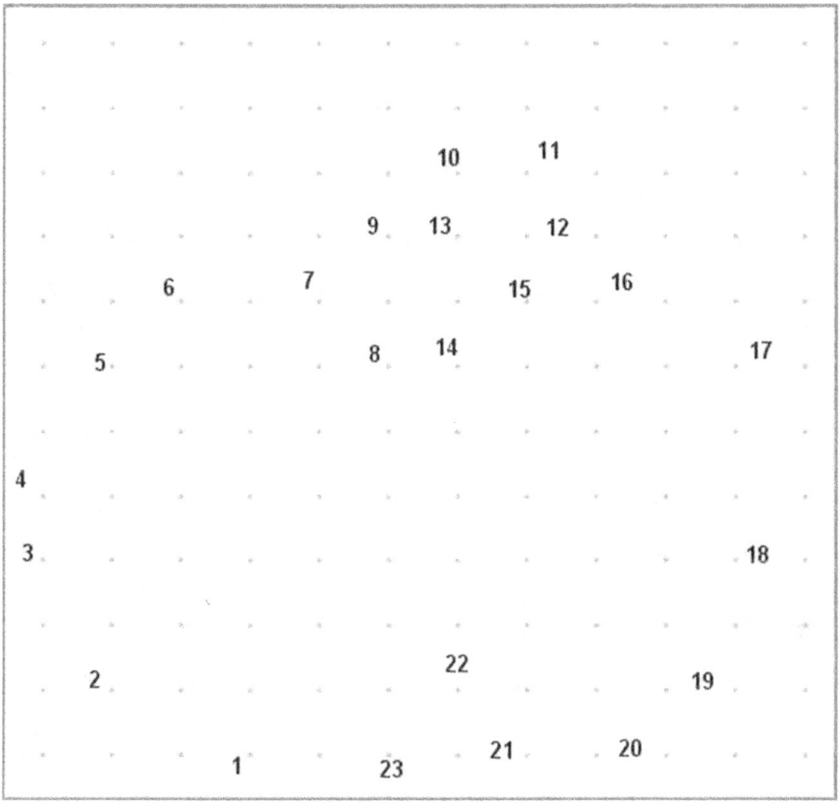

Hình 16 - Đương nhiên, một số tập có liên quan hơn những tập khác. Sau đó, có một số (những điểm được tô đậm) có giá trị đặc biệt quan trọng đối với Phi-líp, ngay cả khi chính ông không thể giải thích lý do.

Chúng ta thường cảm nhận một số tình huống có cấu trúc hơn, với thời gian phát triển của riêng chúng, các sự kiện phức tạp nổi bật so với bối cảnh của các sự kiện khác, như xảy ra trong các bộ phim mà hành động trung tâm thu hút mọi sự chú ý mà không cần đến đường viền.

Trong trường hợp này, chúng ta đang nói về các sự kiện, hoàn cảnh, sự trùng hợp quan trọng, mỗi sự kiện đều có ý nghĩa riêng. Tất cả cùng nhau, chúng góp phần xây dựng một hình thức phức tạp hơn, được tạo thành từ các đoạn phim, mỗi đoạn phim độc lập với nhau, nhưng nhìn chung đều mang tính biểu tượng liên quan đến các sự kiện và nhu cầu trong cuộc sống của chúng ta. Trong trường hợp này, chúng ta đang nói về tính đồng bộ.

Có lẽ phương pháp đơn giản nhất để giải thích tính đồng bộ là mô phỏng quá trình mà nó được xây dựng, nghĩa là nó hình thành trong ý thức của một cá nhân.

Do đó, chúng ta sẽ tưởng tượng việc tái tạo lại những đoạn mà qua đó một sự đồng bộ có thể xuất hiện và trở nên hiệu quả trong lương tâm của một người bạn, người mà chúng ta gán cho cái tên thông thường là Philip.

Philip và cuộc hôn nhân của anh ấy.

Hình 15 bao quanh một cách tượng trưng trong một khu vực được giới hạn (hình vuông) một khoảng thời gian trong cuộc đời của Philip, hợp lý là một tuần. Mỗi dấu chấm trong khu vực đại diện cho một trong vô số sự kiện liên quan đến anh ấy trong giai đoạn này, từ việc buộc dây giày vào buổi sáng cho đến việc tắt đèn khi anh ấy đi ngủ vào ban đêm. Mỗi dấu chấm đều có tầm quan trọng của nó, nhưng chắc chắn một số sự kiện có liên quan hơn những sự kiện khác, chẳng hạn như đó có thể là một lời khen ngợi nhận được tại nơi làm việc so với việc ném một lời từ chối vào thùng rác.

Tuy nhiên, có một số tình huống đặc biệt in sâu vào tâm trí Philip, ngay cả khi anh ấy không biết tại sao. Đây là những sự kiện không liên quan đến nhau và cũng không liên quan gì đến tiến trình bình thường trong ngày của anh ta.

Đơn giản, chúng là những tia sáng làm lóa mắt tâm trí giống như tia chớp có thể làm lóa mắt. Như bạn đã biết, hiệu ứng của đèn flash cần một thời gian để mắt không bị khó chịu. Tương tự như vậy, cảm giác kỳ lạ được khơi dậy bởi một số sự kiện cứ chập chờn trong tâm trí mà không có lý do cụ thể nào.

Trong hình 16 và 17, tôi muốn thể hiện mọi thứ như thể đó là trò chơi nổi tiếng "Nối các dấu chấm".

Trên thực tế, Philip phải cố gắng kết nối các sự kiện, giấc mơ và sự trùng hợp kỳ lạ để hiểu chúng, tức là xây dựng một hình thức mang lại ý nghĩa chung cho các sự kiện mà dường như không có điểm chung nào.

Vào đêm giữa thứ Hai và thứ Ba, Filippo có một giấc mơ kỳ lạ. Nó nằm trên một hòn đảo ở Thái Bình Dương và tham gia vào một bữa tiệc do cư dân của một ngôi làng tổ chức. Nhiều người khiêu vũ, những người khác chơi nhạc cụ đặc trưng của nơi này và vẫn còn những người khác dâng vòng hoa, tất cả trong một bầu không khí vui vẻ thanh thản. Một phụ nữ trẻ đến gần Philip và đội lên đầu anh ấy một chiếc vương miện bằng những bông hoa sặc sỡ và thơm ngát, đội trên vai và hạ xuống ngực anh ấy. Đột nhiên, khi đang hòa mình vào không khí lễ hội, Filippo cụp mắt xuống và nhìn thấy một con côn trùng nhỏ chui ra khỏi đài hoa và bắt đầu gặm những cánh hoa của nó. Ngay sau đó các loài côn trùng khác xuất hiện và tấn công tất cả các bông hoa.

Hoa héo và thối nhanh chóng. Giấc mơ đang biến thành một cơn ác mộng.

Filippo giật mình tỉnh dậy và nhận ra rằng mình chỉ vừa trải qua một giấc mơ khó chịu, nhưng hình ảnh những bông hoa lộng lẫy đang thối rữa trước mắt vẫn còn sống động trong tâm thức anh.

Ngày hôm sau, anh phát hiện ra rằng một bộ phim tài liệu về tổ chức quân sự của Đế chế La Mã đang được phát trên một kênh truyền hình mà anh không thường xem. Anh ấy luôn quan tâm đến lịch sử của La Mã cổ đại, vì vậy anh ấy quyết định theo dõi buổi biểu diễn. Video trình bày cách tổ chức của một "castrum". "Castrum" là trại mà mỗi quân đoàn phải xây dựng trong vài giờ vào cuối ngày hành quân. Lúc đầu, quân đội đã đào một con mương và dựng một hàng rào bên trong nó. Bên trong trại, vùng đất được chia cho "Via Principalis" và "Via Praetoria". Trong các lĩnh vực khác nhau có lều của chỉ huy, sĩ quan và binh lính. Khi kết thúc việc xây dựng trại, người chỉ huy đã cúng tế các vị thần để cầu xin sự bảo vệ của trại mới được dựng lên.

"Thật kỳ lạ, - Philip nghĩ, những người đàn ông này luôn dâng lễ vật cho các vị thần. Vậy tại sao trong một lĩnh vực được tổ chức tốt như vậy, họ lại không xây dựng một ngôi đền nhỏ để thờ các vị thần?".

Ý nghĩ này khiến anh ngạc nhiên: anh không bao giờ tưởng tượng được việc phải lo lắng về việc xây dựng một ngôi đền tôn giáo. Filippo muốn gạt ý nghĩ đó sang một bên nhưng nó cứ quay cuồng trong đầu anh.

Sự trùng hợp kỳ lạ thứ ba xảy ra sau một vài ngày, khi anh ấy đang làm việc trong văn phòng, và anh ấy thấy mình đang xử lý một chiếc bút đánh dấu bằng nylon đã không được đậy nắp quá lâu. Kết quả là mực trên đầu bị khô. Mất kiên nhẫn, anh ném nó vào thùng rác. Guido, một đồng nghiệp, can thiệp và nói với anh ta:

"Đừng vứt đi, đưa cho tôi. Với một chút kiên nhẫn, tôi sẽ tạo lại nó và sử dụng nó cho các thông báo để đưa lên bảng thông báo của câu lạc bộ.

Guido là thư ký và là người phụ trách tại câu lạc bộ bowling mà cả hai đều tham gia và ở đó, do nguồn lực khan hiếm, mọi người có xu hướng tiết kiệm mọi thứ.

Filippo bối rối khi nghĩ đến bảng thông báo và nhu cầu viết bằng bút dạ tái chế.

Trong vài ngày, thật khó hiểu, Filippo đã bị thu hút bởi một loạt sự thật gây tò mò và hoàn toàn không liên quan đến nhau. Anh ấy bắt đầu tự hỏi liệu tất cả có hợp lý không.

Anh mơ thấy những bông hoa tươi bị sâu bệnh làm hỏng. Việc thiếu một ngôi đền ngoại giáo khiến anh ngạc nhiên. Hãy nghĩ về một bảng thông báo được viết bằng bút đánh dấu từ thùng rác.

Đột nhiên, như trong nháy mắt, mối liên hệ chung bùng nổ trong tâm trí Philip theo đúng nghĩa đen.

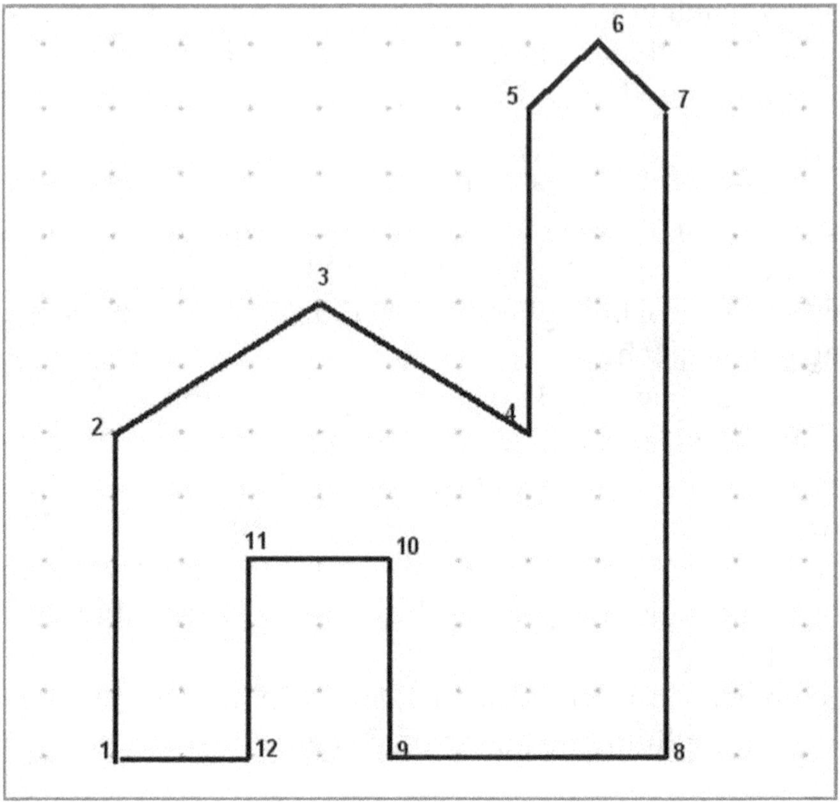

Hình 17 - Những sự trùng hợp quan trọng cho phép một "hình dạng" hình thành trong lương tâm của Philip, như có thể xảy ra trong trò chơi "Connect the dots".

Tất nhiên, mẫu số chung là một nhà thờ. Không chỉ bất kỳ nhà thờ nào, mà là nhà thờ nhỏ nơi anh kết hôn. Những bông hoa là của buổi lễ, ngôi đền ngoại giáo là nhà thờ hôn lễ của anh ấy, bảng thông báo là nơi ghi thông báo kết hôn.

Trong phép ẩn dụ của chúng ta về trò chơi “Nối các dấu chấm”, như có thể thấy trong hình 17, Philip kết nối các dấu chấm và có được hình dạng của nhà thờ, ngay lập tức anh xác định đó là nơi anh kết hôn.

Vẫn chưa đủ, nhà thờ chỉ đơn giản là một biểu tượng, là tổng hòa của nhiều biểu tượng.

Philip phải hiểu được thông điệp ẩn sau các biểu tượng. hoa bị côn trùng tấn công và bị thối. Chùa vắng. Bút đánh dấu nylon hết hàng. Tất cả những điều này liên quan đến nhà thờ nơi cuộc phiêu lưu hôn nhân của anh ấy bắt đầu, khiến anh ấy hiểu rằng cuộc sống vợ chồng của anh ấy đã bị bỏ bê. Anh ấy hiểu rằng cuộc hôn nhân của mình đang trải qua giai đoạn khó khăn. Đời sống vợ chồng ngày càng xấu đi, trong lúc anh bận rộn với công việc, công việc hàng ngày nên anh không để ý.

Nếu Philip có thể giải mã được sự đồng bộ mà anh ấy là nhân vật chính, anh ấy có thể sẽ cứu vãn được cuộc hôn nhân của mình.

Matthew và tần suất của con số 31

Ví dụ thứ hai mà tôi trình bày dựa trên tần suất bất thường mà một con số có thể thu hút sự chú ý của chúng ta. Chúng ta sẽ nói về Matteo và những lần chạm trán nhiều lần của anh ấy với số 31.

Một buổi sáng mùa thu nhợt nhạt, Matteo, giám đốc bán hàng của công ty anh, đang lên lịch hẹn với một loạt khách hàng. Matteo đã rời khỏi cuộc họp quan trọng nhất vào phút chót, cuộc họp với Tiến sĩ Corradini, giám đốc mua hàng của một công ty có ngân sách rất thú vị. Thật không may, Corradini có một tính cách không thân thiện và đôi khi khó chịu. Matteo luôn cảm thấy không thoải mái với các mối quan hệ công việc khác nhau mà anh ấy phải giữ bên mình. Thở dài, cô nhấc ống nghe và gọi cho anh. Bác sĩ Corradini hôm đó niềm nở lạ thường nên cuộc phỏng vấn nhanh chóng kết thúc và một cuộc hẹn đã được thực hiện.

- Vậy bác sĩ, chúng ta gặp nhau vào ngày 31 được không? - Matthew đề xuất.

- Sao hẹn xa thế? – Corradini phản đối.

- Chà, cuối tháng rồi, còn một tuần nữa.

- Nhưng xem này, ông Matteo, ông nhầm rồi. Chúng ta đang ở tháng 11, có 30 ngày. Nhưng anh ấy đang sử dụng lịch nào? Lịch Aztec?

Matteo vẫn bối rối trong giây lát, rồi anh cảm thấy mình chìm xuống. Thật là một sai lầm! Chết tiệt, chỉ với Corradini! Anh lí nhí mấy câu xin lỗi rồi hẹn ngày 30.

Tuy nhiên, tập phim đã khiến anh bị sốc. Làm thế nào anh ta có thể tính toán sai ngày của một cuộc hẹn quan trọng? Rõ ràng là tháng 11 có 30 ngày. Câu ca dao nổi tiếng cũng có câu: “Ba mươi ngày có tháng mười một, có tháng tư, tháng sáu, tháng chín…”. Và sau đó, anh ấy đã mở chương trình nghị sự trên bàn. Làm sao anh ta có thể nghĩ ra con số 31 đáng nguyền rủa đó, phơi bày bản thân trước tình huống trớ trêu của khách hàng?

Trong phần còn lại của ngày làm việc, Matteo không thể hoàn thành được nhiều việc, với con số 31 hành hạ anh.

Cuối cùng cũng đến giờ làm việc và Matteo đi ra đường để đến bến xe buýt, nơi anh sẽ đợi chiếc xe buýt số 218 sẽ đưa anh về nhà. Nhưng tại trạm dừng Matteo, anh tìm thấy một tấm biển: “Do công việc đang tiến hành, xe buýt số 218 tạm thời ngừng hoạt động. Ngoài ra, du khách quý ông có thể đi xe buýt số 31 chạy dọc Via Panoramica".

Nếu tin rằng mình đã thoát khỏi số 31, Matteo đã nhầm. Anh ấy lấy chiếc xe mới này đưa anh ấy đến gần nhà của mình. Trước khi lên nhà, anh đến tiệm giặt khô để lấy ít quần áo.

Signora Pina, chủ tiệm giặt là, đưa cho anh quần áo cùng với hóa đơn.

- Anh ấy nợ tôi 33 euro.

Matteo không keo kiệt, nhưng anh ấy thích mặc cả giá bất cứ khi nào có thể.

- Rất nhiều? 33 euro? Cố lên bà Pina, tôi đã có một ngày tồi tệ! Hãy để tôi trả 30 euro.

- Ông đùa à, ông Matteo? Bạn chưa thấy hóa đơn tiền điện tôi nhận được ngày hôm nay!

Và sau đó chính phủ phát minh ra một loại thuế mới mỗi ngày. Hãy nhìn ông Matteo, tôi hoàn toàn không thể giảm giá. Dù sao thì, chỉ lần này thôi, chỉ cần đưa tôi 31 euro. Tôi không thể cung cấp cho bạn một mức giá thấp hơn, tin tôi đi!

Matteo trả tiền và đi ra ngoài. Chỉ khi trở lại đường phố, Matteo mới nhận ra rằng con số 31 lại một lần nữa trở thành một phần cuộc sống của anh.

Suốt buổi tối, anh cứ trằn trọc mãi về sự khăng khăng kỳ lạ của con số 31. Khi lên giường, anh nhận ra mình không ngủ được.

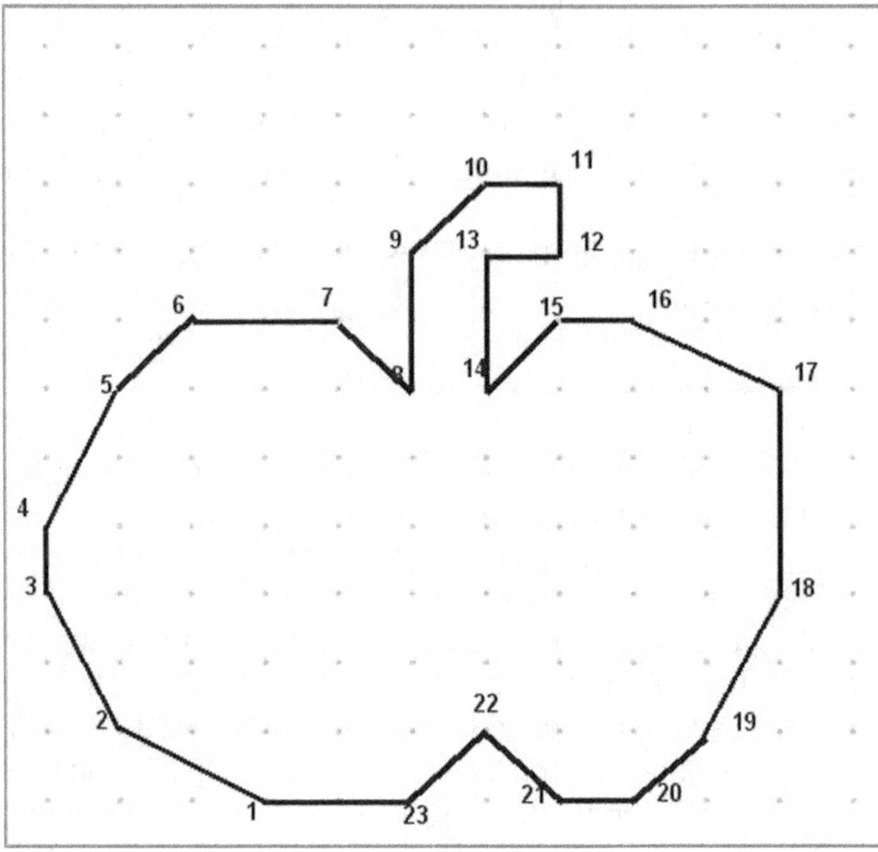

Hình 18 - Trò chơi "Kết nối các dấu chấm" như một phép ẩn dụ về tính đồng bộ có sự tham gia của Matteo và thông qua hệ thống ký hiệu của quả bí ngô, khiến anh ấy tập trung sự chú ý của mình vào các bữa tiệc Halloween thời trẻ.

Ấn tượng xấu với Corradini bùng cháy theo một cách riêng. Matteo cảm thấy sự trớ trêu trong câu trả lời của mình: "Nhưng cô ấy dùng lịch gì? lịch Aztec?".
Đúng, tháng 11 có 30 ngày. Có lẽ anh ấy đã nhầm lẫn với tháng trước, tháng 10, tức là 31.
- Ngày 31 tháng 10. Ngày này nhắc nhở tôi điều gì? Matteo tự nhủ.
Tất nhiên, Halloween! (Hình.18)
Anh bắt đầu nhớ lại những đêm Halloween với bạn mình, Fulvio. Hàng năm, vào đêm Halloween, hai người bạn đặt một quả bí ngô lớn rỗng với một ngọn nến thắp sáng bên trong, ở lối vào một cây cầu. Sau đó, họ chờ đợi những người qua đường, la hét và ồn ào để khiến họ sợ hãi.
Fulvio hơn anh ta vài tuổi và là một bậc thầy thực sự trong việc ăn trộm quả bí ngô phù hợp nhất ở vùng nông thôn xung quanh.
Tâm trí của Matteo lang thang trong những ký ức này trong một thời gian dài. Anh ấy đã không nghe tin từ Fulvio trong một thời gian dài. Ai biết anh ấy đã làm như thế nào?
Anh nhìn đồng hồ. Gọi điện thoại cũng chưa muộn. Từ một danh bạ điện thoại cũ, cô lấy số của Fulvio và gọi cho anh ta.
Máy thu của Fulvio vang lên với sức mạnh đáng kinh ngạc trong sự im lặng của ngôi nhà của anh ta. Fulvio, ngồi ở bàn làm việc, chết lặng. Chuông điện thoại lại vang lên, hống hách, hống hách.
Fulvio đặt khẩu súng lục đang cầm trên tay phải lên bàn và nhấc ống nghe lên.
- Này bạn, bạn khỏe không? Bạn biết tôi? Tôi là Matthew!
Fuluio chết lặng. Anh gạt tờ giấy sang một bên, đặt cây viết xuống trước mặt rồi đáp:
- Tất nhiên là tôi nhận ra anh. Tại sao bạn nghĩ về việc gọi cho tôi?

- Chà, tôi nghĩ chúng ta đã lâu không gặp và rất vui được gặp nhau để trao đổi vài ý kiến. Bạn nghĩ gì bạn của tôi, nó có thể được thực hiện?
Fulvio nhìn chằm chằm vào ống nghe, như thể kinh ngạc. Anh không còn cô đơn nữa, đã có người nghĩ đến anh, thiên thần bóng đêm đã đến dang tay.
Đột nhiên sự cô độc của anh dường như bớt ngột ngạt hơn. Anh thấy mình ở điểm vẫn có thể lựa chọn giữa hy vọng và tuyệt vọng. Vâng, chân trên bờ vực vẫn có thể được kéo trở lại.
Một quyết định mới đã có thể.
Fulvio quyết định với tốc độ cực nhanh. Anh lấy khẩu súng và cất lại vào ngăn kéo.
"Tất nhiên là có thể làm được, bạn của tôi... vâng, bạn của tôi, nhất định có thể làm được, gặp nhau nhé!".
Câu chuyện của Matteo và Fulvio kết thúc tại đây. Sẽ không ai biết rằng Fulvio đã được cứu vào tối hôm đó nhờ một loạt sự trùng hợp kỳ lạ liên quan đến Matteo, tất cả đều liên quan đến số 31.
Sẽ không ai biết quy trình nào (chắc chắn là không logic) đã khiến Matteo biến một số tham chiếu chung chung về số 31 thành một ngày quan trọng, bữa tiệc Halloween, sau đó đi đến quyết định liên lạc với người bạn thời thơ ấu của mình.
Sẽ không ai biết bao nhiêu lần những câu chuyện như thế này thực sự đã xảy ra.

.

Con số, nguyên mẫu của trật tự.

"Không phải cái gì đếm được cũng quan trọng
và không phải mọi thứ quan trọng đều có thể đếm được."
(Giấy viết tay treo trong phòng làm việc của Einstein)

Số và đồng bộ.

Các sự trùng hợp về số có thể thu hút mọi người, đặc biệt là khi chúng được lặp lại thường xuyên trong một khoảng thời gian ngắn, ngay cả trong các tình huống khác nhau: cùng thời gian biểu, cùng số đường, cùng số đặt chỗ, v.v. Nhiều người bị ảnh hưởng bởi nó, nhưng không phải ai cũng tin rằng có một ý nghĩa hoặc tìm cách khám phá nó.

Sự lặp lại của cùng một con số thường ẩn chứa một thông điệp rất riêng tư, thông điệp này phải được trực giác cảm nhận bằng cách đào sâu vào những nếp gấp trong tiềm thức của một người. Theo truyền thống rất cổ xưa, ý nghĩa biểu tượng nội tại của con số có thể giúp ích cho nghiên cứu này. Thông qua một câu chuyện ngụ ngôn về số, chúng ta có thể là nhân vật chính của một sự đồng bộ tìm cách tiết lộ một nội dung có nguồn gốc bí ẩn, có lẽ là thần thánh.

Thực hành thiết lập các sự trùng hợp có ý nghĩa dựa trên các con số bắt nguồn từ lịch sử sớm nhất của loài người. Người ta có thể đếm số lượng chim trong đàn, số lượng đá có hình dạng hoặc màu sắc giống nhau, số lượng thực vật trong cùng một khoảng đất trống. Bản thân con số này rất đặc biệt và bí ẩn. Theo Jung, con số này mang một ý nghĩa luôn luôn linh thiêng, kỳ lạ, thần thánh.

Một số giáo viên dạy toán đã hướng dẫn học sinh của họ bằng một ví dụ không thể chối cãi. Xem xét bất kỳ nhóm đối tượng nào. Loại bỏ mọi thuộc tính của các đối tượng này như trọng lượng, hình dạng, kích thước, v.v. Nhưng chắc chắn bạn sẽ không thể xóa số lượng của chúng, tức là số lượng các đối tượng này.

Giữa số và sự đồng bộ có mối quan hệ mật thiết với nhau, bởi cả hai đều được khoác lên mình sự linh thiêng và huyền bí.

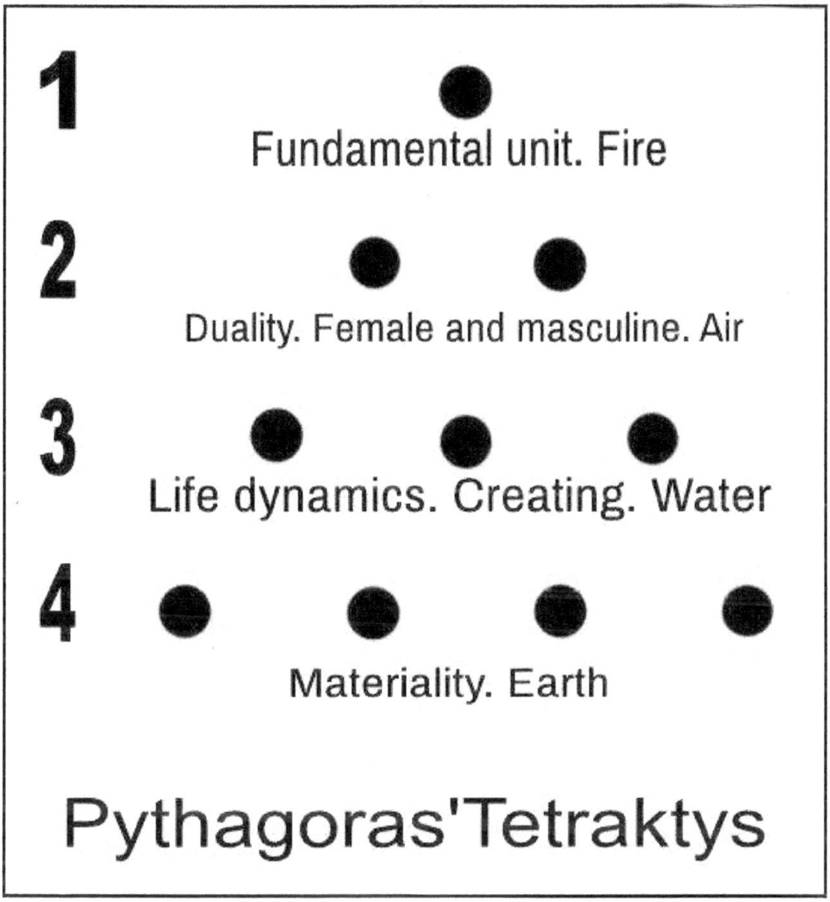

Hình 19 - Tetraktys hay số bậc bốn đại diện cho dãy số học Pythagore của bốn số tự nhiên đầu tiên, hay chính xác hơn là các số nguyên dương.

1. Đơn vị cơ sở. Lửa.

2. Biểu tượng của nhị nguyên. Nữ tính và nam tính. Không khí.

3. Động lực của cuộc sống. Sự sáng tạo. Nước.

4. Tính trọng yếu. trái đất.

Số luôn hiện diện đồng bộ, dưới mọi hình thức: số lượng, ngày tháng hay hình thức khác; nó thường được ẩn dưới các biểu thức như "nhiều", "ít", "rất lớn", "vô hạn".

Mỗi đối tượng có thể được xem xét trong tính thống nhất hoặc tính đa dạng của nó. Đó là con số thiết lập một trật tự chính xác, do đó nó tạo ra thứ bậc, cấu trúc, mạch lạc, tổ chức, rõ ràng.

Con số được coi là một trong những nguyên mẫu chính, và Jung gọi nó là nguyên mẫu của trật tự.

Trên thực tế, nó tạo ra kỷ luật trong sự hỗn loạn; nó cho phép chúng ta thiết lập và nắm bắt một quy luật tồn tại trước khi xem xét của chúng ta, ngay cả khi, khi xác minh ban đầu, nó sẽ vắng mặt.

Con số là yếu tố tạo nên trật tự trong tinh thần từ thuở sơ khai của loài người, do đó gần gũi và trực quan nhất đối với trí tuệ con người. Một ví dụ có thể được đại diện bởi các bản vẽ hiện diện trong các hang động của thời kỳ đồ đá cũ. Cùng với những bức tranh mô tả bò rừng, ngựa, tê giác và các loài động vật khác, người ta cũng tìm thấy dấu tay làm bằng đất son màu vàng hoặc đỏ. Những cái được biết đến nhiều nhất là những cái nằm trong "Cuevas de las manos pintas" (Hang động của những bàn tay sơn) nằm ở Patagonia, ở Rio Chubut.

Hẹn hò đặt những dấu tay này ít nhất 14.000 năm trước. Đây là những bàn tay với các ngón tay rộng ra. Theo các nhà nhân chủng học, ngoài thông điệp mà người nghệ sĩ muốn truyền đạt và có lẽ chúng ta sẽ không bao giờ biết được, hình ảnh năm ngón tay, tức là số năm, nhảy vào mắt. Như thường xảy ra và như Occam's Razor gợi ý, cách giải thích đơn giản và trực tiếp nhất thường là đúng nhất.

Theo truyền thống cổ xưa nhất, tất cả các con số đều mang một ý nghĩa thần bí và thiêng liêng vẫn còn được bảo tồn cho đến ngày nay; đặc biệt, tất cả các số từ 1 đến 9 đều được cho là "linh".

Tetraktys của Pythagore.

Pythagoras, nhà triết học và toán học Hy Lạp sống ở thế kỷ thứ sáu. B.C., hiểu toán học là khoa học có khả năng mang lại trật tự cho sự hỗn loạn bề ngoài của thế giới. Ông thành lập một trường học ở Crotone; để được nhận, các sinh viên phải thề trên Tetracys:

"Tôi thề với anh ấy, người đã truyền vào linh hồn chúng ta Tetracys, trong đó tìm thấy nguồn gốc và gốc rễ của bản chất vĩnh cửu...".

Tetraktys đại diện cho dãy số học của bốn số nguyên dương đầu tiên (Hình 19). Những con số này được sắp xếp theo dạng hình học của một tam giác đều có cạnh "bốn", do đó tạo thành một kim tự tháp tóm tắt mối quan hệ giữa chúng và số mười. Trên thực tế, theo cái gọi là tổng thông thiên học:

1+2+3+4=10.

Đổi lại, 10 đề cập đến sự thống nhất bằng cách thêm 1 + 0 = 1.

Bốn cấp độ của Tetraktys tương ứng với các nguyên tắc vũ trụ và bốn yếu tố tự nhiên.

Dãy Fibonacci Vàng.

Một số số thực sự đặc biệt, chẳng hạn như số 1.618. Giá trị này biểu thị tỷ lệ lý tưởng (ví dụ: lưu ý tỷ lệ giữa chiều rộng và chiều cao của khung ảnh tiêu chuẩn) và công thức của nó là:

$(\sqrt{5} + 1)/2 = 1,618\ldots$

Nó thường được biểu thị bằng chữ Hy Lạp Fi Φ và được gọi là Số vàng, hoặc Tỷ lệ vàng, hoặc Phần vàng, hoặc Hằng số Fidia. Plato, người đã đề cập đến nó trong tác phẩm Timaeus của mình, nói về nó như chiếc chìa khóa vật lý của Vũ trụ. Vào thời Trung cổ, tỷ lệ vàng đã được Leonardo Fibonacci lấy từ Pisa, mà ngày nay nó được biết đến với tên gọi Dãy Fibonacci (hình 20).

Dãy Fibonacci là một dãy các số nguyên dương trong đó mỗi số, bắt đầu từ số thứ ba, là tổng của hai số trước và hai số đầu tiên bằng 1.

Vì vậy, chuỗi được biểu thị bằng các số:

1, 1, 2, 3, 5, 8, 13, 21, 34, 55, 89,144, 233, 377, 610...

và có thể tiếp tục mãi mãi. Trên thực tế, ý định của Fibonacci khi xây dựng loạt bài này là tìm ra một định luật toán học mô tả sự tăng trưởng của quần thể thỏ. Anh ấy không tưởng tượng được việc khám phá ra một trong những quy luật tự nhiên tuyệt vời của Vũ trụ. Thật vậy, chuỗi Fibonacci hiện diện trong thực tế tất cả các yếu tố của tự nhiên và cho thấy một dự án sang trọng đáng kinh ngạc.

Tỷ lệ giữa chiều dài cánh tay và cẳng tay của một người đàn ông trưởng thành là "vàng", cũng như giữa chiều dài của chân và phần dưới của nó. Tỷ lệ vàng tương tự cũng được tìm thấy giữa các phalang của ngón giữa và ngón đeo nhẫn.

Các đặc tính toán học và hình học của phần vàng tái diễn với sự ổn định đáng kinh ngạc trong các bối cảnh tự nhiên đa dạng nhất là sự xác nhận về sự tồn tại của mối quan hệ chặt chẽ giữa "Thực thể sáng tạo" và sự sáng tạo. Cơ hội chắc chắn sẽ không dẫn đến sự hoàn hảo và vẻ đẹp đều đặn như vậy.

Khi con số tiết lộ một nội dung chẳng hạn như phần vàng, nó chứng tỏ là công cụ và trung gian của mối quan hệ giữa toàn bộ và bộ phận, cũng như giữa mỗi phần lớn hơn và phần nhỏ hơn tương ứng của nó.

Không ai phủ nhận sự tồn tại, trong cấu hình tự nhiên này, của một lý tưởng về vẻ đẹp và sự hài hòa, lý tưởng này biện minh cho các tên gọi "Aurea" và "Divina".

Trong thực vật học, có lẽ ví dụ quan trọng nhất về sự hiện diện hiệu quả của phần vàng được thể hiện bằng sự sắp xếp hình học của lá và cụm hoa của một số loài thực vật.

Vào giữa những năm 1800, Auguste Bravais, một nhà thực vật học người Pháp, trong một loạt nghiên cứu được thực hiện cùng với anh trai Louis, đã quan sát thấy rằng ở nhiều loài thực vật, các lá được sắp xếp trên thân theo hình xoắn ốc trong đó góc giữa hai lá kế tiếp bằng nhau. gần như không đổi và vào khoảng 137,5°, tương ứng với góc vàng. Sự sắp xếp này đảm bảo khả năng tiếp cận và sử dụng tối ưu từng chiếc lá dưới ánh sáng mặt trời.

Nhưng có rất nhiều ví dụ hiện diện trong tự nhiên. Ví dụ: số lượng cánh hoa thường tương đương với giá trị chuỗi Fibonacci. Ví dụ, rất nhiều, chẳng hạn như iridaceae và hoa loa kèn, có ba. Hoa hồng chó có năm hoặc tám, giống như hoa mao lương và hoa mận. Nhiều bông cúc có 13, vì vậy câu hỏi "anh ấy yêu tôi" hay "anh ấy không yêu tôi" hầu như luôn kết thúc theo cách an ủi, khẳng định "anh ấy yêu tôi". Điều này cũng xảy ra khi bạn sử dụng "cúc đồng cỏ" có 21 cánh hoa. "Asteraceae", một nhóm thực vật rộng lớn bao gồm, trong số những thứ khác, hoa hướng dương, hoa đồng tiền và hoa cúc, có 34, 55 hoặc 89, trong khi rau diếp xoăn thông thường, thuộc cùng một họ, có 21.

Chúng đều là những con số thuộc dãy Fibonacci. Thật đáng kinh ngạc khi các biểu thức tự nhiên mà người ta ước rằng đã được tạo ra một cách tình cờ, tất cả đều có các đặc điểm toán học lấy cảm hứng từ một nguồn duy nhất.

Ngoài các hình dạng giải phẫu của con người, như đã đề cập, nhiều loài động vật như sao biển cũng được lấy cảm hứng từ phần vàng; theo một cách hoàn toàn rõ ràng mà các sinh vật hình xoắn ốc làm điều đó, như vỏ của Nautilus gợi ý. Nhưng điều đó vẫn chưa đủ: tại thời điểm này, chúng ta không còn ngạc nhiên nữa khi hình dạng của Dải Ngân hà và các thiên hà khác cũng được lấy cảm hứng từ phần vàng.

Trong lĩnh vực y học, những khám phá quan trọng đã được thực hiện trong nghiên cứu về chuyển động của con người. Ví dụ, vào năm 2013, người ta đã xác nhận rằng trong đi bộ, mối quan hệ giữa giai đoạn "thế chân" (đỡ) và giai đoạn "đảo" (khi chân tiến lên mà chưa chạm đất) bằng tỷ lệ vàng.

Lời nguyền của bản giao hưởng thứ chín.

Trên thực tế, nhiều người liên tưởng số 9 với cái chết. Mối tương quan tiêu cực này bắt đầu trở nên mạnh mẽ hơn khi Gustav Mahler qua đời vào năm 1911; ông vừa hoàn thành bản giao hưởng thứ 9 "Das Lied von der Erde" (Bài ca của Trái đất) và đang gấp rút làm bản thứ 10, với hy vọng thoát khỏi số phận của Beethoven, người đã chết ngay sau khi hoàn thành bản giao hưởng thứ 9 (Bản giao hưởng hợp xướng).

Lời nguyền của Bản giao hưởng số 9 ra đời và lan rộng từ năm 1800 đến 1900 và vẫn tồn tại liên quan đến thực tế là nhiều nhà soạn nhạc đã chết sau khi sáng tác nó. Trong số những nạn nhân nổi tiếng nhất, ngoài Mahler và Beethoven, chúng ta có thể kể đến:

- Louis Spohr, hay Ludwig Spohr (Braunschweig, 5 tháng 4, 1784 - Kassel, 22 tháng 10, 1859) nhà soạn nhạc, nghệ sĩ vĩ cầm và nhạc trưởng người Đức.
- Franz Schubert (Vienna, 31/01/1797 - Vienna, 19/11/1828) Nhà soạn nhạc và nghệ sĩ dương cầm người Áo thời kỳ Lãng mạn.
- Antonín Dvořák (Nelahozeves, 8 tháng 9 năm 1841 - Praha, 1 tháng 5 năm 1904) nhà soạn nhạc người Séc.
- Ralph Vaughan Williams (Down Ampney, 12 October 1872 - London, 26 August 1958) Nhà soạn nhạc người Anh, tác giả của các bản giao hưởng, nhạc thính phòng, opera, hợp xướng và nhạc phim.
- Joseph Anton Bruckner (Ansfelden, 4 tháng 9, 1824 - Viên, 11 tháng 10, 1896) nhà soạn nhạc người Áo.
- Kurt Atterberg (Gothenburg, 12/12/1887 - Stockholm, 15/02/1974) nhà soạn nhạc, nhạc trưởng và nhà phê bình âm nhạc Thụy Điển.
- Elie Siegmeister (New York, 15-01-1909 - Manhasset, 10-03-1991) nhà soạn nhạc, giáo viên âm nhạc và nhạc trưởng người Mỹ.
- Roger Sessions (Brooklyn, 28 tháng 12, 1896 - Princeton, 16 tháng 3, 1985) Nhà soạn nhạc, nhà phê bình âm nhạc và học thuật người Mỹ.
- Egon Joseph Wellesz (Vienna, 21 tháng 10, 1885 - Oxford, 9 tháng 11, 1974) là nhà âm nhạc học, nhà soạn nhạc và giáo viên người Áo.
- Peter Mennin (Erie, Pennsylvania 17 tháng 5 năm 1923 - New York 17 tháng 6 năm 1983) nhà soạn nhạc quan trọng người Mỹ gốc Ý.
- Sir Malcolm Henry Arnold (Northampton, 21 tháng 10 năm 1921 - Norwich, 23 tháng 9 năm 2006) nhà soạn nhạc người Anh.

Trong một bài luận về Mahler, Arnold Schoenberg đã viết:

> “Cứ như thể Bản giao hưởng số 9 là một biên giới. Ai muốn vượt qua nó thì phải chết. Dường như có điều gì đó đang được truyền đạt cho chúng ta thông qua Bản giao hưởng thứ mười. Đó là điều mà chúng ta không thể biết bây giờ, hoặc chúng ta chưa sẵn sàng để biết nó. Những người đã viết Bản giao hưởng số 9 đã đến quá gần với cái mà chúng ta gọi là "Sau đây”.

"Câu lạc bộ 27".

Thành ngữ tiếng Anh "Club 27" dùng để chỉ các nghệ sĩ, chủ yếu là ca sĩ nhạc rock, qua đời ở tuổi 27. Thành ngữ "Lời nguyền của J27" cũng thường được sử dụng, đề cập đến thực tế là tên hoặc họ của họ bắt đầu bằng chữ J.

Niềm tin này nảy sinh sau cái chết của Jimi Hendrix, Janis Joplin và Jim Morrison. Nhiều người tin rằng nghệ sĩ đầu tiên trở thành nạn nhân của lời nguyền là Robert Johnson, theo truyền thuyết, ông đã bán linh hồn của mình cho quỷ dữ để đạt được thành công. Những người khác trao huy chương thành viên đầu tiên của Câu lạc bộ cho Alexandre Levy, người đã qua đời ở tuổi 27 vào năm 1892.

Năm 2009, nhân kỷ niệm 15 năm ngày mất của Kurt Cobain, Robert Smith của National Public Radio cho biết: "Cái chết của những ngôi sao nhạc rock này ở tuổi 27 đã thực sự cách mạng hóa cách chúng ta nhìn về nhạc rock."

Thật vậy, cái chết của nhiều nghệ sĩ ở độ tuổi trẻ như vậy có thể bắt nguồn từ việc lạm dụng rượu hoặc ma túy, tai nạn xe hơi hoặc thậm chí là tự tử.

Dưới đây là một số thành viên của Câu lạc bộ 27:

- Jim Morrison, (8 tháng 12 năm 1943 - 3 tháng 7 năm 1971), nhà thơ, tác giả và thủ quỹ, chính thức qua đời vì ngừng tim (nhưng chưa bao giờ khám nghiệm tử thi).
- Amy Winehouse, (14 tháng 9 năm 1983 – 23 tháng 7 năm 2011) ca sĩ kiêm nhạc sĩ, chết vì bị cáo buộc lạm dụng rượu.
- Brian Jones, (28/02/1942 - 03/07/1969) người sáng lập ban nhạc Rolling Stones. Anh ta chết đuối trong bể bơi của biệt thự của mình.
- Janis Joplin, (19 tháng 1 năm 1943 – 4 tháng 10 năm 1970) ca sĩ kiêm nhạc sĩ chính của Big Brother and The Holding Company. Chết vì dùng heroin quá liều.
- Jimi Hendrix, (27 tháng 11 năm 1942 – 18 tháng 9 năm 1970) Người tiên phong và bậc thầy về guitar điện. Anh ta chết vì ngạt thở do nôn mửa sau khi uống rượu và thuốc an thần.
- Kurt Cobain, (20/02/1967 - 05/04/1994) ca sĩ chính, tay guitar của Nirvana. Chết vì tự sát.
- Kim Jong-yun, (8 tháng 4 năm 1990 – 18 tháng 12 năm 2017) nhà soạn nhạc và ca sĩ chính của nhóm nhạc K-Pop SHINee. Chết vì tự sát.
- Robert Leroy Johnson (08/05/1911 – 16/08/1938) ca sĩ, nhạc sĩ, nghệ sĩ guitar người Mỹ. Chết vì những nguyên nhân không xác định.
- Cecilia, Evangelina Sobredo Galanes (11 tháng 10 năm 1948 – 2 tháng 8 năm 1976), ca sĩ-nhạc sĩ người Tây Ban Nha, chuyên về thể loại nhạc pop. Anh ấy chết trong một vụ tai nạn trên đường.

- Chris Bell (12 tháng 1 năm 1951 - 27 tháng 12 năm 1978) ca sĩ và nghệ sĩ guitar. Anh ấy chết trong một vụ tai nạn trên đường.

- Alexandre Levy (10/11/1864 - 17/01/1892) người Brazil, người tiên phong trong việc kết hợp giữa sáng tác cổ điển và nhịp điệu bình dân của Brazil. Anh ta được cho là thành viên đầu tiên được biết đến của Câu lạc bộ 27. Anh ta chết vì những nguyên nhân không xác định.

Wolfgang Pauli và con số 137.

Wolfgang Pauli, nhà vật lý và người đoạt giải Nobel, đã có một mối quan hệ lâu dài với Carl Jung, ban đầu vì mục đích trị liệu và sau đó là vì lợi ích khoa học. Có tài liệu về một cuộc trao đổi thư từ rất dài giữa hai nhà khoa học. Pauli muốn tạo ra một lý thuyết tâm vật lý có thể hợp nhất vật chất và tinh thần. Rốt cuộc, Pauli liên tục so sánh ý tưởng của mình với giấc mơ của mình, điều này dường như là một hướng dẫn hiệu quả. Bất chấp tâm lý khoa học, nó không tránh khỏi những biểu hiện ngoại cảm. Trong môi trường đại học mà Paui hoạt động, cái gọi là "hiệu ứng Pauli" đã được nhiều người biết đến. Trên thực tế, ngay khi nhà khoa học bước vào phòng thí nghiệm của các đồng nghiệp, một số thiết bị đã bị hỏng.

Trong suốt cuộc đời khoa học của mình, ông gần như bị ám ảnh bởi một vấn đề phức tạp trong vật lý, hằng số cấu trúc tinh tế, bằng khoảng 1/137.

Hình 20. Phần vàng của Leonardo Fibonacci.

Bất chấp những nỗ lực của mình, Pauli không bao giờ tìm ra được lý do cho giá trị đó. Năm 1958, ông nhập viện ở Zurich vì căn bệnh ung thư tuyến tụy tấn công và nhanh chóng dẫn đến cái chết của ông.
Trước sự ngạc nhiên tột độ của mình, anh ấy thấy mình phải nhập viện trong phòng 137 và anh ấy ngay lập tức chỉ ra điều này cho trợ lý của mình là Charles Enz khi anh ấy đến gặp anh ấy. Pauli nói với người trợ lý rằng anh sẽ không bao giờ rời khỏi căn phòng đó nữa, cũng như anh đã thất bại trong việc giải quyết vấn đề của cuộc đời mình. Anh ta phán đoán rằng con số 137 giống như một cái bẫy dành cho anh ta, và thực sự đúng như vậy.

Con số 108 trong văn hóa phương đông.

Đầu số 108 ra đời từ 12x9 và xuất hiện liên tục trong văn hóa phương Đông. Cụ thể, đây là một số lần xuất hiện của số 108 hoặc bội số và bội số con của nó:

- Là số hạt của tràng hạt Mala hay "tràng hạt của Ấn Độ", và của kinh Akṣamālā của Phật giáo.
- Đó là số tội trong Phật giáo Tây Tạng.
- Các vị thần Hindu có 108 tên có thể đọc được bằng cách đếm 108 hạt Mala.
- Kinh Veda gồm 10.800 câu.
- Thánh thư Tây Tạng của Khagiur gồm 108 quyển.
- Trong Śrīmad Bhāgavatam, Krishna được mô tả là khiêu vũ với 108 cô gái chăn bò và sau đó cưới 16.108 người vợ.
- Trong Shaivism, Shiva Nataraja được miêu tả đang thực hiện vũ điệu vũ trụ của mình trong 108 tư thế.

- Ở Nhật Bản, vào cuối năm, chuông sẽ được đánh 108 lần để chào đón năm mới.
- Những cám dỗ mà một người phải chống lại để đạt được Niết bàn là 108.
- Đền thờ Baalbek, ở Phoenicia, có 54 cột.
- Tại thánh địa Lashanmjh, Tây Tạng, có 108 ngôi chùa.
- Angkor Vat, Campuchia, có 54 tòa tháp, 108 bức tượng dọc theo con đường và 540 bức tượng của các vị thần.
- Có 108 ngôi sao được coi là thiêng liêng trong chiêm tinh học Trung Quốc.
- Độ dài của triều đại tiền đại hồng thủy trong thần thoại Sumer là 108.000 năm.

Để tò mò, chúng tôi nói thêm rằng 108 là số người cầu hôn của Penelope, vợ của Ulysses, trong Homer's Odyssey.

số 666.

Chúng ta không thể hoàn thành bài đánh giá này về những con số thiêng liêng hoặc có ý nghĩa mà không đề cập đến con số 666. Nó xuất hiện trong một đoạn của Tân Ước, trong sách Khải huyền của John, và đề cập đến một "Quái thú" trồi lên từ biển và tàn phá Trái đất. Đặc biệt, trong thời hiện đại, con số đã trở thành biểu tượng của Ác quỷ.

Vì tò mò, tôi báo cáo một câu chuyện do Associated Press đăng vào ngày 2 tháng 11 năm 1996. Theo cơ quan này, 436 cư dân của thành phố Madison đã đồng ý chơi tổ hợp của ba số 666 trong một cuộc xổ số địa phương có tên là "Quỷ may mắn". ". Điều này xảy ra vào dịp lễ hội Halloween. Khó tin nhưng có thật, những người chơi đã giành được số tiền 1800 đô la. Từ sự lan truyền của tin tức này, có vẻ như nhiều người khác đã thử.

Định mệnh của cái chết.

Nếu ai đó hỏi một triết gia có kinh nghiệm nên đọc sách nào, triết gia đó nên trả lời:
"Bạn muốn triết lý nào? Tôi biết bạn đang tìm kiếm điều gì. Bạn muốn một học thuyết triết học khẳng định niềm tin của mình.
Bạn muốn gì? Chúa hay vật chất? Tự do hay thuyết định mệnh?
Nói cho tôi. Trong hiệu thuốc của tôi, tôi có tất cả những thứ này. Tôi có thể cho bạn cái này hay cái kia, tùy theo ý muốn của bạn."
(Giuseppe Rensi, triết gia và luật sư người Ý)

Công lý thiêng liêng ở thị trấn Drynor.

Năm 1836, Davy Crockett, một anh hùng dân gian của vùng Viễn Tây Hoa Kỳ, trong khi đi gia nhập quân đội Texas ở San Antonio, đã cắm trại trong một khu rừng bên bờ Honey Grove Creek, một con sông nhỏ chỉ dài 11 dặm. Con sông này đi qua Quận Fannin ở Texas. Tối hôm đó, Davy hào hứng viết một lá thư mô tả nơi này, được gọi là Honey Grove sau khi có rất nhiều tổ ong mà ong rừng tạo ra trong các hốc cây.

Crockett sau đó đã thúc đẩy sự ra đời của một thị trấn cùng tên tại nơi đó. Năm 1842, bạn của ông, Samuel Erwin, người định cư đầu tiên, định cư ở đó. Crockett đã tự mình cử hành đám cưới của Erwin. Sau đó, địa phương này trở thành một trung tâm mở rộng nhỏ cho đến khi nó được thành lập thành phố vào năm 1873; thương mại, trồng bông và các hoạt động khác đã cho phép nó phát triển đến mức vài nghìn cư dân, điều này tạo điều kiện thuận lợi cho sự tồn tại của một tờ báo địa phương bốn trang, "Honey Grove Signal".

Ấn bản ngày 31 tháng 3 năm 1905 của tạp chí này kể chi tiết về một sự kiện đã trở thành kinh điển trong văn học về những sự kiện kỳ lạ và bí ẩn. Sự kiện kỳ lạ này được gọi là "viên đạn của số phận". Có một số phiên bản, nhưng báo cáo cho phép chúng tôi xây dựng lại phiên bản trung thực nhất.

Bài báo xuất hiện trong một cột ở trang thứ hai, với tiêu đề "Còn bất ngờ hơn cả một bộ phim. Một viên dạn báo thù cho một cô gái hai mươi năm sau cái chết của cô ấy".

Những từ đầu tiên của bài báo ("Đã xảy ra trường hợp trừng phạt kỳ diệu trên trái đất vì tội lỗi của xác thịt...") mô tả rõ ràng môi trường văn hóa mà sự việc đã diễn ra và cách giải thích đã được đưa ra.

Bài báo kể chi tiết về cái chết do tai nạn của Henry Ziegland, cư dân của Thị trấn Drynor, một nhóm nhà nằm gần

Honey Grove. Biên niên sử về cái chết của ông sẽ không có gì thú vị nếu chúng ta không kết nối nó với bối cảnh có từ hai mươi năm trước.

Năm 1885, Henry Ziegland là một thanh niên giàu có tận tâm với mọi hoạt động thú vị điển hình của thanh niên mọi thời đại, chẳng hạn như tán tỉnh các cô gái.

Thật không may, đối với anh ta, môi trường và đạo đức hiện tại không có xu hướng ủng hộ những cuộc phiêu lưu thoáng qua. Vì lý do này, khi anh ta tán tỉnh một cô gái địa phương, Maysie Tinchor, cô ta chỉ khuất phục trước sự tâng bốc của anh ta theo lời hứa kết hôn. Thật không may, Henry, sau khi đạt được thành quả như mong muốn, đã đột ngột đuổi việc cô gái.

Nỗi đau và nhận thức về sự lừa dối là vô cùng to lớn đối với cô bé Maysie. Cô gái đáng thương đã tự kết liễu đời mình.

Tất nhiên, nó không thể kết thúc như thế này. Filford, em trai của Maysie, đau buồn trước cái chết của em gái mình, quyết định đối đầu với Henry.

Anh ta vội vã đến nhà của kẻ phản bội, nhưng trước tiên, với sự bốc đồng quá mức, anh ta đã mang theo một khẩu súng hỏa mai quân dụng cũ có khả năng bắn một viên đạn.

Hai người đối diện nhau. Henry, người lớn tuổi và vạm vỡ hơn người đàn ông trẻ tuổi, không hề hòa giải. Henry đã nói những lời gây tổn thương về Filford và Maysie. Ngoài ra, Henry còn chế giễu khẩu súng hỏa mai mà Filford đang cầm trên tay.

Bị mù quáng bởi hận thù và tuyệt vọng, Filford mất kiểm soát lý trí, nâng nòng súng hỏa mai và bắn phát duy nhất về phía đối thủ. Ngay lập tức, Filford nhìn thấy một dòng máu lớn phun ra từ đầu Henry.

HONEY GROVE SIGNAL.

DR. PRICE'S CREAM BAKING POWDER

Greatest Aid to Cookery

Ayer's Cherry Pectoral for Coughs, Colds

CROOK-RECORD CO.

PARIS, TEXAS.

The Fashion Event

Spring Opening

Millinery, Tailored Suits, Wraps, Skirts, Shirtwaists, Gloves, Hose, Corsets, Underw'r

Wednesday, April 5

Special Bargain Prices

Hình 21 - Ấn bản ngày 31 tháng 3 năm 1905 của Honey Grove Signal, báo cáo trên một cột ở trang thứ hai trường hợp cái chết của Henry Ziegland xảy ra trong một hoàn cảnh kỳ lạ. Cái chết của Ziegalnd gợi lại bối cảnh có từ hai mươi năm trước.

Filford nghĩ rằng anh ta đã giết anh ta và bỏ chạy. Anh nhận ra rằng anh đã hủy hoại hoàn toàn gia đình mình. Trong cơn tuyệt vọng, Filford đã nạp một viên đạn khác vào khẩu súng hỏa mai và tự kết liễu đời mình.

Tuy nhiên, mọi thứ không diễn ra như anh nghĩ: viên đạn chỉ sượt qua thái dương của Henry và găm vào thân cây phía sau anh. Henry, may mắn thường ủng hộ kẻ ác, đã sống sót với một vết thương trên da thịt. Anh hồi phục trong một thời gian ngắn.

Chúng tôi không biết liệu trong những năm tiếp theo, Henry có ăn năn về tất cả những điều xấu xa do hành vi của mình gây ra hay không, có lẽ là không. Anh làm ăn phát đạt và kết hôn với một góa phụ giàu có, người mà anh có một con trai. Cậu con trai này lớn lên trong sự chờ đợi về cuộc hôn nhân của mình, Henry quyết định mở rộng ngôi nhà để có chỗ ở và giữ cho gia đình mới được gần gũi. Henry quyết định dựng một chái nhà mới ngay cạnh cái cây đã bị trúng đạn của Filford. Để có được không gian cần thiết, Henry quyết định chặt cây. Hãy cùng theo dõi câu chuyện được tường thuật trên báo “Honey Grove Signal”:

“Henry và con trai của ông ấy đã chặt cái cây mà viên đạn của Filford Tinchor đã găm vào, và cố gắng chặt nó thành nhiều mảnh. Gỗ cứng đến mức rìu và nêm không có tác dụng, vì vậy họ quyết định nhét những cục thuốc nổ nhỏ vào các lỗ tự nhiên trên thân cây. Một vụ nổ làm gãy thân cây. Lực của viên thuốc nổ đẩy viên đạn cũ ra ngoài.

Với sức mạnh phi thường, viên đạn găm vào thái dương bên trái của Henry Ziegland và khiến anh ta tử vong ngay lập tức."

Biên tập viên, người đã bắt đầu bài viết với dòng chữ "Một trường hợp trừng phạt tuyệt vời trên trái đất vì tội lỗi của xác thịt" đã kết luận như sau: "Trong ngôi mộ của anh em nhà Tinchor giờ chỉ có bụi và sự im lặng. Tuy nhiên, viên đạn của Filford đã phát huy tác dụng của nó ngày hôm nay."

Có công lý thiêng liêng?

Biên niên sử của "Honey Grove Signal" đặt ra một câu hỏi xưa như trái đất. Có một sự trừng phạt thần thánh? Chúng ta có nên tin vào một "thực thể siêu việt" can thiệp theo tiêu chí công bằng để cân bằng lại số phận của những người bị áp bức?

Câu hỏi là rất gây tranh cãi. Trên thực tế, ngay cả khi một tổ chức như vậy đang hoạt động theo nghĩa này, trước tiên chúng ta nên xác định ý tưởng về công lý của tổ chức này là gì. Ý kiến của anh ấy có trùng với ý kiến của chúng tôi không?

Từ quan điểm của triết học khoa học, ý tưởng này là hoàn toàn vô lý. Các sự kiện liên quan đến con người phải được đánh giá với tiêu chí xác định.

Thuyết tất định xác định một lời giải thích vật lý cho bất kỳ hiện tượng nào, giả định rằng chuỗi nguyên nhân-kết quả phải luôn hợp lệ. Hệ quả là mọi thứ xảy ra không bao giờ là do ngẫu nhiên, mà được định đoạt bởi các quy luật vật lý chi phối vũ trụ. Những định luật này được biết đến nhiều dưới cái tên tương tác cơ bản. Chính các lực tự nhiên cho phép chúng ta mô tả các hiện tượng vật lý, và cho đến nay, về cơ bản có bốn hiện tượng đã được xác định. Chúng là lực hấp dẫn, lực điện từ, lực hạt nhân yếu và lực hạt nhân mạnh.

Công lý thiêng liêng không thể được xếp vào bất kỳ lực lượng nào trong bốn lực lượng cơ bản. Trong logic tất định, công lý được điều hành bởi một "Thực thể siêu việt" can thiệp để đền đáp những việc làm tốt hay xấu là một giả thuyết hoàn toàn vô lý. Henry Ziegland chết đơn giản vì anh ta có ý tưởng sử dụng thuốc nổ một cách đáng tiếc. Do đó, nguyên nhân của mọi chuyện nằm ở sự thiếu thận trọng của Henry. Điểm.

Hơn nữa, trên cơ sở nguyên lý tất định, nếu thực sự có sự công bằng của thần linh, thì nó sẽ phải can thiệp mọi lúc chứ không chỉ thỉnh thoảng.

Những cân nhắc này dẫn chúng ta đến một ngã ba đường: hoặc công lý thiêng liêng không tồn tại, hoặc nguyên tắc tất định là sai.

Sự kiện ngẫu nhiên và "dấu hiệu siêu nhiên".

Chúng ta có thể khám phá khái niệm này tốt hơn bằng cách xem xét việc chữa lành thể chất diễn ra ở những nơi được coi là "người mang phép lạ". Trái ngược với những gì nhiều người tin rằng những nơi này không chỉ là Công giáo.

Ví dụ, nhà thờ Hồi giáo Jamkaran, linh thiêng đối với người Shiite, nằm cách thành phố linh thiêng Qom, Iran 6 km về phía đông. Những người trông coi nhà thờ Hồi giáo đã thành lập một ủy ban từ năm 1998 để kiểm tra những ca chữa bệnh phi thường xảy ra trong khu bảo tồn đó và được liệt kê trong một sổ đăng ký đặc biệt.

Chúng ta cũng nên đề cập đến nhiều địa điểm "ngoại giáo", chẳng hạn như một số lượng lớn suối hoặc đá có đặc tính ma thuật, chẳng hạn như nhiều mộ đá và menhir. Những tảng đá này vẫn được cho là có sức mạnh thúc đẩy khả năng sinh sản.

Trong văn hóa của người da đỏ châu Mỹ có "Bánh xe y học" gợi lên không quá nhiều khái niệm về chữa bệnh cho cơ thể mà là chữa bệnh bằng tinh thần và sức mạnh có được từ sự hiểu biết về những bí mật của vũ trụ.

Một trong những "Bánh xe Y học" lâu đời nhất được tìm thấy ở Dãy núi Big Horn ở Wyoming và được cho là đã được tạo ra vào khoảng từ 200 đến 500 năm trước. Nó được làm bằng đá trắng xếp thành hình tròn có đường kính 28 mét. Hình tròn tượng trưng cho sự chuyển động, sự trôi qua của thời gian, cuộc sống và các mùa. Ở trung tâm của Bánh xe là một cây thánh giá, biểu tượng của "Thần vĩ đại" và của "Cây vũ trụ" có rễ trên Trái đất và các nhánh của nó vươn tới bầu trời và tới bốn hướng.

Sau đó, có những nơi chữa bệnh hoàn toàn bằng tâm linh, chẳng hạn như điểm đến lãnh thổ tuyệt vời của các cuộc hành trình của pháp sư, nơi người chữa bệnh đi chiến đấu với các thế lực nắm giữ sức khỏe của các nạn nhân bị ảnh hưởng bởi các loại bệnh khác nhau làm con tin.

Dĩ nhiên, cũng có rất nhiều địa điểm theo đạo Thiên Chúa, được biết đến với những phép lạ chữa bệnh xảy ra ở đó. Nổi tiếng nhất là khu bảo tồn Lourdes của Pháp dành riêng cho Đức Trinh Nữ Maria. Tôi đề cập đến khu bảo tồn này bởi vì một ủy ban y tế đã được thành lập ở đây trong một thời gian dài, cũng bao gồm các nhà khoa học không tin, chứng nhận những ca chữa bệnh không giải thích được với sự tinh tế tuyệt đối.

Nhiều sự chữa lành các bệnh lý nghiêm trọng hoặc rất nghiêm trọng xảy ra nhờ ngâm mình trong nước của Hang động Massabielle, ở Lourdes. Việc ngâm mình này gợi lại nghi thức rửa tội của Cơ đốc giáo. Đó là một biểu tượng gợi lại cái chết và sự phục sinh. Nước gột rửa mọi tội lỗi và rộng ra là mọi bệnh tật. Thật vậy, Thánh Phaolô nói rằng sự chết xâm nhập vào thế giới vì tội lỗi.

Tôi xin nhắc bạn rằng ngay cả nguyên mẫu nước của Jungian, mặc dù có một nghĩa kép, nhưng ở những khía cạnh tích cực của nó, nó có thể là nguồn mang lại sự sống ở những vùng khô cằn và hoang vắng trên Trái đất, và mở rộng ra là trong những tình huống đau khổ về thể chất và tinh thần của con người.

Lourdes có thể được định nghĩa là một "nơi kỳ diệu" bởi vì số ca chữa lành được chứng nhận xảy ra ở đó cao hơn về mặt thống kê so với những ca xảy ra ở những nơi khác. Sandro De Franciscis, chủ tịch "Cục quan sát y tế" của Lourdes từ năm 2009, tuyên bố rằng trong 150 năm, khoảng 7.500 ca chữa bệnh không giải thích được đã được ghi nhận. Trong số những phép lạ này, chỉ có 70 phép lạ được Giáo hội Công giáo công nhận. Sự khác biệt thống kê giữa số lần chữa lành diễn ra ở nơi này so với số lần chữa lành liên quan đến những nơi khác hoặc "bình thường" là điều hiển nhiên.

Vấn đề là không phải ai cũng khỏi bệnh. Mặc dù vậy, những ca chữa bệnh không giải thích được ở Lourdes cũng đủ để làm suy yếu nghiêm trọng giáo điều duy vật về thuyết tất định: số lượng phi thường của chúng cho thấy rằng có thể có một lỗ hổng trong lý thuyết đó. Nhiều nhà khoa học đã lên tiếng phản đối. Theo luận điểm này, phép lạ không phải như vậy, mà là hệ quả bình thường của các định luật vật lý chưa được chứng minh. Nhưng sự phản đối này không có giá trị gì. Tương tự như vậy, các tín đồ có thể cho rằng phép lạ chữa bệnh là kết quả trực tiếp của ý chí thiêng liêng, ngay cả khi sự tồn tại của Chúa vẫn chưa được chứng minh.

Đương nhiên, chúng ta phải nhận ra rằng nếu tất cả những người ngâm mình trong bồn tắm Lourdes đều được chữa khỏi bệnh, thì chúng ta sẽ rơi vào một dạng tương hỗ của thuyết tất định, nghĩa là cuối cùng chúng ta sẽ xác nhận lý thuyết mà chúng ta muốn bác bỏ.

Lời giải thích được đưa ra cho sự đặt cạnh nhau của các khái niệm này là cơ bản: sự chữa lành kỳ diệu được hiểu là "dấu hiệu", tức là "tín hiệu chỉ báo" của một thực tế vượt ra ngoài thuyết định mệnh. Tuy nhiên, những "dấu hiệu" này không phủ nhận tính tất định. Nếu trong thực tế hàng ngày của mình, con người phải tuân theo các quy tắc tất định làm cho thế giới vận hành, thì điều này không ngăn cản sự tồn tại của một cấp độ cao hơn có khả năng vượt qua các quy tắc này. Đó là một sức mạnh thỉnh thoảng tự biểu hiện, chỉ đủ để báo hiệu sự hiện diện của nó đối với lương tri nhân loại.

Do đó, sự chữa lành kỳ diệu sẽ không phải do các quy luật vật lý vẫn chưa được biết đến, cũng không phải do cơ hội đơn giản, mà sẽ là dấu hiệu cho thấy sự hiện diện của một "Ý thức phổ quát" có khả năng vượt qua các quy luật của chính nó. Khái niệm ngớ ngẩn này có thể trở nên quen thuộc hơn với chúng ta khi chúng ta xem xét hành vi của vật chất ở cấp độ hạ nguyên tử, phát hiện ra rằng ở cấp độ thực tại đó, tất cả các định luật vật lý làm cơ sở cho thuyết tất định đều bị bỏ qua. Cùng một vấn đề mà ở cấp độ vĩ mô, tức là ở cấp độ tồn tại của chúng ta, tuân theo các lực cơ bản của vật lý tất định, thì ở cấp độ sâu xa nhất của nó lại phớt lờ, phủ nhận và bóp méo chúng.

Do đó, có thể là thuyết tất định được tôn trọng và vi phạm cùng một lúc. Có thể các quy luật tất định khẳng định chắc chắn rằng một căn bệnh nan y nào đó dẫn đến cái chết, đồng thời, ở một mức độ khác, một lực lượng không tất định can thiệp để bác bỏ nguyên tắc này bằng cách tạo ra sự chữa lành.

Vì chúng ta sống ở cấp độ của các quy luật tất định, nên ở cấp độ của chúng ta, những quy luật này cuối cùng sẽ mạnh hơn là điều tự nhiên.

Có một định luật tất định, và ngay cả những người được chữa lành một cách thần kỳ cũng không thoát khỏi định luật này. Chúng tôi biết rất rõ rằng ngay cả những người được chữa lành một cách thần kỳ cuối cùng cũng sẽ chết.

Tuy nhiên, hầu hết tất cả các tôn giáo và nhiều triết học đều phản đối tính tất định của cái chết bằng cách cấu hình các thực tại siêu việt, có khả năng đặt sự sống ở một cấp độ khác và vĩnh cửu. Ngày lễ lớn của Cơ đốc giáo là Lễ Phục sinh, lễ kỷ niệm cái chết và sự phục sinh của Chúa Giê-xu Christ, một lời cam kết về sự phục sinh trong tương lai và cuộc sống vĩnh cửu, và đây sẽ là số phận của tất cả các tín đồ.

Các tôn giáo khác tin vào sự tái sinh, tức là vào sự phục sinh theo chu kỳ mà đỉnh cao là đạt được sự hoàn hảo, một trạng thái trong đó cái chết không còn tồn tại. Theo quan niệm của Phật giáo cổ điển, điều quan trọng là sự giải thoát khỏi nỗi đau của cuộc sống. Hạnh phúc, tức là niết bàn, là sự chấm dứt luân hồi liên tục, hư vô.

Trong các văn bản của giáo sĩ Do Thái, thiên đường được mô tả như một khu vườn hoa hồng và sim, một địa điểm tâm linh ở giữa có Cây Sự sống. Trong kinh Koran, những người Hồi giáo ngoan đạo thuộc cả hai giới bước vào một khu vườn lạc thú: khí hậu tốt, nước dồi dào, trái cây, thịt và mật cũng vậy.

Chúng ta có thể tin vào sự sống lại không?

Theo quan niệm của nhiều tôn giáo, có thể trở lại cuộc sống sau khi chết và ý tưởng này không có gì lạ như người ta tưởng. Nó đã trở thành mốt, ngay cả trong số các nhà khoa học ít tôn giáo hơn, khi nói rằng "chúng ta là con của các vì sao". Thật vậy, không có nghi ngờ khoa học nào về thực tế là cơ thể chúng ta bao gồm các nguyên tử, sau khi được hình thành trong lò của các ngôi sao đầu tiên, sau đó lan rộng khắp vũ trụ, tự cấu hình lại chúng thành những biểu hiện sáng tạo vô tận. Các nguyên tử trở thành một phần của các ngôi sao, hành tinh hoặc khoáng chất và rau quả khác, và cũng là một phần của cơ thể của các sinh vật sống.

Mỗi nguyên tử của cơ thể chúng ta là một phần của vô số biểu hiện khác của vật chất. Do đó, đối với các nguyên tử, chúng ta có thể nói về "sự bất tử" (ít nhất là chừng nào vũ trụ còn tồn tại) hoặc về sự luân hồi. Theo nghĩa rộng hơn cũng là sự phục sinh nếu chúng ta coi cái chết của sinh vật mà chúng thuộc về và sự "tái sinh" là một phần của một sinh vật khác.

Tất nhiên, đây không phải là kiểu phục sinh mà chúng ta mong đợi: tất cả chúng ta đều muốn được phục sinh trong một cơ thể duy trì các đặc điểm và trên hết là nhận thức về cuộc sống đã sống trước đây. Tức là chúng ta muốn chuyển ý thức của cơ thể cũ sang cơ thể mới.

Nó phụ thuộc vào cách chúng ta nhìn nhận ý thức.

Theo quan niệm duy vật, ý thức chỉ là sản phẩm phụ trong quá trình hoạt động của bộ óc, là hiện tượng phụ sinh ra từ các tương tác điện hóa diễn ra trong khối óc; do đó, khi bộ não chết đi và rơi vào tình trạng phân rã, thì ngay cả ý thức, vốn không bao giờ tồn tại, cũng "chết" theo nó.

Tuy nhiên, theo nhiều cách giải thích triết học và tôn giáo, ý thức là tâm hồn thuần túy vượt qua bộ não. Nó không chỉ không bị giới hạn trong hộp não mà còn mở rộng ra khắp vũ trụ, giao tiếp tự do và độc lập với các ý thức khác và với một "ý thức phổ quát". Theo nghĩa này, ý thức cũng có thể là mối liên kết thông tin liên kết tất cả các nguyên tử trong cơ thể chúng ta, hay đúng hơn là dự án theo đó chúng có thể sắp xếp và đảm nhận các chức năng như kết quả là cơ thể chúng ta như hiện tại, bằng hai tay thay vì bốn tay và có dấu vân tay không giống bất kỳ con người nào khác.

Nếu các nguyên tử trong cơ thể chúng ta lưu giữ ký ức về việc chúng thuộc về dự án này, thì ký ức này sẽ bất tử, lương tâm của chúng ta sẽ bất tử và theo một nghĩa nào đó, cơ thể chúng ta sẽ bất tử.

Vấn đề entropi.

Rốt cuộc, tại sao chúng ta chết? Tất cả phụ thuộc vào một định luật gọi là entropy hay nói một cách kỹ thuật hơn là "định luật thứ hai của nhiệt động lực học". Nói một cách đơn giản, entropy có nghĩa là nếu bạn làm vỡ một tấm kính, thì bạn có thể chia từng mảnh thành nhiều mảnh nhỏ hơn, và sau đó mỗi mảnh con lại thành các mảnh nhỏ tiếp theo, nhưng bạn không bao giờ có thể khôi phục tấm kính về trạng thái nguyên vẹn ban đầu. . Tương tự như vậy, nếu bạn nấu một quả trứng, bạn sẽ không còn cách nào để tạo hình lại quả trứng sống, đặc biệt nếu bạn đã làm món trứng tráng từ nó.

Tất cả chúng ta đều có nhận thức rất rõ ràng về tính có hướng của thời gian và chúng ta chấp nhận rằng nó chỉ chảy theo một hướng. Chúng ta chấp nhận chiều "thuận" của thời gian, nhưng khó hình dung chiều ngược lại. Điều này chắc chắn phụ thuộc vào thực tế rằng hướng thẳng là hướng mà quan hệ nhân quả vận hành. Chúng tôi cho rằng nguyên nhân có trước tác động của chúng. Một sự kiện không thể xảy ra mà không phải do một sự kiện khác đã xảy ra trước đó gây ra. Sẽ không bao giờ có chuyện ai đó có thể hái táo mà không có người trồng cây trước.

Entropy được liên kết với thời gian trôi qua và dự đoán rằng mọi thứ đang hướng đến sự suy giảm, vì thời gian chỉ di chuyển theo một hướng và không thể "tua ngược bộ phim" để quay lại tình huống trước đó. Có một quy luật bất di bất dịch, chính xác là định luật thứ hai của nhiệt động lực học, theo đó entropy của một hệ kín luôn tăng. Tất nhiên, vũ trụ là một hệ thống khép kín.

Sự trở lại của cuộc sống

Việc "sống lại" có thể diễn ra theo nhiều cách khác nhau. Trong một số trường hợp, chẳng hạn như trong sự sống lại của xác thịt do Cơ đốc giáo chủ trương, người chết sống lại với hình dáng giống như kiếp trước. Trong những trường hợp khác, người ta nói rằng sự sống trở lại diễn ra trong cơ thể của một sinh vật khác, thậm chí thuộc một loại khác. Một số tôn giáo dự đoán sự kết thúc của thể xác nhưng bắt đầu một cuộc sống mới dưới hình thức tinh thần thuần túy.
Đối với người Ai Cập cổ đại, cuộc sống thực sự là những gì theo sau cái chết; do đó, cơ thể đã được ướp xác để bảo quản nó khỏi hư hỏng. Thực hành này cho thấy rằng họ tin vào sự phục sinh trong cùng một cơ thể hơn là tái sinh trong một cơ thể khác. Thật vậy, trong thần thoại của Ai Cập cổ đại, vị thần Osiris bị anh trai Seth giết chết đã được vợ Isis hồi sinh và trở thành vua của thế giới ngầm và là thẩm phán của người chết.
Zoroastrianism, là tôn giáo phổ biến nhất ở Trung Á giữa thế kỷ thứ 6 trước Công nguyên. và thế kỷ thứ 10 sau Công nguyên dựa trên những lời dạy của nhà tiên tri Zarathustra, nó tuyên bố rằng sự sống lại của thể xác người chết diễn ra trước sự Phán xét cuối cùng của Chúa đối với Thiện và Ác. Sau khi chết, linh hồn của người quá cố đi qua một cây cầu trong khi những việc làm của anh ta, tốt và xấu, được cân

nhắc. Khi những điều tốt đẹp thắng thế, cây cầu trở nên rộng hơn và an toàn hơn. Khi những điều ác thắng thế, cây cầu trở nên mỏng manh như một lưỡi dao. Kết quả quyết định điểm đến của linh hồn trong "Garotman" hoặc Thiên đường, hoặc ở "Nơi tồi tệ nhất".

Thần thoại Hy Lạp kể về một số trường hợp các nhân vật sống lại từ cõi chết, đôi khi có được sự bất tử.

Tantalus đã xé Pelops, con trai của ông vẫn còn là một đứa trẻ, thành nhiều mảnh và dọn bữa trưa cho các vị thần để kiểm tra xem họ có hiểu rằng đó là thịt người hay không. Khi Demeter đã ăn một bên vai, Zeus nhận ra sự lừa dối, đã sắp xếp lại các chi của Pelops và hồi sinh anh ta, thay thế vai bị mất bằng một chiếc ngà voi.

Hippolytus, con trai của Theseus và Hippolyta, đã chết khi đang điều khiển cỗ xe của mình nhưng thầy thuốc Asclepius đã hồi sinh anh ta với sự giúp đỡ của Artemis.

Sau khi Zeus phản bội Hera cùng với Semele, và sau khi Dionysus ra đời, kết quả của sự phản bội, Hera đã trả thù bằng cách giết Semele. Nhưng Dionysus, khi lớn lên, đã trở nên bất tử, xuống âm phủ và hồi sinh mẹ mình.

Reso, một vị vua trẻ của Thrace, đồng minh của Priam trong Cuộc chiến thành Troia, đã bị Diomedes giết chết trong khi ngủ nhưng mẹ của anh, Muse Euterpe, đã nhận được từ Hades và Persephone để hồi sinh anh và hài lòng.

Một trong những câu chuyện thần thoại của Platon kể về câu chuyện của một người lính đến từ Pamphylia đã ngã xuống trong trận chiến, tên là Er. Người lính này đã được hồi sinh nhờ ý chí thiêng liêng khi cơ thể của anh ta sắp bị đốt cháy. Do đó, Er đã vào Hades mặc dù chưa được chôn cất, và sau đó được sống lại với mọi ký ức của kiếp trước.

Chủ nghĩa Platon cho rằng linh hồn đã tồn tại từ trước trong một thế giới thiên thể và trở thành tù nhân trong cơ thể con người khi nó được sinh ra. Để giải thoát bản thân, linh hồn phải trải qua một quá trình thanh lọc bao gồm nhiều lần đầu thai liên tiếp. Tư tưởng này của Platon chịu ảnh hưởng của các trường phái triết học cũ. Chỉ sau thế kỷ III trước Công nguyên. những người theo chủ nghĩa tân Plato đã áp dụng quan điểm tái sinh lấy cảm hứng từ Ấn Độ giáo.

Các tôn giáo huyền bí tôn vinh nhịp điệu tuần hoàn của sự sống, cái chết và sự tái sinh chủ yếu liên quan đến các mùa nông nghiệp và các lực lượng của Tự nhiên. Những tôn giáo này không giả định trước về sự giải thoát khỏi cái chết mà là sự tái sinh liên tục vào một cuộc sống mới sau mỗi cái chết. Những người hoài nghi, theo truyền thống bắt nguồn từ Diogenes of Sinope và có liên quan đến Socrates và á thần Heracles, đã thực hành các giáo phái bí ẩn tôn vinh cái chết và sự phục sinh.

Mani, một triết gia người Ba Tư sống ở thế kỷ thứ 3, đã thành lập một tôn giáo dựa trên các nguyên tắc lấy cảm hứng từ Cơ đốc giáo, Phật giáo, Chủ nghĩa Mazda và Thuyết ngộ đạo. Tôn giáo này muốn giải thích nguồn gốc, thành phần và tương lai của vũ trụ. Liên quan đến cuộc sống sau khi chết, Manichaeism dự kiến ba số phận khác nhau cho Người hoàn hảo, Người nghe và Người tội lỗi. Linh hồn của những Đấng Toàn Thiện sau khi chết sẽ được Chúa Giê-su tiếp nhận và sẽ được thanh tẩy bởi Mặt trời, Mặt trăng và Ngôi sao. "Các hạt ánh sáng" của họ, được giải phóng, sẽ được biến thành thần thánh để thăng lên thành "Người đàn ông đầu tiên" và sống bên cạnh anh ta.

Catharism là một phong trào tôn giáo phát triển giữa thế kỷ 12 và 14, đặc biệt là ở miền nam nước Pháp. Thần học Cathar là nhị nguyên: thế giới vật chất được coi là "Cái ác", trong khi "Cái thiện" chỉ có thể được tìm thấy trên thiên đường bên cạnh Chúa.

Do đó, cuộc sống của Cathars nhằm mục đích đưa linh hồn, được coi là tia sáng thần thánh của "Thiện", hướng tới Thiên đường.

Cathars chấp nhận ý tưởng tái sinh, do đó, những người không đạt được sự giải thoát trong một kiếp sống sẽ trở lại trong một cuộc sống mới để tiếp tục cuộc chiến hướng tới sự hoàn hảo. Tái sinh không phải lúc nào cũng cần thiết, nhưng nói chung là có, vì không phải ai cũng có thể cắt đứt quan hệ với Ác ma trong một đời người. Điều này giải thích tại sao người Cathars, bị đàn áp bởi cuộc Thập tự chinh của người Albigensian, đã tự ném mình vào giàn hỏa thiêu và để mình bị đốt cháy khi hát.

Nhân Chứng Giê-hô-va tin vào sự sống lại và phần thưởng trong tương lai dành cho người công chính, phần thưởng này sẽ được chia thành hai loại:

- loại thứ nhất bao gồm một bầy nhỏ, gồm 144.000 người được chọn, những người sẽ trị vì trên Thiên đàng cùng với Đấng Christ mà không có thể xác xác thịt, nhưng có thể xác thiêng liêng;

- loại thứ hai bao gồm tất cả những tôi tớ khác của Đức Chúa Trời, những người sẽ sống vĩnh viễn, với một thể xác mới, trên Trái đất được biến thành Địa đàng.

Kẻ bất chính sẽ được sống lại trong Thiên đường này, nhưng sẽ luôn phải chịu cái chết thứ hai.

Theo đức tin Hồi giáo, loài người phải chịu số phận chết chóc và "Ngày phán xét". Vào ngày này, Allah sẽ ra lệnh cho các Thiên thần của Ngài thổi những tiếng kèn mà ngay tiếng kèn đầu tiên sẽ gây ra sự hủy diệt của mọi sinh vật. Ở hồi kèn thứ hai, tất cả mọi người, không có ngoại lệ, sẽ hồi sinh về thể xác, linh hồn và tinh thần, để được phán xét và ban thưởng là Thiên đường hoặc bị kết án xuống Địa ngục. Ngày phán xét còn được gọi là Yawm al-qiyāma (Ngày phục sinh).

Tái sinh trong các tôn giáo phương Đông.

Ở một số tôn giáo phương Đông, sự phục sinh thường diễn ra dưới hình thức tái sinh, vì giáo điều của họ cho rằng mọi sinh vật sống, từ con kiến đến con voi, chỉ kể tên một số ít, đều là người mang tinh thần hoặc linh hồn của người đã khuất.

Hình thức cổ điển của học thuyết luân hồi đến từ Ấn Độ, nơi nó được trình bày tỉ mỉ trong các tác phẩm Bà la môn giáo vào thế kỷ thứ 9 trước Công nguyên.

Khái niệm tái sinh đã được mở rộng trong Upanishad sau thế kỷ thứ 7. Upanishad là văn bản tôn giáo và triết học Ấn Độ được sáng tác bằng ngôn ngữ tiếng Phạn. Việc sử dụng ngôn ngữ này cho phép các văn bản được sử dụng bởi các tôn giáo lớn khác của phương Đông như Phật giáo. Sau đó, luân hồi được giới thiệu bởi Đạo giáo Trung Quốc, vào thế kỷ thứ 3.

Sự sống lại trong Tân Ước

Niềm tin vào sự phục sinh được loan báo trong Phúc âm và được tái khẳng định trong các sách Kinh thánh khác, đặc biệt là trong Công vụ các Sứ đồ và trong các Thư của Thánh Phao-lô, trong đó nói rằng cái chết là "tiền công của tội lỗi."

Đối với Cơ đốc giáo, cái chết của Chúa Giê-su không chỉ đơn giản là sự hy sinh của một người vô tội, mà là sự kiện cứu rỗi độc nhất và cơ bản. Theo đức tin Kitô giáo, Chúa Giêsu sẽ sớm trở lại và trong sự phục sinh của mình, tất cả các tín đồ sẽ được phục sinh.

Hình 22 - Tao trong tiếng Trung Quốc có nghĩa là "con đường". Trong các triết học phương Đông, biểu tượng của đạo, còn được gọi là "âm và dương", đại diện cho con đường, sự trở thành của vạn vật, được thực hiện với một chuyển động dao động giữa hai thái cực.

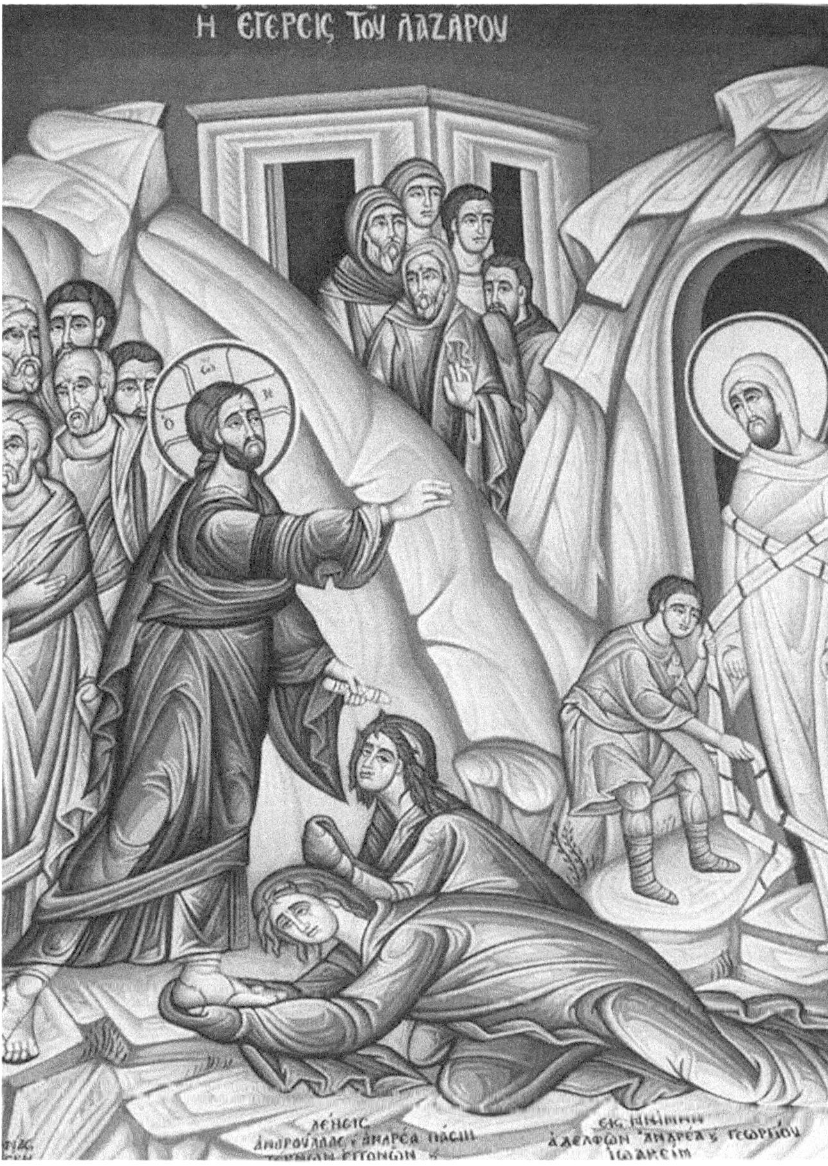

Hình 23 - Sự sống lại của La-xa-rơ trong một biểu tượng Hy Lạp cổ đại.

thuyết nhị nguyên. Entropy và tính đồng bộ.

Nếu nhìn bằng con mắt lạnh lùng vào thảm họa của lịch sử nhân loại, khó tránh khỏi kết luận rằng con người mắc chứng rối loạn tâm thần bẩm sinh khiến họ tự hủy hoại bản thân. Việc giết hại các thành viên cùng loài, ở quy mô cá nhân hoặc tập thể, là một hiện tượng chưa từng được biết đến trong toàn bộ vương quốc động vật, ngoại trừ con người và một số loài kiến và chuột.

(Arthur Koestler, trên tạp chí Người quan sát)

Các ví dụ về tính đồng bộ được thảo luận trước đó chứa một thông điệp có thể giải mã được dưới dạng "giúp bạn". Filippo nhận ra rằng cuộc hôn nhân của mình cần phải sửa đổi, trong khi Matteo vô tình cứu mạng Fulvio. Có thể nói rằng hai sự đồng bộ đã can thiệp với tư cách là những người tái cân bằng tích cực cho các tình huống tiêu cực, hay đúng hơn là chúng đóng vai trò là "trọng tài" trong một tình huống dự kiến hai khả năng có thể được xác định là "thiện" và "xấu" theo tiêu chí phổ biến của con người.

Trên thực tế, tư tưởng chung của con người, xét về mặt lý thuyết, luôn ủng hộ những giải pháp có thể tránh được đau khổ cho người khác. Điều này đặc biệt đúng khi những người được hưởng lợi không được biết đến. Thay vào đó, đôi khi chúng ta không cẩn thận mong muốn mọi tổn hại có thể xảy ra với nhiều người gần gũi với chúng ta. Do đó, thiện và ác có thể đồng thời hiện diện trong các phán đoán của cùng một người, thường là trong cùng một phán đoán.

Theo quan điểm chung, thuật ngữ "Tốt" chỉ mọi thứ mà các cá nhân có vẻ mong muốn và có thể coi đó là mục tiêu cuối cùng cần đạt được trong sự tồn tại của một người. Khái niệm "Ác" đối lập điển hình, nhưng không tách rời mà thực sự cùng tồn tại.

Vì vậy, thiện và ác là hai mặt của cùng một đồng tiền, tuyệt đối không thể tách rời; chúng không chỉ có trong các phán đoán của con người, mà còn trong tất cả các tầm nhìn vũ trụ học và hầu như trong tất cả các triết học và tôn giáo, với những điểm nhấn nhỏ hoặc lớn. Thiện và Ác đại diện cho tính hai mặt.

Thuyết nhị nguyên.

Thuật ngữ thuyết nhị nguyên định nghĩa bất kỳ học thuyết tôn giáo, triết học hay thậm chí phương pháp luận và khoa học nào quy định sự tồn tại của hai nguyên tắc đối lập hoặc không thể hòa giải.

Trong cuốn sách này, tôi đã đề cập đến nhiều nguyên tắc nhị nguyên, chẳng hạn như nguyên tắc tiêu biểu trong triết học của Francis Herbert Bradley, liên quan đến hình tướng và thực tại. Bradley là một triết gia người Anh sống từ năm 1846 đến năm 1924. Theo tư tưởng của ông, sự thật nằm trong sự thống nhất của mọi thứ: không có sự tách biệt hay đa dạng của mọi thứ. Toàn bộ thế giới trải nghiệm của con người là sự xuất hiện; chỉ có ý thức tuyệt đối là có thật. Một loại đối ngẫu khác được đề cập rộng rãi trong cuốn sách này là liên quan đến tôn giáo và khoa học, một chủ đề được khám phá bởi William James, nhà tâm lý học và triết gia người Mỹ gốc Ireland sống từ năm 1842 đến năm 1910.

Thuật ngữ "thuyết nhị nguyên" nên được quy cho Thomas Hide, một nhà phương Đông học người Anh sinh ra ở Billingsley năm 1636 và sống cho đến năm 1703.

Trong tác phẩm "Historia tôn giáo là veterum persarum" (Lịch sử tôn giáo Ba Tư cổ đại), đề cập đến Hỏa giáo và Manichaeism, Hide định nghĩa thuyết nhị nguyên là khái niệm đấu tranh không ngừng giữa Ánh sáng và Bóng tối, tức là Thiện và Ác.

Đây là hai điều kiện có mặt đồng thời và độc lập và đối lập nhau. Mọi khía cạnh của sự tồn tại của con người đều phụ thuộc vào việc sử dụng Điều thiện và việc sử dụng Điều ác.

Năm 1710, nhà triết học Gottfried Wilhelm Leibniz đã xuất bản ở Amsterdam tác phẩm "Theodicy" về sự tốt lành của Chúa, sự tự do của con người và nguồn gốc của Ác ma.

Trong tác phẩm, Leibniz đã phân tích thuyết nhị nguyên Thiện-Ác dưới ánh sáng của sách Job trong Kinh thánh, truy tìm nguồn gốc giống nhau của vũ trụ bắt nguồn từ các nguyên tắc Thiện và Ác. Ở Leibniz, mọi sự kiện tiêu cực, chẳng hạn như thảm họa hoặc sự tồn tại của cái ác không có động cơ ảnh hưởng đến người vô tội, đều có lời giải thích trong quy luật hài hòa cao siêu giám sát sự sáng tạo thần thánh và biện minh cho mọi sự kiện dưới ánh sáng của một thiết kế siêu việt mà con người chưa biết. .

Ngay cả Pierre Bayle (1647-1706) trong "Từ điển lịch sử phê phán" cũng chỉ ra sự hiện diện của Thiện và Ác với tư cách là nguồn gốc vật chất của vũ trụ, mặc dù theo quan điểm duy lý.

Trong thời gian gần đây, chủ nghĩa Mác nhắc lại thuyết nhị nguyên kiến trúc-thượng tầng, và trong lĩnh vực tâm lý học, Jung đề xuất thuyết nhị nguyên ý thức-vô thức. Một trong những thuyết nhị nguyên được nghiên cứu nhiều nhất hiện nay là thuyết nhị nguyên tâm-não, mà tôi đã đề cập trong cuốn sách này.

Một hình thức của thuyết nhị nguyên vật lý nhưng thuần túy phi triết học, mang một khía cạnh có liên quan nhất định cho các mục đích của cuốn sách này, là hình thức được sinh ra từ các thí nghiệm vật lý lượng tử được tiến hành trong những năm gần đây. Đây là lưỡng tính sóng-hạt, làm nền tảng cho thực tế đáng kinh ngạc về sự vướng víu lượng tử.

Tuy nhiên, có một dạng thuyết nhị nguyên khác, mà nhiều nhà khoa học hoạt động trong lĩnh vực vật lý lượng tử hoặc triết học gợi ý hoặc ngại ngùng để lộ ra trong các tác phẩm của họ, và đó là tính hai mặt giữa entropy của con người, tức là xu hướng tự hủy diệt của con người, và tính đồng bộ mà, bất chấp điều này, hướng dẫn nhân loại tiến tới các giai đoạn tiến hóa cao hơn dần dần.

thuyết nhị nguyên. Entropy và tính đồng bộ.

Cá nhân "entropic"

Entropy hay định luật thứ hai của nhiệt động lực học, một trong những định luật cơ bản của vật lý, phát biểu rằng trong điều kiện bình thường, các hệ thống được để yên có xu hướng trở nên mất trật tự và hư hỏng liên quan trực tiếp đến thời gian trôi qua. Mọi thứ sống và không sống đều hao mòn, suy tàn và tự hủy diệt. Đây là kết cục chắc chắn mà tất cả chúng sinh sẽ phải đối mặt, nói theo cách vật lý; đó là một quá trình tất yếu không có hồi kết.

Với tính đúng giờ ít khoa học hơn, chúng ta có thể tưởng tượng rằng, ngoài entropy vật lý liên quan đến mọi vật chất, còn có một entropy tâm linh liên quan đến nhân loại. Trên thực tế, mọi người đều có khuynh hướng tự hủy diệt bẩm sinh, và xu hướng của các cá nhân phổ biến trong xã hội chắc chắn có thể trở thành xu hướng của toàn bộ cộng đồng và dân tộc.

Con người có xu hướng tự hủy diệt ở mức độ lớn hơn nhiều so với bất kỳ sinh vật sống nào khác. Sự phá hủy các hệ sinh thái và các cuộc chiến tranh hạt nhân và vi khuẩn đại diện cho những mối nguy hiểm to lớn ngày nay. Điều này không có gì mới: trong quá khứ, chúng ta nhớ đến các cuộc chiến tôn giáo và chinh phục, chế độ nô lệ và bất kỳ kỹ thuật giết người và áp bức nào khác. Chúng ta có thể nói rằng mọi chuyện bắt đầu khi Cain có lẽ đã dùng một hòn đá để giết em mình là Abel.

Sự tàn ác không có động lực, được hỗ trợ bởi chủng tộc vũ khí luôn thống trị hành vi của con người, mà không nhận ra sự phá hủy tiếp theo của chúng ta là tương đương với sự hủy diệt của chính chúng ta. Đối với thời gian vô hạn, chúng tôi đã có nguy cơ tuyệt chủng. Chúng tôi vẫn có nguy cơ kết thúc nhân loại do sức mạnh của vũ khí hiện tại.

Nhiều luật pháp hạn chế và các điều răn tôn giáo được dự định để ngăn chặn bản thân của loài người: không giết, không ăn cắp, không làm gì với người khác những gì bạn không muốn làm với bạn. Mặc dù vậy, con người có mầm bệnh của bản thân trong chính mình, anh ta dường như tìm kiếm cái chết của mình và của người khác. Mặc dù nhận thức được rủi ro này, con người không thể sửa đổi bản thân khỏi entropy tâm linh của mình.

Entropy không phải là những gì nó có vẻ.

Trong thực tế, Entropy cũng trình bày các khía cạnh rằng nó sẽ không chính xác là những gì xuất hiện từ cái nhìn đầu tiên, đó là "rắc rối không thể khắc phục" được mô tả bởi Boris Yellnikoff trong phim "Bất cứ điều gì hoạt động".

Đây được gọi là entropy; Nó giống như khi kem đánh răng ra khỏi ống và không còn có thể quay lại bên trong. "

Chúng tôi coi đó là điều hiển nhiên rằng, ở cấp độ của trải nghiệm cảm giác của chúng tôi, entropy hoạt động chính xác giống như một hoạt động có khả năng tan rã, hoạt động theo hướng thời gian. Tuy nhiên, nếu chúng ta ra khỏi cấp độ của mình để đi vào các cấp độ vũ trụ và thời gian vượt quá trải nghiệm trực tiếp của chúng ta, chúng ta có thể đưa ra những khuôn mặt và ý nghĩa khác nhau cho entropy.

Chúng ta hãy lấy một ví dụ với hành tinh của chúng ta, Trái đất, so sánh những gì đã sớm được đầu tiên và những gì bây giờ.

Sự xuất hiện của vùng đất nguyên thủy, khoảng 4,5 tỷ năm trước, hoàn toàn khác với khu vực hiện tại; Bề mặt của nó liên tục bị xé nát bởi sức mạnh của núi lửa và quét sạch bởi những cơn mưa khăng khăng sẽ kéo dài hàng triệu năm, cho đến khi tạo ra các đại dương. Do đó, một bức tranh toàn cảnh gần như vô sinh làm từ đá núi lửa được chiếu sáng bởi các lavas sợi đốt của các vụ phun trào mới. Chắc chắn, một nơi mà nó sẽ không thể sống cho bất cứ ai.

Bầu không khí trên mặt đất đầu tiên, được sáng tác chủ yếu bởi hydro, đã bị cuốn theo gió mặt trời. Tuy nhiên, đã có những vụ phun trào phong phú và liên tục hình thành bầu không khí thứ hai được sáng tác, trong số những thứ khác, từ carbon dioxide, carbon oxit, amoniac, hơi nước và khí mê - tan. Môi trường này, với sự đóng góp của tia sét và bức xạ cực tím từ mặt trời, là một cái nôi lý tưởng cho sự hình thành các phân tử hữu cơ sẵn sàng phát triển thành các sinh vật ngày càng phức tạp. Vì vậy, cuộc sống sớm xuất hiện; Các bản nhạc lâu đời nhất được biết đến từ 3,8 - 4 tỷ năm trước và là tổ tiên của các vi khuẩn hiện tại, các sinh vật đơn lẻ rất đơn giản và nguyên thủy có khả năng thực hiện các hoạt động cơ bản điển hình của chúng sinh, như cho ăn và sinh sản.

Nhưng làm thế nào mà sự phát triển của những sinh vật nguyên thủy này lại có thể bắt đầu từ những phân tử hữu cơ đơn giản có trong bầu khí quyển của bốn tỷ năm trước? Entropy đã làm gì trong khi điều này đang xảy ra? Bởi vì, nếu thành thật mà nói, chúng ta phải nhìn nhận rằng đó là một quá trình xây dựng chứ không phải phá hủy.

Đúng vậy, những tảng đá núi lửa xám xịt cằn cỗi và cằn cỗi chịu quy luật entropy đã sụp đổ trong hàng thiên niên kỷ, và toàn bộ dãy núi biến mất khi chúng chững lại. Theo kinh nghiệm của mình, bất kỳ người quan sát nào cũng có thể chứng nhận sức mạnh hủy diệt của entropy. Nhưng nếu người quan sát đó có thể giải phóng bản thân khỏi những hạn chế về thời gian trong quá trình quan sát của mình, kéo dài nó lâu hơn trong hàng thiên niên kỷ, thì anh ta sẽ thấy tảng đá biến đổi thành những phần ngày càng nhỏ hơn cho đến khi nó trở thành trái đất.

Sau đó, người quan sát sẽ thấy rằng vùng đất này bao phủ những đồng bằng rộng lớn và cung cấp một môi trường thuận lợi cho sự sống. Cũng chính người quan sát đó chắc chắn đã nhìn thấy nước xói mòn và khoét rỗng các tảng đá. Người quan sát có thể đã nhìn thấy vùng nước khi chúng tạo ra những con đường của riêng mình phá hủy môi trường mà chúng đi qua. Nhưng sau đó, người này sẽ thấy sự ra đời của những dòng sông, có khả năng mang theo các nguyên tố màu mỡ trong những vùng đất được sinh ra từ sự tan rã của đá. Người quan sát sẽ chứng kiến sự ra đời của các loại thảo mộc, thực vật, hoa, côn trùng và các sinh vật sống khác thuộc mọi loại, tức là thuộc về bản chất mà ngày nay chúng ta định nghĩa là tuyệt vời và là nền tảng của chu kỳ thức ăn và sự tồn tại của chúng ta.

Hãy đối mặt với nó: nếu không có entropy thì chúng ta đã không ở đây ngày hôm nay. Do đó, ngoài những gì có thể xuất hiện đối với một quan sát không thường xuyên bị giới hạn về thời gian, tác dụng cuối cùng của entropy không phải là phá hoại mà là sáng tạo.

Lịch sử tiến hóa hoàn toàn mâu thuẫn với nguyên lý entropy. Các nhà tiến hóa lập luận rằng sự kết hợp tự phát của các nguyên tử vô cơ sẽ xảy ra trong một thời gian giới hạn và theo một trật tự chính xác để tạo thành các phân tử cực kỳ phức tạp như protein và sau đó là DNA. Từ sự tập hợp ngẫu nhiên này, hàng triệu loài sống với cấu trúc sinh học phức tạp sẽ phát sinh một cách tự nhiên.

Cách giải thích cổ điển về định luật entropy phủ nhận rằng quá trình này có thể diễn ra; nhưng, trên thực tế, nó đã xảy ra. Các nhà khoa học tiến hóa băn khoăn về vấn đề này mà không thể đề xuất giải pháp. Học giả tiến hóa Roger Lewin tuyên bố, trong một bài báo đăng trên tạp chí Khoa học:

> “Theo định luật thứ hai của nhiệt động lực học, các hệ thống sẽ phân rã theo thời gian, thể hiện trật tự nhỏ hơn chứ không phải lớn hơn.”

Jesse Hackley Rush, bác sĩ và nhà khoa học tiến hóa, viết:

> “Trong quá trình tiến hóa phức tạp của mình, sự sống bộc lộ một sự tương phản nổi bật đối với xu hướng được thể hiện trong định luật thứ hai của nhiệt động lực học. Trong khi định luật này nói về tiến trình không thể đảo ngược đối với việc tăng entropy và vô trật tự, thì sự sống liên tục tiến hóa hướng tới các cấp độ trật tự cao hơn."

Tập "Sự lừa dối của sự tiến hóa" (Harun Yahya) thuật lại ý kiến của một nhà khoa học theo thuyết tiến hóa khác, George Stravropoulos, đăng trên tạp chí khoa học nổi tiếng American Scientist:

> “Trong điều kiện bình thường, không có phân tử hữu cơ phức tạp nào có thể hình thành một cách tự nhiên, mà phải phân rã, theo định luật thứ hai của nhiệt động lực học.
>
> Trên thực tế, sự phức tạp càng lớn thì sự bất ổn và an ninh do sự tan rã càng lớn."

Một giải pháp nghịch lý được đề xuất bởi nhà tiến hóa nổi tiếng Jeremy Rifkin trong bài tiểu luận "Entropy" của ông, xuất bản năm 1980, trong đó ông nói về một "sức mạnh kỳ diệu" cho phép quá trình tiến hóa không phải chịu tác động của entropy.

Trên thực tế, tồn tại một "sức mạnh ma thuật" có khả năng thuần hóa entropy và đó là tính đồng bộ. Trong thuyết nhị nguyên Ác-Thiện, hai lực lượng cùng tồn tại và tạo ra một thực tại vũ trụ được định sẵn để nhìn thấy chiến thắng của Thiện. Tương tự, thuyết nhị nguyên "Entropy" và "Tính đồng bộ" hoạt động trong vũ trụ trong một thử thách sẽ chứng kiến chiến thắng của "Thực thể" tạo ra sự đồng bộ.

Đồng bộ như một dự án tiến hóa thông minh.

Tính đồng bộ là một dự án tiến hóa được hướng dẫn bởi một trí thông minh, mà chúng ta có thể định nghĩa là "Trí tuệ phổ quát", có khả năng can thiệp không chỉ vào cuộc sống của những người đơn lẻ, như trong trường hợp của Philip và Matthew, mà còn trong cuộc sống của các nhóm, các dân tộc và các quốc gia, và trong hành trình của toàn thể nhân loại. Điều này biện minh cho thực tế rằng không phải entropy hay sự ích kỷ của con người đã ngăn cản vũ trụ vật chất tiến hóa theo hướng hoàn thiện hơn bao giờ hết thay vì hướng tới sự suy tàn. Lịch sử nhân loại không tìm thấy điểm kết thúc trong sự tự hủy diệt tập thể mà dã phát triển hướng tới sự chiến thắng của nghệ thuật, văn hóa và cuối cùng là nhận thức về một định mệnh vượt lên trên cái chết thể xác.

Trong cuốn sách trước đây của tôi "Entanglement and sincronicity", tôi đã tập trung vào tình huống thực sự khó hiểu mà loài người, bắt đầu từ hàng triệu năm trước với những con người đầu tiên, vẫn ở trạng thái của nền văn minh đồ đá trong một thời gian dài. Chỉ mười hai nghìn năm trước, loài người đã khởi động một bước nhảy vọt về văn hóa rất nhanh chóng đưa chúng ta ngày nay, du hành trong hệ mặt trời.

Tất cả điều này là không thể trong một quá trình tiến hóa dần dần. Một điều gì đó đã xảy ra cách đây mười hai nghìn năm, một điều gì đó mà sau hàng triệu năm ngủ yên văn hóa, đã mở khóa ý thức con người và cho phép nó đạt đến tầm cao hiện tại.

Điều thường xảy ra là một số khám phá được thực hiện đồng thời, ở những nơi khác nhau trên thế giới, bởi hai nhà khoa học không biết về công việc của nhau. Trong những trường hợp này, chúng ta phải tưởng tượng rằng đầu vào đã được đưa ra bởi một tâm lý tập thể, chung cho cả hai. Ví dụ, điều này đã xảy ra trong việc phát minh ra điện thoại của Antonio Meucci ở New York và Alexander Bell ở Boston.

Vào ngày 22 tháng 4 năm 1984, "Trung tâm kiểm soát và phòng ngừa dịch bệnh" tuyên bố công khai rằng vi rút Lav của Pháp đã được các nhà nghiên cứu tại Viện Pasteur xác định chắc chắn là nguyên nhân gây ra bệnh AIDS.

Ngày hôm sau, Margaret Heckler, Bộ trưởng Bộ Y tế và Dịch vụ Nhân sinh, thông báo rằng Robert Gallo, giám đốc phòng thí nghiệm sinh học tế bào khối u của Viện Ung thư Quốc gia, đã phân lập được loại vi rút gây ra bệnh AIDS và đặt tên cho nó là HTLV-III. Do đó, bắt đầu một cuộc chiến pháp lý thực sự giữa hai viện nghiên cứu danh tiếng, cả hai đều tuyên bố quan hệ cha con của khám phá.

Không thể bàn cãi rằng nhiều khám phá hoặc công nghệ như cung phù hợp để bắn tên, nông nghiệp, chăn nuôi gia súc hoặc các công trình xây dựng hình kim tự tháp đã được thực hiện bởi các dân tộc khác nhau và rất xa xôi, thực tế là theo cách đương đại. Trên thực tế, chúng là những sự kiện công nghệ đã diễn ra ở mọi nơi trong 12.000 năm qua, đối với lịch sử hàng triệu năm.

Ngày nay, mối quan tâm chính của từng nhà khoa học và phòng thí nghiệm nghiên cứu là công bố kết quả trước bất kỳ ai khác; trên thực tế, mọi người đều biết, ngay cả khi họ không có kiến thức chính xác về nó, rằng chắc chắn có người khác, ở đâu đó trên thế giới, đang thực hiện nghiên cứu tương tự như họ. Ngẫu nhiên, điều này tạo ra một bi kịch thực sự trong lương tâm của các nhà nghiên cứu, bị giằng xé giữa tính cấp bách của việc xuất bản và nỗi sợ hãi về việc không xem xét một khía cạnh nào đó có thể làm mất giá trị kết quả.

Hơn nữa, chúng ta không thể không chú ý đến rất nhiều khám phá diễn ra "tình cờ", như thể một người nhắc nhở bí ẩn thỉnh thoảng muốn chỉ ra chúng. Chúng ta đang nói về tia X, siêu keo, gây mê, penicillin, lò vi sóng, saccharin, bóng bán dẫn, Velcro, Teflon, cỏ xanh, và nhiều thứ khác. Coca-Cola được "phát minh" vào ngày 8 tháng 5 năm 1886 tại Atlanta, (Georgia, Hoa Kỳ) bởi dược sĩ John Stith Pemberton, người hoàn toàn không muốn phát minh ra một loại đồ uống mà là một loại thuốc chữa đau đầu, do đó là một loại thuốc. Cái tên đầu tiên được đặt cho thức uống này là "Pemberton's French Wine Coca".

Sự đồng bộ về văn hóa.

Joseph Cambray trong cuốn sách "Tính đồng bộ. Tự nhiên và tâm lý trong một vũ trụ liên kết" nói về "sự đồng bộ văn hóa" trích dẫn các sự kiện bao trùm toàn bộ nền văn minh và hàng triệu người, chẳng hạn như sự xuất hiện của nền dân chủ ở Hy Lạp cổ điển. Sự kiện mang tính quyết định này diễn ra trong một thời gian rất ngắn và trên một phần rất nhỏ của hành tinh.

Tôi tin rằng chúng ta hiện đang trải qua một sự đồng bộ văn hóa tuyệt vời khác được thúc đẩy bởi sự phát triển của vật lý lượng tử, một nhánh khoa học ra đời cách đây vài thập kỷ. Vật lý lượng tử đang phát hiện ra những khả năng đáng kinh ngạc, chẳng hạn như sự tồn tại của các cấp độ phi vật lý liên kết tất cả vật chất trong vũ trụ thành một mạng duy nhất.

Đây là những cấp độ mà các hạt, không có khối lượng và ở dạng năng lượng rung động và thông tin thuần túy, có thể tự giải phóng mình khỏi những ràng buộc về thời gian và không gian mà vật chất phải phục tùng trong mức độ hiểu biết của chúng ta.

"Tính đồng bộ lượng tử" mà chúng ta đang trải qua sẽ dẫn đến một bước nhảy vọt về văn hóa không thể tưởng tượng được: sự vượt qua chủ nghĩa duy vật và sự ra đời của một khoa học thống nhất về tự nhiên và tâm hồn, tinh thần và vật chất. Chỉ thông qua một cấp độ tâm linh, nó mới có thể vượt qua các rào cản vật lý và đi vào Ý thức của vũ trụ, để hưởng lợi từ tất cả năng lượng và tất cả trí tuệ chứa đựng trong đó. Đó sẽ là một bước nhảy vọt mà tiềm năng của nó thậm chí chúng ta không thể tưởng tượng được và sẽ mở ra cánh cửa "thiên đường" cho nhân loại với tất cả những gì thiên đường chứa đựng.

Người đàn ông vẫn ở trung tâm.

"Chúng tôi là hiện thân cục bộ của một Vũ trụ đã phát triển đến mức tự nhận thức. Chúng ta đã bắt đầu hiểu nguồn gốc của mình: chúng ta là vật chất tinh tú đang thiền định về các vì sao."

(Carl Sagan)

Vai trò của con người trong vũ trụ.

Ý tưởng xuất hiện khi đọc chương trước, theo đó một "Trí tuệ phổ quát" sẽ vận hành thông qua các giai đoạn đồng bộ của cá nhân hoặc tập thể đối với sự phát triển văn hóa của nhân loại, giả định rằng con người sống trên hành tinh Trái đất được giao vai trò trung tâm . Để thực hiện vai trò này, con người là đối tượng được "Tâm" này quan tâm, bảo vệ và hướng dẫn.

Ngược lại, trong vũ trụ học khoa học, con người chẳng là gì khác hơn là một sản phẩm của quá trình tiến hóa của vật chất, hoàn toàn không liên quan đến sự phát triển của hành tinh Trái đất, càng không liên quan đến sự phát triển của Vũ trụ. Trên thực tế, cho đến thế kỷ 16, tầm nhìn văn hóa đã đặt con người vào trung tâm của vũ trụ. Lý thuyết sau này được phát triển bởi Copernicus, rằng các hành tinh xoay quanh Mặt trời, khiến Trái đất trở thành một hành tinh nhỏ đơn thuần chứ không phải là trung tâm của vũ trụ, . Kết quả là con người cũng chỉ trở thành một trong nhiều sinh vật không liên quan được đặt trong một phần nhỏ bé của vũ trụ.

Nguyên tắc Anthropic.

Năm 1973, một nhà khoa học, Brandon Carter, đã xây dựng một công thức mới về mối quan hệ gắn kết con người với vũ trụ. Ông gọi nó là "Nguyên tắc Anthropic" và trình bày nó trước cộng đồng khoa học trong Hội nghị chuyên đề về "So sánh các lý thuyết vũ trụ học với dữ liệu quan sát" được tổ chức tại Krakow như một phần của lễ kỷ niệm 500 năm ngày sinh của Nicolaus Copernicus.

Hình 24 - Tờ rơi kỷ niệm do Bưu điện Ba Lan phát hành nhân dịp kỷ niệm 500 năm ngày sinh của Nicolaus Copernicus, trong thời gian đó Brandon Carter đã đặt ra thuật ngữ "Nguyên tắc Anthropic".

Hình 25 - Cụm từ tưởng nhớ Stephen Hawking, người vừa qua đời, và cuốn sách "The universe in a nutshell". Trong cuốn sách, ông thảo luận về các chủ đề liên quan đến lý thuyết M về vũ trụ đa chiều và thường đề cập đến "nguyên tắc ưu việt của con người" của Brandon Carter.

Nguyên tắc này, gây nhiều tranh cãi trong cái gọi là công thức "mạnh mẽ" của nó, đã đảo ngược tầm nhìn của Copernicus về mối quan hệ giữa con người và vũ trụ và khôi phục vị trí trung tâm của con người.

Ngay cả trước khi được tiết lộ, lý thuyết này đã được chia sẻ với các nhà khoa học khác như Martin Rees, Freeman Dyson, John Wheeler và những người khác.

Một nhà khoa học tầm cỡ như Stephen Hawking ban đầu tỏ ra nghi ngờ, nhưng sau khi xây dựng Lý thuyết M (lý thuyết thống nhất mọi thứ trong vũ trụ đa chiều), ông đã thay đổi quyết định. Hawking trở thành người ủng hộ "nguyên tắc ưu việt của con người", và ông đã tính đến nó trong tất cả các nghiên cứu và các ấn phẩm tiếp theo của mình, chẳng hạn như cuốn sách "The universe in a nutshell".

Brandon Carter.

Brandon Carter (hình 26) là một nhà vật lý người Úc, được biết đến với những nghiên cứu về tính chất của lỗ đen và khám phá ra hằng số chuyển động thứ tư, được đặt tên là "hằng số Carter". Do đó, ông ấy là một nhà khoa học có tầm cỡ, và điều này khiến ông ấy đặc biệt đáng tin cậy khi ông ấy xây dựng lý thuyết mà ông ấy định nghĩa là nguyên tắc !Anthropic".

Trong những phác thảo chung, nguyên tắc này khẳng định rằng ý thức con người không phải là kết quả ngẫu nhiên của quá trình tiến hóa của vật chất, mà là điểm đến của một quá trình tiến hóa của vũ trụ nhằm mục đích chính xác là sự ra đời của ý thức. Nguyên tắc được Carter trình bày ở Krakow có hai công thức, được gọi là "yếu" và "mạnh".

Nguyên tắc nhân loại "yếu".

Cái gọi là Nguyên tắc Nhân loại Yếu lập luận rằng vị trí của chúng ta trong không gian và thời gian của vũ trụ chắc chắn là đặc quyền bởi vì tất cả các hằng số làm cơ sở cho hoạt động của vũ trụ được hiệu chỉnh theo các giá trị phù hợp chính xác với sự phát triển của kiểu sống của chúng ta. Bằng một loạt sự trùng hợp đáng kinh ngạc, các quy luật chi phối vũ trụ phù hợp với khả năng tồn tại sự sống thông minh. Ví dụ: nếu Mặt trời có kích thước hơi khác một chút hoặc nếu Trái đất quay quanh Mặt trời ở một khoảng cách hơi khác, biển sẽ trở thành những cái nồi sôi hoặc những ngọn núi băng.

Trái đất quay với độ lệch tâm rất nhỏ khoảng 0,0167 và độ nghiêng của trục quay cho phép luân phiên các mùa một cách chính xác.

Sự sống trên Trái đất dựa trên carbon, được đổ xuống hành tinh của chúng ta sau vụ nổ của các ngôi sao nơi nó được hình thành. Bốn lực cơ bản chi phối vũ trụ phụ thuộc vào một số hằng số vật lý, chẳng hạn như hằng số Hubble, hằng số Planck, hằng số hấp dẫn phổ quát, điện tích và khối lượng của electron.

Việc tất cả các hằng số này được hiệu chỉnh chính xác theo các giá trị có khả năng cho phép sự phát triển của sự sống là điều vô cùng đáng ngạc nhiên: chỉ cần một hằng số có giá trị chênh lệch tối thiểu là đủ để khiến sự sống trở nên bất khả thi.

Hình 26 - Phía trên John David Barrow và Frank Tipler, tác giả của cuốn sách "Nguyên tắc nhân học". Dưới cùng bên trái Brandon Carter, người đã xây dựng lý thuyết.

Các giá trị khả dĩ của bốn tương tác cơ bản (hấp dẫn, điện từ, hạt nhân yếu và hạt nhân mạnh) và của các hạt hạ nguyên tử (proton, neutron, electron) sẽ có khả năng vô hạn. Tuy nhiên, các giá trị mà chúng tôi thực sự đo lường cho phép chúng tôi tạo ra một mạng lưới tương tác làm nảy sinh một vũ trụ chứa đựng sự sống. Trong số các cấu hình vô hạn, chỉ có một cấu hình, một cấu hình rất chính xác. Stephen Hawking viết trong cuốn sách "From Black Holes to the Universe":

> “Nếu mật độ của Vũ trụ một giây sau Vụ nổ lớn lớn hơn mật độ tới hạn một phần trăm tỷ, thì Vũ trụ sẽ sụp đổ sau 10 năm. Nếu thay vào đó, nó nhỏ hơn cùng một giá trị, Vũ trụ sẽ trống rỗng sau 10 năm tồn tại"

Nguyên tắc nhân học "mạnh mẽ".

Nguyên lý "mạnh" nói rằng vũ trụ phải đúng như nó vốn có để cho phép sự sống phát triển, tại một thời điểm nhất định trong lịch sử của nó, trùng khớp với thời đại chúng ta đang sống, tức là khoảng 14 tỷ năm kể từ quá trình đào tạo của nó. Trong số nhiều vũ trụ có thể được sinh ra từ Vụ nổ lớn, vũ trụ cho phép chúng ta ở đây đã được sinh ra. Xác suất xảy ra điều này là một trong vài tỷ. Điều này có thể đã xảy ra một cách tình cờ?

Điều này có nghĩa là vũ trụ được thiết kế để cho phép chúng ta có mặt ở đây ngày hôm nay. Vũ trụ có một mục đích cụ thể: nó phải chứa đựng con người.

Do đó, con người không phải là một vị khách, do một sự tình cờ kỳ lạ, đã xảy ra trong một vũ trụ phớt lờ anh ta. Con người là lý do tại sao vũ trụ tồn tại. Thuyết này ngụ ý rằng vũ trụ được hình thành với mục đích thúc đẩy sự sống và sự phát triển của ý thức; nghĩa là vũ trụ được thiết kế như một cái kén, một cái nhau thai trong đó sự sống nói chung và ý thức con người nói riêng có thể bắt nguồn.

Giả định rằng vũ trụ được tạo ra cho chúng ta chắc chắn mang lại cho nó một mục đích. Vũ trụ không phải là một khối vật chất thô hỗn loạn, mà đáp ứng một dự án nhận thức của con người. Những thăng trầm của vũ trụ không còn được quản lý một cách tình cờ nữa mà đòi hỏi sự hiện diện của một "thiết kế thông minh", và do đó, sự tồn tại của một "nhà thiết kế".

Điều này cũng có thể có ý nghĩa tôn giáo, tuy nhiên, không có tuyên bố nào, ít nhất là về phía Công giáo. Cha Gabriel Funes, một tu sĩ Dòng Tên, cựu giám đốc của "Đài quan sát Vatican", tức là đài quan sát thiên văn của Giáo hội Công giáo, đã tuyên bố về vấn đề này rằng "Giáo hội không có lập trường nào đối với nguyên tắc lấy con người làm trung tâm của Carter. Do đó, phán đoán của ông vẫn còn bỏ ngỏ về những gì khoa học sẽ có thể khám phá".

John David Barrow và Frank Tipler.

Các nhà vật lý J. Barrow và F. Triple đã xuất bản vào năm 1986, tại Hoa Kỳ, tập "Nguyên lý vũ trụ nhân học", trong đó họ không chỉ giải quyết rộng rãi lý thuyết nhân học mà còn đề xuất một nghiên cứu quan trọng về nó.

Hai tác giả mô tả rộng rãi cơ sở khái niệm của "Nguyên tắc nhân học". Nếu không có một số lượng đáng báo động các sự trùng hợp bất thường dưới dạng các định luật vật lý và giá trị của các hằng số tự nhiên, thì hóa sinh và sự sống thông minh sẽ không thể thực hiện được. Một vũ trụ được tạo ra một cách tình cờ sẽ không cho phép sự sống, và các vật thể thiên văn thông thường và vật chất thông thường cũng sẽ không thể tồn tại.

Bắt đầu từ quan sát này, họ đi đến kết luận rằng một dự án nhất thiết phải tồn tại. Trong nghiên cứu của hai nhà khoa học, "nguyên tắc con người yếu" phát triển thành "nguyên tắc mạnh". Barrow viết như vậy trong cuốn sách:

> “Nếu chúng ta cố tưởng tượng toàn bộ tập hợp các 'vũ trụ khác' giả định, trong đó tất cả các đại lượng xác định cấu trúc vũ trụ của chúng ta đảm nhận tất cả các hoán vị giá trị có thể có, thì chúng ta sẽ thấy rằng hầu hết tất cả các vũ trụ khả dĩ này đều đã chết non. Không ai có thể tạo ra loại phức hợp hóa học mà chúng ta gọi là "sự sống".

Khám phá này đã khiến Brandon Carter đề xuất rằng một số khía cạnh siêu hình mang tính suy đoán hơn có thể tồn tại trong vũ trụ, mà ông gọi là "Nguyên lý Vị nhân mạnh mẽ", để phân biệt nó với Nguyên tắc vị nhân yếu gây tranh cãi hơn. Nguyên tắc mạnh phát biểu rằng, vì dường như tồn tại một số lượng lớn các "sự trùng hợp ngẫu nhiên" đáng chú ý như vậy có xu hướng cho phép sự sống khả thi trong vũ trụ, nên tại một thời điểm tiến hóa nào đó, nguyên tắc này PHẢI làm phát sinh sự tồn tại của "người quan sát".

"Nguyên tắc nhân loại dứt khoát".

Barrow và Tipler giả định một dạng thứ ba của Nguyên tắc Nhân học, "Nguyên tắc Nhân học Tối thượng", theo đó "Xử lý thông tin thông minh nhất thiết phải phát triển trong vũ trụ và một khi nó xuất hiện, nó sẽ không bao giờ tuyệt chủng".

Theo hai học giả, một vũ trụ có khả năng sản sinh ra sự sống thông minh sẽ chẳng có ý nghĩa gì nếu vũ trụ này không tồn tại đủ lâu để có thể phát triển một giống loài thông minh.

"Nguyên tắc con người có sự tham gia"

Hình thức này của Nguyên tắc vị nhân được đề xuất bởi John Archibald Wheeler như một giải pháp thay thế cho nguyên tắc mạnh. Theo Wheeler, những người quan sát cần thiết cho sự sống của vũ trụ, cũng như cần thiết cho kiến thức của nó; do đó, con người, với tư cách là người quan sát vũ trụ, tham gia tích cực vào sự tồn tại của chính nó.

"Những nhà truyền giáo của lương tâm"

Năm 2005, một bài báo xuất hiện trên trang web SETI (Tìm kiếm Trí thông minh Ngoài Trái đất, một chương trình dành riêng cho việc tìm kiếm sự sống thông minh ngoài Trái đất) có tựa dề "Phương trình Drake", trong đó nguyên tắc có sự tham gia của Wheeler được mở rộng hơn nữa. Đề cập đến bất kỳ thông điệp nào giữa các cư dân trong vũ trụ, bài báo nói rằng "Sứ mệnh của những người gửi là truyền bá Ý thức trong Vũ trụ". Nói một cách đơn giản, bất cứ ai gửi thông điệp đến vũ trụ đều trở thành "nhà truyền giáo của Ý thức". Anh ta truyền bá "Ý thức", ở dạng mà anh ta biết, tới những thực thể có khả năng hưởng lợi từ nó.

Nguyên tắc vị nhân và thời gian.

Khoa học khách quan hơn không bác bỏ tính hợp lý của lý thuyết nhân loại, vì sẽ hoàn toàn vô lý nếu một cấu trúc vũ trụ hoàn hảo như vậy bắt nguồn từ sự ngẫu nhiên và không có mục đích. Trong trường hợp này, một sự phản đối thường xuyên cũng tìm thấy câu trả lời: "Nếu mục đích cuối cùng là con người, kẻ chỉ sống trên hành tinh Trái đất, tại sao vũ trụ lại cần nhiều không gian và nhiều vật chất như vậy?".

Câu trả lời nhấn mạnh rằng các điều kiện có khả năng cho phép sự sống cần có thời gian và không gian được hiện thực hóa. Vũ trụ già đi và giãn nở là cần thiết để cho phép các ngôi sao tạo ra các nguyên tố hóa học làm cơ sở cho sự sống trên Trái đất, chẳng hạn như carbon. Hơn nữa, không loại trừ sự tồn tại của các hành tinh khác mà cùng một sự sống đã phát triển, cũng như không loại trừ khả năng con người có thể xuất khẩu nền văn minh của mình sang các hành tinh và thiên hà khác.

Nguyên tố đầu tiên xuất hiện trong vũ trụ là hydro, nguyên tử của nó chỉ chứa một proton. Khoảng ba phút sau Vụ nổ lớn, sự hợp nhất của hai hoặc ba nguyên tử hydro cho phép hình thành helium và lithium, chúng có hai và ba proton tương ứng.

Trong phần bên trong của các ngôi sao, sự hợp nhất của hai nguyên tử heli tạo ra berili. Từ sự hợp nhất của một nguyên tử berili và một nguyên tử heli, các nguyên tử carbon không ổn định đã được sinh ra, chỉ trở nên ổn định khi nhiệt độ trong ngôi sao tăng lên 100 triệu độ Kelvin. Cuối cùng, khi ngôi sao, vào cuối vòng đời của nó, phát nổ tạo ra siêu tân tinh, carbon và các kim loại khác bị trục xuất vào không gian và hình thành các thiên thể khác, bao gồm cả các hành tinh.

Tại thời điểm này, chúng tôi đã xác định rằng sự sống là điều cần thiết cho sự tồn tại của vũ trụ. Nếu vũ trụ là vô tận trong không gian và thời gian, chúng ta có thể hỏi liệu bản thân sự sống có thể là vô hạn trong thời gian và không gian hay không. Và trên hết, chúng ta có thể tự hỏi làm thế nào để hiểu được sự vô tận, hay sự bất tử này. Nó có thể đề cập đến cuộc sống nói chung, đến việc bảo tồn các loài hay nó có thể đề cập đến từng cá nhân không?

Liệu có thể tưởng tượng được những sinh vật sống bất tử?

Chúng ta đã quy sự bất tử cho các thành phần thiết yếu của vật chất, các nguyên tử. Trong lĩnh vực sinh học, trong số các sinh vật sống, chúng ta có thể đề cập đến vi khuẩn, thường không kết thúc sự tồn tại của chúng bằng cái chết mà bằng sự phân chia. Vi khuẩn có khả năng phân chia thành hai phần, mỗi phần giữ lại tất cả di sản di truyền của vi khuẩn ban đầu. Ngoại trừ các sự cố, quá trình này kéo dài vô tận và dễ dàng tính toán được rằng, nếu cứ nửa giờ một con vi khuẩn lại phân đôi thì trong một ngày nó có khả năng tạo ra 250.000 tỷ con vi khuẩn tương tự.

Nếu ngay cả những sinh vật cao cấp hơn, chẳng hạn như con người, đạt đến khả năng phân chia trong khi vẫn duy trì di sản tế bào thần kinh, tức là khả năng tự nhận thức, thì trên thực tế, chúng sẽ trở nên bất tử. Hiện tại, điều này được coi là không thể: trên thực tế, vi khuẩn bao gồm một tế bào duy nhất trong khi cơ thể con người bao gồm vô số tế bào chuyên biệt theo một cách khác nhau cho từng cơ quan (da, gan, v.v.).

Rõ ràng là các tế bào này không thể phân chia đồng thời.

Điểm Omega của Frank Tipler,

Frank Jennings Tipler (hình 26) đồng tác giả với John Barrow của cuốn "The Anthropic Principle", là một giáo sư và nhà văn người Mỹ dạy vật lý toán học tại Đại học Tulane ở New Orleans. Hầu hết các nghiên cứu của ông tập trung vào vật lý của du hành thời gian.

Ông cũng được biết đến là tác giả của lý thuyết "Điểm Omega", thực chất là tiếp thu lý thuyết cùng tên do nhà khoa học Dòng Tên người Pháp Pierre Teilhard de Chardin phát triển trước đó.

Tipler cố gắng nghiên cứu số phận cuối cùng của vũ trụ theo cách tương tự như cách mà Isaac Asimov làm trong tiểu thuyết "Câu hỏi cuối cùng". Trong đề xuất của mình, dựa trên những giả thuyết hợp lý có khả năng hỗ trợ nó, ông bắt đầu từ khái niệm "sự tiến bộ vĩnh cửu" để đưa ra giả thuyết về sự tồn tại trong tương lai của một vị thần.

"Chúa" này sẽ là một người đàn ông đã trở nên bất tử, giống như trường hợp siêu nhân của Nietzsche. Tipler cũng đưa ra giả thuyết về việc người chết sống lại nhờ máy tính và "tải tâm trí lên". "Miind upload" sẽ là một kỹ thuật cho phép khôi phục và chuyển di sản tinh thần của một cá nhân từ cơ thể cũ sang cơ thể mới hoặc sang cơ thể hồi sinh từ cõi chết.

Hơn nữa, Tipler đưa ra giả thuyết rằng, nhờ có một siêu máy tính, vũ trụ có thể bị uốn cong theo ý muốn của loài người bằng cách hành động ngay cả khi thời gian đã trôi qua. Bằng cách này, có thể tái tạo lại các sự kiện, thế giới và con người trong quá khứ bằng kỹ thuật "sự trở lại có hỗ trợ vĩnh viễn".

Trên thực tế, Tipler đề xuất một quan điểm liên quan đến chủ nghĩa siêu nhân, một phong trào văn hóa ủng hộ việc sử dụng khoa học và công nghệ để tăng khả năng thể chất và tinh thần, đồng thời cải thiện tất cả các khía cạnh của tình trạng con người không mong muốn hoặc có hại, chẳng hạn như bệnh tật và lão hóa. Trào lưu tư tưởng này hy vọng vào khả năng của một sự biến đổi vượt ra ngoài thân phận con người.

Đúng như dự đoán, luận điểm của Tipler đã gây ra nhiều tranh cãi trong giới khoa học. Trong một bài đánh giá về cuốn sách "Vật lý của sự bất tử" của Tipler, nhà vật lý người Nam Phi George Ellis gọi lý thuyết Điểm Omega là "một kiệt tác của giả khoa học".

Các nhà khoa học khác, chẳng hạn như nhà vật lý David Deutsch của Đại học Oxford, nhận thấy lập luận của Tipler là nhất quán. Trong cuốn sách "The Fabric of Reality" của mình, Deutsch giải thích lý thuyết của mình về Mọi thứ bằng cách kết hợp Điểm Omega của Tipler vào lý luận của mình.

Tại trung tâm tâm linh của vũ trụ.

Tóm lại, chúng ta có thể nói rằng chúng ta ở đây vì vũ trụ và vũ trụ ở đây vì chúng ta. "Nguyên tắc nhân loại" đang cấu hình lại tư duy khoa học hiện đại. Tư tưởng khoa học hiện đại đã bắt đầu với Copernicus và khám phá của ông rằng Trái đất và các hành tinh quay quanh Mặt trời. Với điều này, khoa học đã lật đổ tư tưởng của Aristoteles đặt Trái đất và con người ở vị trí trung tâm địa lý của vũ trụ.

Sự phát triển của vật lý hiện đại đang vận hành một sự đảo ngược mới. Lần này, con người, mặc dù không còn là trung tâm địa lý như Copernicus đã chứng minh một cách đúng đắn, nhưng đã được thiết lập vững chắc như một trung tâm tinh thần.

Phần thứ hai. Xác nhận khoa học.

Nhưng vật chất là gì?

"Do đó, vật lý hiện đại biểu thị vật chất không phải ở dạng thụ động và trơ, mà ở trạng thái rung động và vũ điệu liên tục, mà các hình dạng nhịp nhàng của chúng được xác định bởi các cấu trúc phân tử, nguyên tử và hạt nhân. Đây cũng là cách các nhà thần bí phương Đông nhìn thế giới vật chất. Tất cả đều nhấn mạnh rằng vũ trụ phải được nắm bắt trong tính năng động của nó, khi nó di chuyển, rung động và nhảy múa; bản chất đó không ở trạng thái cân bằng tĩnh mà động."

(Fritjof Capra, nhà vật lý và nhà tiểu luận)

Tìm kiếm bằng chứng.

Trong phần đầu của cuốn sách, tôi đã trình bày nhiều lý thuyết do các nhà khoa học phát triển và đề xuất, dựa trên tư duy, triết học và suy luận logic nhưng không được hỗ trợ bởi bất kỳ bằng chứng thực nghiệm nào được cộng đồng công nhận. Bước đầu tiên quan trọng để mang lại phẩm giá khoa học cho tất cả các giả thuyết được thảo luận sẽ bao gồm việc thiết lập mối liên hệ có thể kiểm chứng giữa cấp độ hoạt động vật lý của vật chất và cấp độ "tâm linh".

Theo kinh nghiệm của chúng tôi, vốn phụ thuộc vào thuyết định mệnh vật lý, rất khó để tìm ra các mối liên hệ phi vật chất: một cái bàn hoặc một cái ghế là những mảnh gỗ hoặc kim loại và không truyền cảm hứng, theo như các giác quan của chúng ta, những hàm ý tâm linh hoặc siêu hình.

Tuy nhiên, điều này không còn xảy ra nữa khi chúng ta bước vào cấp độ cực nhỏ, quan sát hành trạng của các hạt cơ bản. Cuối cùng, trong những thập kỷ gần đây, khi con người đã tìm cách thâm nhập vào thực tế hạ nguyên tử, nghiên cứu thực nghiệm đã tạo ra những điều ngạc nhiên đáng kinh ngạc. Thật đáng kinh ngạc, có thể suy ra sự tồn tại của một cấp độ tâm linh độc quyền. Đó là một mức độ thực tế không có vật chất và bao gồm thông tin thông minh.

Phần thứ hai này của cuốn sách sẽ dành để khám phá thế giới tuyệt vời của các hạt hạ nguyên tử.

Albert Einstein đã đưa khái niệm tương đối vào vật lý. Nhiều điều chắc chắn, xuất phát từ cách chúng ta hiểu thế giới, đã sụp đổ khi biết rằng thời gian và không gian là những khái niệm tương đối và có thể có các giá trị khác nhau tùy thuộc vào các điều kiện. "Nghịch lý song sinh" rất có ý nghĩa. Một trong hai anh em sinh đôi lên tàu vũ trụ và du hành trong không gian với tốc độ gần bằng tốc độ ánh sáng. Khi trở về nhà, anh phát hiện ra rằng thời gian đối với anh trôi qua chậm hơn nhiều so với những người còn lại trên Trái đất và nhiều người trong số họ, bằng tuổi anh, đã chết. Anh trai sinh đôi của anh lớn hơn nhiều.

Trước những bằng chứng khoa học này, chúng ta không nên ngạc nhiên khi phát hiện ra rằng vật chất cũng có tính chất tương đối. Ở cấp độ vĩ mô hoặc khu vực cỡ trung bình mà chúng ta đang sống, thực tế dường như được xác định rõ ràng: ranh giới của nó có thể được xác định, có thể cân nhắc và đo lường. Mức độ cứng hoặc tính dễ uốn của các đối tượng khác nhau có thể được thiết lập. Nếu không, chúng tôi sẽ gặp rắc rối mỗi ngày. Các tính chất này của vật chất không thay đổi ngay cả ở cấp độ thiên văn và các định luật vật lý áp dụng cho bàn bếp của chúng ta cũng có giá trị đối với hành tinh cuối cùng trong một thiên hà xa xôi.

Tuy nhiên, ở cấp độ hạ nguyên tử, tức là ở cấp độ cực nhỏ, mọi thứ thay đổi và vật chất trở thành một thứ gì đó rất không rõ ràng về bản chất thực sự của nó. Cấp độ hạ nguyên tử là cấp độ của các hạt cơ bản, là thành phần bên trong của nguyên tử.

Triết học và thần bí của vật lý.

Triết học vật lý nghiên cứu các khía cạnh logic và siêu hình của các khái niệm như năng lượng, thời gian, không gian và vật chất. Cô ấy đặc biệt quan tâm đến các câu hỏi về quan hệ nhân quả và "thuyết tất định".

Đương nhiên, triết học đã quan tâm đến vật lý lượng tử kể từ khi nó ra đời, do khả năng làm suy yếu các khía cạnh cơ bản của truyền thống khoa học, chẳng hạn như khái niệm đo lường, chẳng hạn, đột ngột bị thay thế bằng khái niệm bất định.

Hoạt động đo lường ở cấp độ hạ nguyên tử trở nên bất khả thi, vì nó được thực hiện trên các nguyên tố nhỏ đến mức chúng bị nhiễu bởi chính phép đo. Hệ quả là không thể quan sát trực tiếp nguyên tử ngay cả với kính hiển vi mạnh nhất mà chỉ được "lí thuyết hóa".

Điều này khẳng định sự thất bại của thuyết tất định, mà Pierre Simon Laplace rất thích. Đồng thời, các giá trị mới như xác suất và bất định ra đời.

Thuyết bất định là một quan điểm triết học do nhà thiên văn học người Anh Arthur Eddington đứng đầu, thừa nhận hành động ngẫu nhiên trong việc phân định ý chí hoặc thực tế. Đó là, thuyết bất định thừa nhận rằng mọi thứ có thể xảy ra mà không có lý do nào. Sự thật không phải lúc nào cũng là sản phẩm của hành động nhân quả.

Trong số những người ủng hộ thuyết bất định có những nhà vật lý vĩ đại nhất của thời đại chúng ta: Werner Karl Heisenberg, Niels Bohr, Arthur Compton, Pascual Jordan, Hans Reichenbach, Robert Millikan, Georges Lemaître và những người khác.

Vật lý lượng tử coi thường tính nghiêm ngặt của thuyết tất định và dẫn chúng ta đến một quan niệm về vũ trụ về cơ bản là thần bí, dựa trên các yếu tố gợi lại một thành phần tinh thần có thể có bên cạnh thành phần vật chất.

Suy nghĩ này về thực tế của mọi thứ đưa chúng ta trở lại hơn hai thiên niên kỷ trước, với trực giác của các nhà triết học Hy Lạp đầu tiên. Tuy nhiên, trái ngược với những gì đã xảy ra vào thời điểm đó, tầm nhìn về vũ trụ đang xuất hiện ngày nay không dựa trên trực giác mà dựa trên các thí nghiệm được tiến hành với độ chính xác cao trong các phòng thí nghiệm vật lý tốt nhất.

Nguồn gốc của tất cả khoa học và vật lý phương Tây nói riêng được tìm thấy vào thế kỷ thứ sáu trước Công nguyên, trong một thời kỳ không có bất kỳ sự phân chia nào giữa tôn giáo, triết học và khoa học, giữa các nhà hiền triết của trường phái Miletus. Các nghiên cứu của họ nhằm mục đích khám phá cấu tạo thực sự của vật chất, mà họ đã xác định trong thuật ngữ "physiká", ngày nay được dịch là "vật lý học". "Physiká" đại diện cho nỗ lực khám phá bản chất của sự vật. Dựa trên những giả định của họ, các nhà triết học của Miletus được định nghĩa là "những người theo thuyết hylozo", một thuật ngữ có nghĩa là "những người nghĩ rằng vật chất là động". Trên thực tế, họ không phân biệt giữa tinh thần và vật chất; thật vậy, họ thậm chí không có thuật ngữ cho vật chất vật lý, vì đối với họ, mọi dạng tồn tại đều được ban cho sự sống và tâm linh. Đặc biệt, Thales khẳng định rằng thần thánh hiện diện trong vạn vật và Anaximander kể lại Vũ trụ như một sinh vật duy nhất được nuôi dưỡng bởi "nguyên khí sống" (pneuma).

Sau đó, Heraclitus của Ephesus đã mô tả một thế giới luôn thay đổi, một "sự trở thành" vĩnh cửu. Ông tin rằng mọi sự biến đổi của thế giới đều bắt nguồn từ tác động của các mặt đối lập, và mỗi cặp mặt đối lập nên được coi là một đơn vị, mà ông đặt tên là Logos. Từ những mặt đối lập của Heraclitus đã nảy sinh những luồng tư tưởng dẫn đến sự tách biệt giữa tinh thần và vật chất.

Parmenides of Elea, hoàn toàn trái ngược với sự trở thành vĩnh cửu của Heraclitus, gọi nguyên tắc cơ bản của ông là "Bản thể bất biến", và khẳng định rằng mọi thay đổi chỉ là ảo ảnh thuần túy của các giác quan. Từ tư duy của ông đã nảy sinh ý tưởng về một chất không thể phân hủy được đặt ở cơ sở thuộc tính biến đổi của sự vật.

Từ sự tương phản giữa “hữu thể vĩnh cửu” và “hữu thể bất biến” đã phát triển một tư tưởng coi “hữu thể” hiện diện trong một số chất bất biến, tuy nhiên, trộn lẫn và tách rời, làm nảy sinh những thay đổi và những hình thức khác nhau. Do đó, khái niệm nguyên tử ra đời, là phần nhỏ nhất không thể phân chia của vật chất. Nguyên tử làm nền tảng cho mọi thứ mặc dù mọi thứ trông có vẻ khác. Thật vậy, ngày nay chúng ta biết rằng tất cả mọi thứ đều được tạo thành từ các nguyên tử.

Các nhà nguyên tử, bao gồm cả Democritus, đã xác định sự tách biệt rõ ràng giữa tinh thần và vật chất.

Họ tưởng tượng vật chất bao gồm "các khối xây dựng cơ bản", tức là các hạt hoàn toàn thụ động và trơ chuyển động trong chân không và chuyển động của chúng có thể là do ngoại lực. Các lực này có nguồn gốc tinh thần chứ không phải vật chất.

Hình ảnh này sau đó trở nên chiếm ưu thế trong tư tưởng phương Tây, làm nảy sinh thuyết nhị nguyên giữa thể xác và linh hồn.

Aristotle, với niềm tin rằng những vấn đề liên quan đến linh hồn quan trọng hơn những vấn đề liên quan đến thế giới vật chất, đã tạo ra một khuôn mẫu tư duy làm nền tảng cho quan niệm về vũ trụ khắp phương Tây trong 2.000 năm. Cơ đốc giáo cũng ủng hộ các học thuyết của Aristotle trong suốt thời Trung cổ.

Vào thời Phục hưng, nghiên cứu về tự nhiên lần đầu tiên được giải quyết bằng cách sử dụng các phương pháp khoa học, tức là áp dụng các thí nghiệm được kiểm soát bởi các giả thuyết lý thuyết. Galileo Galilei là một trong những người đầu tiên đi theo con đường này và do đó được coi là cha đẻ của khoa học hiện đại.

Sự ra đời của khoa học hiện đại được tạo điều kiện thuận lợi bởi sự phát triển của tư tưởng triết học, làm nổi bật thuyết nhị nguyên "tinh thần-vật chất". Vào thế kỷ thứ tám, René Descartes đã mô tả một bản chất dựa trên sự tách biệt cơ bản giữa hai thực tại riêng biệt và độc lập, tâm trí (res cogitans) và vật chất (res extensa). Sự phân tách Descartes cho phép thế giới khoa học xem xét vật chất bao gồm các vật thể trơ và hoàn toàn khác biệt với nhau. Kết quả là một đại diện của thế giới tương tự như sự tích lũy của các đối tượng khác nhau, các đối tượng cùng nhau tạo nên một cỗ máy khổng lồ không có sự sống.

Cỗ xe của vua Milinda.

Milindapañha là một văn bản Phật giáo được sáng tác dưới hình thức đối thoại triết học, lấy bối cảnh ở thành phố Sāgalā, ngày nay là Siyālkoṭ. Cuộc đối thoại diễn ra giữa nhà sư Nagasena và vua Milinda. Về mặt lịch sử, Vua Milinda có thể được đồng nhất với nhà cai trị Ấn-Hy Lạp Menander I, người đã trị vì ở Punjab trong khoảng thời gian từ 155 đến 130 trước Công nguyên.

> “Vua Milinda đi đến chỗ của nhà sư Nagasena và tự giới thiệu mình một cách lịch sự và thân thiện rồi hỏi ông ấy:
>
> "Làm thế nào bạn được biết đến và tên của bạn là gì?"
>
> Nagasena trả lời: "Tâu đức vua, tôi được gọi là Nagasena, và anh em và cha mẹ tôi gọi tôi bằng tên đó."
>
> "Bạn nói với tôi rằng các anh trai của bạn quen gọi bạn là Nagasena. Bây giờ chính xác thì Nagasena là gì? Ý bạn là mái tóc là Nagasena?"

"Tôi không nói thế, thưa đại vương."

"Hay lông trên cơ thể?"

"Tuyệt đối không."

"Có lẽ Nagasena là móng, răng, da, thịt, thần kinh, xương, tủy chăng? Là bất kỳ hoặc tất cả những điều này Nagasena?

Đối với mỗi câu hỏi này, nhà sư trả lời là không.

"Vậy hình dáng bên ngoài là Nagasena? Là cảm giác hay nhận thức hay ý thức Nagasena?

Đối với mỗi giả thuyết này, nhà sư đều trả lời là không.

"Vậy thì, Nagasena là một âm thanh trống rỗng và hão huyền. Nagasena là ai mà tôi thấy ở đây trước mặt tôi? Nagasena là một lời nói dối, một sự lừa bịp!"

Bấy giờ, Tỳ-kheo Nagasena thưa với Vua Milinda:

"Bệ hạ, ngài lớn lên trong xa hoa. Nếu bạn đi trên đất đá, bạn cảm thấy đau chân. Vì vậy, tôi hỏi bạn: Làm thế nào bạn đến đây? Anh đến đây bằng xe bò hay đi bộ?"

"Tôi không đi bộ đến. Tôi đến trên một chiếc xe ngựa."

"Vì vậy, nếu bạn đến trong một cỗ xe, hãy giải thích cho tôi cỗ xe là gì. Ngựa có phải là cỗ xe không?"

"Tôi không nói vậy."

"Cỗ xe có phải là trục bánh xe không?"

"Dĩ nhiên là không."

"Có lẽ cỗ xe là bánh xe hay dây thừng hay khung hay ách hay nan hoa của bánh xe?"

Đối với tất cả những câu hỏi này, Milinda trả lời là không.

"Nhưng có lẽ cỗ xe là một cái gì đó khác với những thứ tôi đã đề cập?"

Milinda trả lời không một lần nữa.

"Vì vậy, 'xe ngựa' là một từ vô nghĩa. Cỗ xe là một âm thanh trống rỗng, vô nghĩa. Bạn đã đến trên cỗ xe nào? Những gì bạn nói là một lời nói dối! Tại sao bạn lại nói những điều sai trái?

Sau đó, Nagasena gọi những người Hy Lạp và các nhà sư làm nhân chứng, nói:

"Vua Milinda nói rằng ngài đến trên một cỗ xe. Nhưng khi tôi yêu cầu anh ấy giải thích cỗ xe là gì, anh ấy đã không thể làm được."

Những người Hy Lạp và các nhà sư vỗ tay hoan hô, tâu với nhà vua:

"Bây giờ, Bệ hạ, hãy trả lời nếu bạn có thể!"

Do đó, vua Milinda trả lời Nagasena:

"Tôi không hề nói dối, thưa ngài. Bộ gồm ngựa, trục, bánh xe, khung, dây thừng, ách, nan hoa và cọc, biểu thị tên gọi chung của xe ngựa."

"Rất tốt! -Nagasena nói. Bạn đã hiểu chính xác ý nghĩa của cỗ xe. Tương tự, đó là bộ tóc, móng, răng, tưởng, thọ và thức, biểu thị Nagasena."

Vậy cỗ xe của Milinda thực sự là gì? Những người theo chủ nghĩa duy vật sẽ nói rằng không có toa xe nào mà không có các bộ phận riêng lẻ. Các bộ phận là tổng thể, và cỗ xe chỉ tồn tại như một sự kiện phụ, một hiện tượng phụ mà sự hiện diện hay vắng mặt của nó không ảnh hưởng đến sự tồn tại của các bộ phận. Thực tế là các bộ phận, nói chung, tạo thành một cỗ xe là hoàn toàn ngẫu nhiên.

Trong một tầm nhìn tâm linh hơn, chúng ta sẽ nói rằng các bộ phận riêng lẻ chỉ có ý nghĩa khi được tập hợp lại một cách thông minh, chúng tạo nên hình dạng cho cỗ xe, cho chính nhà sư Nagasena và cho mọi thứ khác tồn tại trong vũ trụ.

Tuy nhiên, bất kỳ tập hợp các bộ phận nào được lắp ráp hợp lý đều yêu cầu một thiết kế thông minh vượt xa quán tính của vật liệu cấu thành nó.

Thuyết nhị nguyên do Descartes đề xuất.

Tầm nhìn cơ học về thế giới đã được Isaac Newton áp dụng, người đã sử dụng nó để xây dựng khoa học cơ học đặt nền móng cho vật lý cổ điển của mình. Quan điểm của Newton thống trị thế giới từ giữa thế kỷ 17 đến cuối thế kỷ 19.

Triết học của Descartes không chỉ quan trọng đối với sự phát triển của vật lý cổ điển mà còn có tác động to lớn đến tư tưởng phương Tây.

Câu nói nổi tiếng của ông "Cogito ergo sum" (Tôi tư duy, do đó tôi tồn tại) khiến con người đồng cảm với trí óc hơn là với cơ thể. Kết quả là, con người nhận thức được mình là một "người khác" sống trong cơ thể của chính mình. Tâm trí, tách biệt khỏi cơ thể, được giao nhiệm vụ kiểm soát nó. Điều này gây ra mâu thuẫn giữa ý chí và bản năng.

Sự tách biệt khỏi cơ thể của một người được mở rộng ra thế giới bên ngoài, được coi như một tập hợp các đối tượng và sự kiện riêng biệt. Môi trường tự nhiên được tạo thành từ các bộ phận có thể được nhóm lại với nhau theo các nhóm lợi ích (cây cối, ngôi sao, khoáng chất hoặc thực sự là cỗ xe của Vua Milinda).

Xã hội cũng được chia thành các chủng tộc, quốc gia, dân tộc, tôn giáo và các nhóm chính trị, và vòng tròn bên trong của chúng tôi được chia thành "căn hộ của tôi, người thân của tôi, bạn bè của tôi, đồng nghiệp của tôi, những người có cùng sở thích với tôi, khách đến thăm siêu thị của tôi ".

Những chia rẽ này là gốc rễ của mọi cuộc khủng hoảng xã hội và văn hóa và đã làm nảy sinh tình trạng rối loạn và phân phối tài nguyên một cách bất công, vốn thường dẫn đến bạo lực và chiến tranh.

Tư duy Descartes đã mang lại những lợi ích và tác hại; ông xứng đáng được ghi nhận vì đã giới thiệu sự tách biệt ở cấp độ khoa học, trong khi về các tệ nạn xã hội, rõ ràng là chúng đã tồn tại trước Descartes. Do đó, không nên đổ lỗi cho nhà triết học, ngược lại, khả năng của ông trong việc nêu bật sự tách biệt giữa tinh thần và vật chất là nguồn gốc của những vấn đề này cần được công nhận.

Thật thú vị khi lưu ý rằng khoa học hiện đại, được sinh ra từ sự tách biệt Descartes và quan niệm cơ học của Newton, đang suy nghĩ lại về những khái niệm này. Trên thực tế, khoa học của thế kỷ này đang quay trở lại với ý tưởng được thể hiện bởi các triết học Hy Lạp đầu tiên. Đó là ý tưởng về một vũ trụ dựa trên sự hợp tác của tinh thần và vật chất.

Tại sao mọi thứ tồn tại thay vì không có gì?

Khoa học thường thắc mắc về "làm thế nào" mọi thứ xảy ra. Anh ấy cũng hỏi "tại sao" chúng lại xảy ra, nhưng với tần suất ít hơn nhiều. Thật vậy, khoa học tất định luận cho rằng "tại sao" là hiển nhiên. Lý do tại sao có thể được tìm thấy một cách hợp lý trong chuỗi nguyên nhân và kết quả. "Cái gì đó" gây ra "cái gì đó khác", và nó đủ để cấu trúc lại tất cả các bước để hiểu nguồn gốc của hiện tượng. Vì vậy, "tại sao" được ẩn trong "làm thế nào". Đó là, không có "tại sao".

Diễn ngôn này trở nên không thể thực hiện được khi chúng ta nói về sự ra đời đầu tiên của vũ trụ bởi vì, nếu chúng ta xem xét thời điểm trước sự tồn tại của nó, thì trong thời điểm đó không có nguyên nhân nào đang vận hành để bắt đầu chuỗi tác động. Vì vậy, ở cấp độ này, cả hai câu hỏi, như thế nào và tại sao, vẫn chưa được trả lời.

Các ngành khoa học cố gắng giải quyết vấn đề này là vũ trụ học và vật lý học. Nghiên cứu về vũ trụ đã chỉ ra rằng nó đang trong giai đoạn mở rộng, do thực tế là nó tiếp tục mở rộng vào không gian. Bắt đầu từ các điều kiện hiện tại và mô phỏng một con đường ngược, tức là một sự co lại, chúng ta đi đến điểm mà mật độ vật chất và nhiệt độ của nó trở nên vô hạn, một tình huống bất khả thi. Do đó, có thể đưa ra giả thuyết rằng vũ trụ bắt đầu vào một thời điểm cụ thể, nằm giữa thời điểm hiện tại và một thời điểm trong quá khứ trước khi các điều kiện trở nên bất khả thi.

Sẽ có một thời điểm chính xác khi quá trình giãn nở bắt đầu và vũ trụ sẽ được "sinh ra". Tuy nhiên, điều này có thể cung cấp cho chúng ta các yếu tố về cách thức, nhưng không giải thích được tại sao.

Có rất nhiều truyền thống văn hóa và tôn giáo cố gắng đưa ra câu trả lời. Các học giả Kinh Thánh từ lâu đã tranh luận liệu sự sáng tạo sử dụng vật chất trơ đã có từ trước hay xảy ra từ hư vô. Cả nhà chú giải Do Thái cổ đại và Philo, theo truyền thống Hy Lạp, đều đồng ý ủng hộ thuyết "creatio ex-nihilo" (sự sáng tạo từ hư vô), một giả thuyết vẫn được Cơ đốc giáo ngày nay ủng hộ.

Trong nhiều trường hợp khác, một vũ trụ được đề xuất được mô hình lại bắt đầu từ một tình huống hỗn loạn ban đầu, hoặc từ một khoảng trống không có cấu trúc.

Theo một số truyền thống, vũ trụ có thể hình thành từ tử cung mẹ nguyên thủy. Theo các thần thoại khác, vũ trụ có thể được sinh ra từ một quả trứng có sẵn.

Cũng có những truyền thống cho rằng vũ trụ luôn tồn tại, theo quan niệm về thời gian lấy cảm hứng từ các nền văn minh nông nghiệp, theo đó mọi thứ đều tuân theo chu kỳ chết và tái sinh vĩnh viễn.

Trong hầu hết các giả thuyết được xem xét, ngoại trừ giả thuyết trong Kinh thánh, sự tồn tại trước của một vật chất được coi là điều hiển nhiên, mặc dù ở dạng hỗn loạn, tử cung hoặc trứng. Người ta thường không giải thích được nguồn gốc có sẵn này từ đâu. Tuy nhiên, tất cả các truyền thống đều không giải thích quá trình chuyển đổi từ không có gì thành thứ gì đó có thể diễn ra như thế nào, ngoại trừ một hành động sáng tạo thần thánh.

Tất cả bắt đầu với Big Bang.

Vụ nổ lớn là một mô hình vũ trụ dựa trên ý tưởng rằng vũ trụ bắt đầu giãn nở với tốc độ rất cao trong một thời điểm có thể xác định chính xác trong quá khứ và quá trình này vẫn tiếp tục.

Đó là ý tưởng chiếm ưu thế trong cộng đồng khoa học hiện nay, vì nó đã được xác nhận dựa trên các quan sát và bằng chứng thiên văn.

Đặc biệt, nó đóng vai trò trong lý thuyết Vụ nổ lớn rằng các nguyên tố nhẹ như hydro và heli đặc biệt phong phú phù hợp với các giá trị dự đoán; một xác nhận khác đến từ sự tồn tại của bức xạ nền vũ trụ, với quang phổ phù hợp với kỳ vọng. Những phát hiện này và những phát hiện thực nghiệm khác đã thuyết phục hầu hết các nhà khoa học rằng một sự kiện giống như vụ nổ Big Bang đã thực sự diễn ra khoảng 14 tỷ năm trước.

Khi nó được đề xuất, việc chấp nhận ý tưởng không rõ ràng và cũng không bình tĩnh. Vụ nổ lớn giả định trước việc tạo ra mọi năng lượng và mọi vật chất (rốt cuộc, là một dạng năng lượng khác) trong một hành động ban đầu, ít nhiều như Descartes và Newton đã tuyên bố. Nhưng những người khác đã nhìn thấy sự can thiệp sáng tạo của Chúa vào buổi đầu của vũ trụ.

Tình huống này dẫn đến kết quả là cộng đồng khoa học rất dè dặt trong việc chấp nhận lý thuyết này. Thay vào đó, Giáo hội Công giáo, với Giáo hoàng Pius XII, hoàn toàn chấp nhận nó trong một bài phát biểu của ông vào Thứ Năm ngày 22 tháng 11 năm 1951 tại Học viện Giáo hoàng về Khoa học:

> “Do đó, hai câu hỏi tự nhiên nảy ra trong đầu: khoa học có khả năng nói khi nào nguyên lý mạnh mẽ này của vũ trụ xảy ra không? Và trạng thái ban đầu, sơ khai của vũ trụ là gì? Các chuyên gia xuất sắc nhất về vật lý nguyên tử, phối hợp với các nhà thiên văn học và vật lý thiên văn, đã nỗ lực làm sáng tỏ hai vấn đề gian nan nhưng cực kỳ thú vị này. (...)
>
> Không thể phủ nhận rằng một bộ óc giác ngộ được làm giàu bởi kiến thức khoa học hiện đại sẽ bình tĩnh đánh giá vấn đề này và sẽ bác bỏ giả thuyết về một vật chất tự tạo. Một tâm trí giác ngộ sẽ hình dung ra sự hiện diện của một Thần linh sáng tạo. Với cùng một cái nhìn rõ ràng và phê phán, dùng để xem xét và đánh giá các sự kiện, một bộ óc giác ngộ nhìn thấy và nhận ra công việc được thúc đẩy bởi tiếng "Fiat" mạnh mẽ được phát âm hàng tỷ năm trước bởi Thần sáng tạo. Bằng một cử chỉ yêu thương, một chất liệu tràn đầy năng lượng đã được tạo ra. Có vẻ như khoa học ngày nay, đột nhiên quay trở lại hàng triệu thế kỷ trước, đã cố gắng làm chứng cho "Fiat lux" trong Kinh thánh, khi một biển ánh sáng và bức xạ bùng phát từ hư không. Đồng thời,

> các hạt của các nguyên tố hóa học tách ra và hợp nhất thành hàng triệu thiên hà." (Đức Piô XII)

Lý thuyết Big Bang chứa đựng những hàm ý thần học mà nó bị từ chối và phản đối, đôi khi chỉ vì Giáo hội ủng hộ nó. Một số nhà vật lý nổi tiếng đã đưa ra giả thuyết rằng lý thuyết này là một phần của âm mưu do chính Giáo hội ấp ủ. Nhà thiên văn học Fred Hoyle lên án Big Bang như một mô hình được xây dựng trên nền tảng Do Thái-Kitô giáo. Hoyle đã hình thành giả thuyết thay thế được gọi là "stationary universe", nơi việc tạo ra vật chất mới diễn ra liên tục; tuy nhiên, lý thuyết này đã bị bỏ rơi một thời gian vì nó dự đoán sự ra đời của các thiên hà đang chuyển động giữa các thiên hà đã tồn tại, điều này chưa được xác minh. Thật vậy, không có thiên hà trẻ nào nằm giữa các thiên hà già.

Các thiên hà trẻ nhất, tức là sinh ra sớm hơn, là những thiên hà ở xa nhất theo sự giãn nở của vũ trụ tiếp tục sau một hành động sáng tạo ban đầu.

Ngày nay thuyết Big Bang được đa số tuyệt đối cộng đồng khoa học chấp nhận. Tuy nhiên, rõ ràng là ý kiến cho rằng khoảnh khắc sáng tạo ban đầu bắt nguồn từ một ý chí thiêng liêng không được chấp nhận.

Hình 27- Niels Bohr, nhà vật lý người Đan Mạch khởi xướng Trường Copenhagen. Trong những năm sau 1920, ông đã hoàn thiện mô hình nguyên tử cổ điển và được trao giải Nobel năm 1922.

Nguyên tử và biểu diễn cổ điển của nó.

Nguyên tử (từ tiếng Hy Lạp àtomos, không thể chia cắt) là một cấu trúc cơ bản của vật chất; tất cả các vật chất được tạo thành từ các đơn vị cơ bản được gọi là nguyên tử. Điều này áp dụng cho vật chất ở trạng thái rắn, lỏng và khí. Cần lưu ý rằng tuyên bố này khó liên kết với trạng thái plasma, nơi mà các giá trị đặc biệt cao của áp suất và nhiệt độ ngăn cản sự hình thành của các nguyên tử. Nguyên tử được coi là đơn vị nhỏ nhất và không thể chia cắt của vật chất cho đến năm 1897, Joseph Thompson tuyên bố khám phá ra electron, chứng minh rằng nguyên tử thực sự có thể phân chia được.

Ngày nay chúng ta biết rằng, trong một sự phân chia bề ngoài, các nguyên tử được hình thành bởi các nguyên tố hạ nguyên tử như proton (mang điện tích dương), neutron (không mang điện tích) và electron. Electron mang điện tích âm. Các nguyên tử tạo thành các phân tử bằng cách tập hợp ở mức cao hơn.

Mô hình cổ điển cuối cùng về cấu trúc của nguyên tử là mô hình được xây dựng vào năm 1913 bởi Niels Bohr, vẫn còn hiệu lực mà không có những thay đổi đáng kể.

Theo mô hình này, nguyên tử bao gồm một hạt nhân, xung quanh là các electron quay. Hạt nhân được cấu tạo từ hai loại hạt là proton và nơtron. Proton có điện tích dương, trong khi neutron có điện tích trung tính. Mặt khác, các electron mang điện tích âm và chuyển động trong không gian bên ngoài bao quanh hạt nhân cân bằng lực hút của nó với năng lượng quay, giống như chuyển động quay của Mặt trăng cân bằng lực hút của Trái dất. Nhìn chung, nguyên tử trung hòa về điện do số proton (số hiệu nguyên tử) và số electron là như nhau. Trong tự nhiên, các nguyên tử khác nhau bởi số lượng proton có trong hạt nhân: tổng số proton và neutron được gọi là số khối.

Hiện nay việc nghiên cứu hạt nhân nguyên tử và các thành phần của nó gắn liền với sự phát triển của vật lý hạt cơ bản. Trong những năm gần đây, người ta đã có thể xác định cấu trúc của hạt nhân nguyên tử một cách chính xác hơn, đặc biệt là với các thí nghiệm được tiến hành trong máy gia tốc hạt. Theo Mô hình Chuẩn của các hạt, bản thân các proton và neutron được tạo thành từ các quark.

Để có được ý tưởng về kích thước của một nguyên tử, những phép so sánh này có thể hữu ích:

- đường kính của một sợi tóc người tương ứng với khoảng một triệu nguyên tử carbon được sắp xếp thành một hàng;
- nếu một quả cam có kích thước bằng hành tinh Trái đất, (đường kính khoảng 12.700 km) thì các nguyên tử của nó sẽ có kích thước xấp xỉ quả cam ban đầu (đường kính khoảng 10 cm).

Cũng cần lưu ý rằng nguyên tử về cơ bản là trống rỗng. Trên thực tế, nếu hạt nhân của một nguyên tử có đường kính 3-4 mm, thì electron ngoài cùng của nó sẽ quay ở khoảng cách khoảng một trăm mét.

Biểu diễn tĩnh của nguyên tử vừa được phơi bày là một giả thuyết khả thi hợp lệ nhưng vật lý lượng tử đang chứng minh rằng ở cấp độ hạ nguyên tử có nhiều xác suất hơn là chắc chắn. Chắc chắn niềm tin cho rằng các hạt là "những mảnh nhỏ của vật chất rắn", ngay cả khi rất nhỏ, đã bị phủ nhận.

Vật lý lượng tử.

Vật lý lượng tử là lý thuyết mô tả hành vi của vật chất và bức xạ, cũng như các tương tác lẫn nhau của chúng, trong thang đo chiều dài hoặc năng lượng rất nhỏ của nguyên tử.

Vào cuối những năm 1800, vật lý cổ điển dường như không thể mô tả hành vi của vật chất và bức xạ điện từ ở cấp độ vi mô, tức là ở các kích thước bằng hoặc nhỏ hơn kích thước của một nguyên tử. Tương tự như vậy, vật lý cổ điển đã thất bại trong việc mô tả hành vi của các năng lượng liên quan đến các liên kết bên trong của các nguyên tử. Do đó, vào đầu những năm 1900, rõ ràng là sự ra đời của một nền vật lý mới là cần thiết, hoàn toàn khác với nền vật lý cổ điển đã phát triển trước đó.

Do đó, lý thuyết lượng tử ra đời, còn được gọi là vật lý lượng tử hay cơ học lượng tử. Nhánh vật lý này ban đầu được giới thiệu bởi Max Planck và dựa trên thực tế là một số đại lượng ở cấp độ vi mô, chẳng hạn như năng lượng hoặc "động lượng góc", không thể thay đổi tuyến tính mà chỉ bởi các giá trị rời rạc, được gọi là "lượng tử".

Ngoài các hạt tạo nên thành phần chính của nguyên tử, tức là proton, neutron và electron, còn có nhiều hạt khác, và gần như có thể nói rằng những hạt mới được phát hiện mỗi ngày. Một hạt mà chúng ta đặc biệt quan tâm là photon, tức là "lượng tử ánh sáng". Photon là hạt làm cho các ngôi sao sáng và mặt trời tỏa sáng.

Khái niệm "bao nhiêu" khá gây tò mò và hầu như không được các nhà khoa học thế kỷ 19 và 20 chấp nhận.

Ở cấp độ vĩ mô của chúng ta, dường như tất cả các đại lượng đều có thể nhận các giá trị liên tục. Chẳng hạn ngoài kilôgam ta còn xét các giá trị trọng lượng khác như tạ và tấn. Chúng tôi cũng xem xét hectogam, gam, miligam, v.v., do đó, việc một vật có thể nặng, chẳng hạn như 7 kilôgam và 356 gam, tức là 7365 gam, là điều đương nhiên.

Mặt khác, cơ học lượng tử quy định rằng các đại lượng khác nhau chỉ có thể nhận một tập giá trị cụ thể, bội số của một giá trị cơ bản không thể chia nhỏ. Giá trị này được gọi là "lượng tử của vật chất hoặc năng lượng".

Hãy tưởng tượng một siêu thị nơi bạn có thể mua trái cây rời hoặc "gói" cà phê một trăm gam. Bạn sẽ dễ dàng đặt 1.365 kg táo vào giỏ hàng của mình, trong khi thay vào đó, đối với cà phê, bạn chỉ có thể mua 100 hoặc 200 hoặc 300 gram, tùy thuộc vào số lượng gói bạn đặt trong giỏ hàng của mình. Thế giới của các hạt dự đoán rằng năng lượng và vật chất không có sẵn với bất kỳ số lượng mong muốn nào mà chỉ ở dạng "gói". Những "gói" này được gọi là "quanti".

Do đó, trong thế giới của các hạt, năng lượng và vật chất không thể giảm xuống các giá trị thấp hơn "lượng tử". Điều này có nghĩa là chúng chỉ có sẵn trong giá trị cơ sở hoặc dưới dạng bội số của giá trị cơ sở. Có thể dễ dàng hiểu rằng "bao nhiêu" có giá trị cực kỳ thấp.

Mọi thứ trong vũ trụ đều được tạo thành từ lượng tử, kể cả cuốn sách bạn đang đọc. Lý do tại sao bạn không cảm nhận được "độ chi tiết" của nó khi chạm vào là do các lượng tử quá nhỏ nên các giác quan của chúng ta không thể cảm nhận được chúng, cũng như chúng ta không cảm nhận được rõ ràng các nguyên tử riêng lẻ hoặc thậm chí các phân tử riêng lẻ.

Một trong những trường hợp đầu tiên được nghiên cứu là lượng tử hóa năng lượng: chẳng hạn, các electron của nguyên tử chỉ có thể có những giá trị năng lượng nhất định; do đó, chúng chỉ có thể quay quanh hạt nhân trên những quỹ đạo nhất định. Tương tự, photon là lượng tử của trường điện từ: chúng là những gói ánh sáng không thể chia cắt.

Hình 28 - Albert Einstein, có lẽ là nhà vật lý và toán học nổi tiếng nhất của thời đại chúng ta. Ông đã phản đối các lý thuyết lượng tử của Niels Bohr và Trường Copenhagen bằng cách thiết kế thí nghiệm EPR để chứng minh sự mâu thuẫn của chúng. Thay vào đó, các diễn biến nghiên cứu tiếp theo đã dẫn đến sự xác nhận của họ.

Nguyên tử bị lượng tử hóa.

Khái niệm "lượng tử" rất quan trọng đối với hoạt động của vật chất ở dạng cực nhỏ, tức là trong các nguyên tử, nhưng do đó cũng có trong toàn bộ vũ trụ. Để hiểu rõ hơn, tôi có thể đề xuất một sự tương đồng với một số thiết bị thường được sử dụng trong cuộc sống hàng ngày. Ví dụ: hãy tưởng tượng một bếp ga truyền thống, được trang bị đầu đốt được bố trí trên bề mặt nấu phía trên và lò nướng tích hợp. Các nút điều khiển của bếp được sắp xếp trên bảng điều khiển phía trước và bao gồm các núm điều chỉnh cho phép bạn đưa khí đến các đầu đốt tương ứng.

Hầu hết các nút có thể được xoay tuyến tính từ trái sang phải. Núm đóng đường dẫn khí khi xoay hoàn toàn sang trái. Bằng cách xoay núm sang phải, khí được gửi đến đầu đốt với số lượng ngày càng tăng, cho đến khi đạt đến "giới hạn", tức là mức tối đa cho phép. Chúng tôi suy luận rằng núm cho phép tăng tuyến tính (hoặc liên tục) lượng khí.

Tuy nhiên, một trong các núm, đặc biệt là núm lò nướng, hoạt động khác đi. Núm này không thể xoay liên tục mà chỉ xoay giật. Bằng cách này, nó cho phép dòng khí chảy với số lượng do nhà sản xuất đặt. Những số lượng cố định này phù hợp để đạt được lượng nhiệt được chỉ định sau mỗi lần bấm núm. Các giá trị cố định này được thể hiện bằng độ C, ví dụ 120 °C, 180 °C, 270 °C hoặc các giá trị tương tự. Trong trường hợp này, khí không thể tăng liên tục mà tăng một cách "rời rạc", tức là chỉ tăng với những lượng cố định và xác định.

Nói một cách chính xác, chúng ta phải thừa nhận rằng các nút bấm khác cũng hoạt động ở chế độ "rời rạc" chứ không liên tục. Vấn đề là các biến thể giữa điểm này và điểm khác quá nhỏ đến nỗi đối với chúng tôi, chúng tạo ấn tượng về sự tăng hoặc giảm tuyến tính. Nói một cách đơn giản, các giác quan của chúng ta không thể nhận ra các cú nhấp chuột của sự thay đổi, bởi vì chúng quá nhỏ.

Ở cấp độ giữa của các chiều vật chất, nghĩa là cấp độ mà các giác quan của chúng ta hoạt động, mọi thứ đối với chúng ta dường như tăng (hoặc giảm) theo một cách tuyến tính. Sự khuếch tán của ánh sáng lúc bình minh hay hoàng hôn, tiếng xe đến gần hay đi xa, tiếng ruồi vo ve quanh ta. Chúng tôi sẽ nói mọi thứ về con ruồi đó, nhưng chúng tôi chắc chắn sẽ không nói rằng nó bay trong không khí với những cú giật.

Điều này một lần nữa cho chúng ta thước đo về sự đánh lừa các giác quan của chúng ta. Trong thực tế, không có gì chuyển động theo kiểu tuyến tính mà nó chuyển động rời rạc, tức là theo giật hoặc lượng năng lượng gọi là "lượng tử".

Sự khác biệt giữa cấp độ vĩ mô của chúng ta và cấp độ vi mô của các hạt là chúng ta tính gần đúng các chuyển động và năng lượng bằng cách coi chúng là tuyến tính.

Về cơ bản, theo một quy ước được sử dụng trong vật lý, một vật thể vật chất ở cấp độ vĩ mô có thể được nghiên cứu như một vật thể liên tục, vì số lượng rất cao, sự gắn kết và phụ thuộc lẫn nhau giữa các hạt làm cho bất kỳ độ chi tiết nào cũng biến mất.

Trên thực tế, đối với một quy ước được sử dụng trong vật lý học, một vật thể vật chất ở cấp độ vĩ mô có thể được nghiên cứu như một vật thể chuyển động liên tục. Trên thực tế, sự gắn kết và phụ thuộc lẫn nhau giữa các hạt làm cho mọi dạng "độ hạt" biến mất.

Thay vào đó, trong cái vô cùng nhỏ, không thể bỏ qua đặc tính này được nữa vì kích thước của các vật thể hạ nguyên tử rất nhạy cảm với độ chi tiết lượng tử.

Tóm lại, trong cơ học lượng tử, lượng tử (từ tiếng Latin "quantum" có nghĩa là số lượng) là một đại lượng rời rạc và không thể chia cắt. Cơ học lượng tử được khởi xướng chủ yếu bởi Niels Bohr, Louis-Victor de Broglie, Paul Dirac, Albert Einstein, Enrico Fermi, Wolfgang Pauli, Erwin Schrödinger, Richard Feynman và Werner Heisenberg.

Trực giác lượng tử hóa vật chất ra đời vào năm 1900 từ công trình của Max Planck, người đã áp dụng quy ước này để xác nhận lý thuyết của mình liên quan đến sự phát xạ điện từ của vật đen. Trên thực tế, Planck lưu ý rằng giả thuyết về vật thể đen của ông sẽ chỉ đúng với sự có mặt của năng lượng lượng tử. Tuy nhiên, Planck rất miễn cưỡng coi khả năng này là có thật. Mặc dù lần đầu tiên ông đưa ra lý thuyết về thực tế này, nhưng ông luôn miễn cưỡng coi nó là hợp lệ.

Thực tế vật lý này chỉ được xác nhận sau đó bởi các học giả khác, những người đã xác định giá trị của lượng tử năng lượng. Giá trị này được đặt tên là hằng số Planck, bởi vì cộng đồng khoa học thực sự muốn công nhận công việc của người đầu tiên trực giác và sử dụng nó.

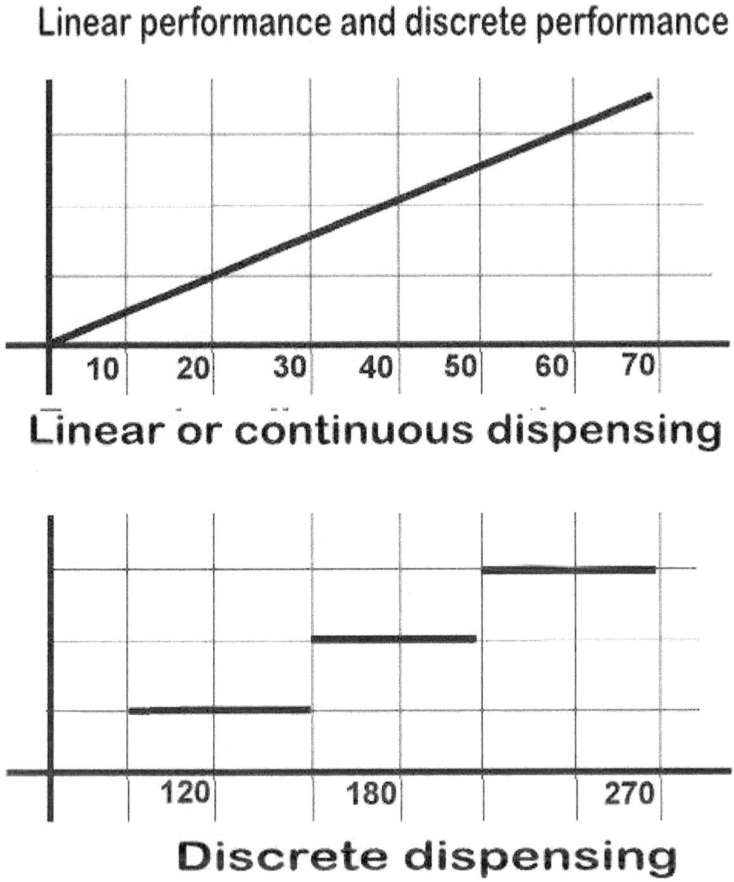

Hình 29
A - Xu hướng tuyến tính và xu hướng rời rạc.
1 Phân phối tuyến tính hoặc liên tục.
2 Phân phối với các giá trị rời rạc

- Xu hướng tuyến tính giả định một (gần như) vô số cấp độ trung gian. Mặt khác, xu hướng rời rạc chỉ dự kiến một số mức tăng theo kế hoạch.

Hằng số Planck, hay độ lớn của "lượng tử", được ký hiệu bằng chữ h và bằng $6{,}6 \times 10^{-34}$Js, tức là một giá trị nhỏ ngoài sức tưởng tượng.

Giả thuyết về cấu trúc dạng hạt của năng lượng cơ học được xác nhận đầy đủ và dứt khoát trong lý thuyết về nhiệt dung riêng của chất rắn do Einstein đưa ra vào năm 1907.

The quantum leap. "Bước nhảy lượng tử của electron"

Nhắc lại cách biểu diễn truyền thống của nguyên tử, tức là một hạt nhân được bao quanh bởi các electron quay xung quanh nó, chúng ta có thể tiến thêm một bước để hiểu một khía cạnh liên quan đến hoạt động của nó được gọi là "bước nhảy lượng tử".

Trước hết, cần lưu ý rằng các electron không thể quay trong một chế độ vô chính phủ, mà phải tuân theo các quy tắc nhất định. Quy tắc đầu tiên là Nguyên tắc loại trừ Pauli, áp dụng cho "fermion", một loại hạt bao gồm proton, neutron và electron.

Nguyên tắc này bắt đầu từ khái niệm rằng xung quanh một nguyên tử chỉ có một vài "vùng được phép" và hai fermion giống hệt nhau không thể đồng thời chiếm cùng một vùng (hoặc trạng thái lượng tử).

Do đó, một quỹ đạo có thể được chiếm bởi tối đa hai electron, với điều kiện là chúng có "spin" ngược nhau.

Điều kiện thứ hai là mỗi quỹ đạo không thể cách xa hạt nhân một cách ngẫu nhiên.

Theo mô hình nguyên tử do Niels Bohr đề xuất, electron quay quanh hạt nhân theo quỹ đạo tròn; mỗi electron, mang điện tích âm, tương ứng với một quỹ đạo rất chính xác, vì nó phải chuyển động với tốc độ đủ để chống lại lực điện hấp dẫn mà hạt nhân, mang điện tích dương, tác dụng lên nó.

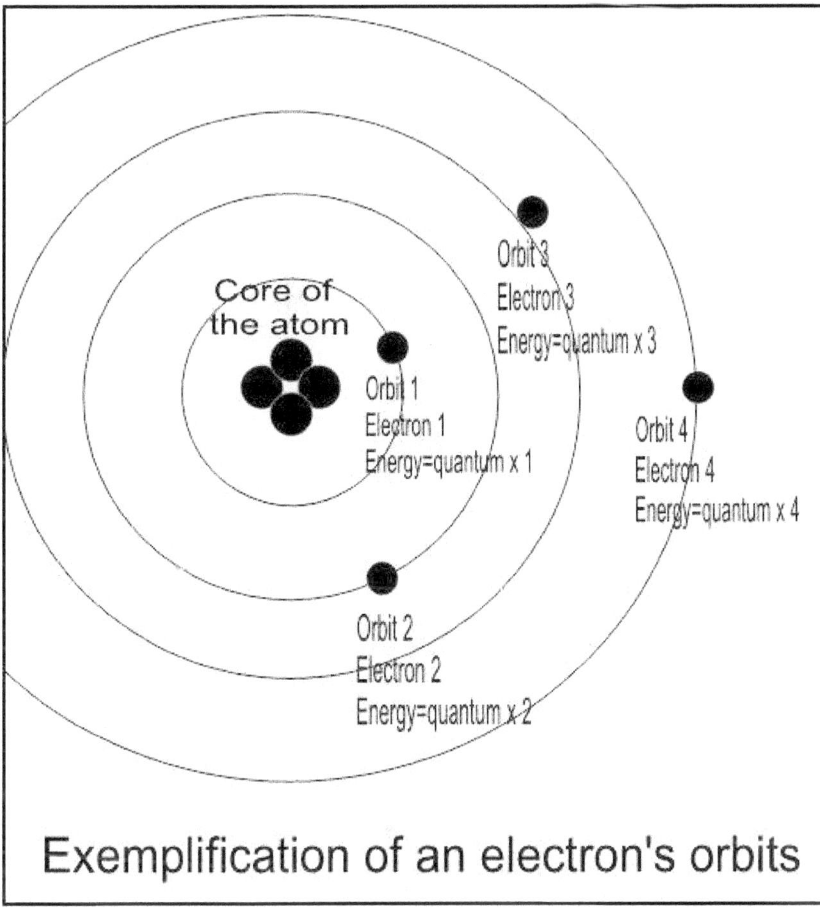

Hình 30 - Ví dụ minh họa nguyên tử có bốn electron và bốn proton. Mỗi electron quay theo một quỹ đạo riêng biệt và có một lượng năng lượng có thể đo được bằng lượng tử.

1 Electron trên quỹ đạo 1 có 1 lượng tử năng lượng.

2 Electron trên quỹ đạo 2 có 2 lượng tử năng lượng.

3 Electron trên quỹ đạo 3 có 3 lượng tử năng lượng.

4 Electron trên quỹ đạo 4 có 4 lượng tử năng lượng.

5 Hạt nhân nguyên tử.

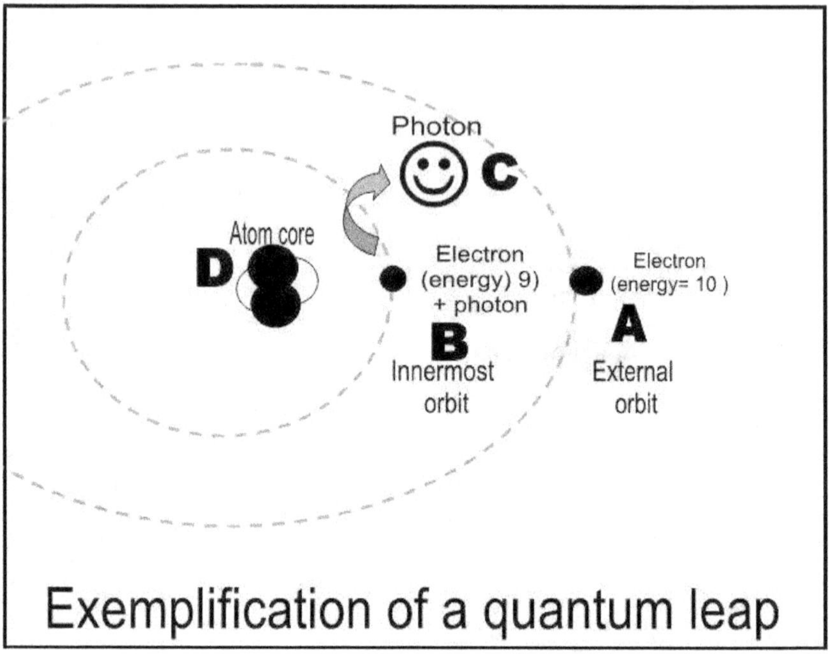

Hình 31 - Ví dụ về bước nhảy lượng tử.

A. Electron A đặt trên quỹ đạo ngoài có năng lượng bằng mười lượng tử.

B. Electron nhảy về một quỹ đạo bên trong. Ở đây nó cần ít năng lượng hơn (9 lượng tử) nên nó giải phóng một lượng tử.

C. Lượng tử được giải phóng trở thành phôtôn.

D. Hạt nhân của nguyên tử.

Sự quay ngăn không cho các electron bị hút vào hạt nhân, nhưng phải xảy ra với một năng lượng tỷ lệ với khoảng cách của chúng.

Electron càng ở xa hạt nhân thì càng cần nhiều năng lượng. Nhưng nó phải là một năng lượng cân bằng tốt. Lượng năng lượng thích hợp phải ngăn không cho electron rơi vào hạt nhân hoặc ngược lại, không bị ném ra ngoài vùng ảnh hưởng của nguyên tử.

Vì chúng ta biết rằng năng lượng ở cấp độ electron được đo bằng lượng tử, nên các quỹ đạo chỉ có thể ở khoảng cách của một lượng tử hoặc bội số của một lượng tử.

Sẽ không có electron nào quay theo quỹ đạo yêu cầu giá trị năng lượng khác với lượng tử hoặc bội số của chúng.

Do đó, giữa một electron quay trên quỹ đạo bên trong (hãy gọi nó là E-Inner) và một electron khác quay trên một quỹ đạo bên ngoài hơn (hãy gọi nó là E-External) có sự khác biệt về năng lượng: E-External cần nhiều năng lượng hơn E -nội bộ.

Ví dụ, chúng ta có thể nói rằng nếu electron bên trong cần một lượng tử năng lượng, thì electron bên ngoài cần hai lượng tử để duy trì quỹ đạo của nó. Không thể có quỹ đạo yêu cầu một lượng tử rưỡi, bởi vì lượng tử là kích thước tối thiểu có thể.

Giữa quá nhiều trật tự, chúng ta phải xem xét rằng các electron khá ngang ngược và đôi khi, vì những lý do chỉ chúng mới biết, thích nhảy từ quỹ đạo bên ngoài vào quỹ đạo bên trong. Do đó, nếu một electron sở hữu hai lượng tử năng lượng, muốn nhảy lên một quỹ đạo bên trong (quỹ đạo chỉ cần một lượng tử năng lượng), thì nó sẽ phải từ bỏ một trong các lượng tử của nó. Điều gì xảy ra với năng lượng giải phóng này? Năng lượng đó có dạng một photon; điều này xảy ra khi electron thực hiện cái được gọi là "bước nhảy lượng tử"

Hình 31 thể hiện một "bước nhảy lượng tử". Tại điểm A, electron, được đặt trên bất kỳ quỹ đạo nào, có năng lượng bằng mười lượng tử (giá trị ví dụ). Tại điểm B, electron đã chuyển sang quỹ đạo bên trong. Bây giờ năng lượng cần thiết bằng chín lượng tử. Lượng tử không còn cần thiết đã được chuyển dưới dạng một photon: nghĩa là nó đã trở thành một lượng tử ánh sáng.

Như chúng ta sẽ thấy sau này, các nhà vật lý đã khai thác tính chất này bằng cách kích thích các electron thực hiện bước nhảy kép lượng tử để tạo ra các photon song sinh, hay các photon tương quan; nghiên cứu hành vi của chúng đã dẫn đến việc phát hiện ra hiện tượng gọi là rối lượng tử.

Thuyết nhị nguyên "sóng-hạt".

Đặc điểm cơ bản của vật lý lượng tử là khả năng biểu diễn một bức xạ hoặc một vật chất ở cả dạng hiện tượng sóng và dạng thực thể hạt. Điều này trái ngược với vật lý cổ điển, ví dụ, ánh sáng được mô tả riêng dưới dạng sóng và electron riêng dưới dạng hạt.

Tính chất hoàn toàn bất ngờ này được gọi là "lưỡng tính sóng hạt". Lý do thất bại của tất cả các lý thuyết cổ điển đã phát triển trước đó về hoạt động của nguyên tử bắt nguồn từ việc thiếu kiến thức về tính chất này. .

Một đặc điểm chính của vật lý lượng tử là nguyên tắc bổ sung, theo đó hai khía cạnh, sóng và hạt, không thể được quan sát đồng thời trong cùng một thí nghiệm. Khái niệm này đã được chính thức hóa trong nguyên lý bất định của Heisenberg. Heisenberg khẳng định rằng không thể đo đồng thời và với độ chính xác cực cao các tính chất xác định trạng thái của một hạt cơ bản. Ví dụ, nếu chúng ta có thể xác định vị trí của nó với độ chính xác tuyệt đối, thì chúng ta sẽ có độ không chắc chắn tối đa về tốc độ của nó.

Sự ra đời của vật lý lượng tử đã gây ra sự hoang mang và hỗn loạn trong cộng đồng khoa học vốn chứng kiến nền tảng của quan niệm về thế giới của nó bị nghi ngờ và cách mạng hóa.

Bản thân Einstein, khi nhận thức được thực tế mới của vật lý lượng tử, đã gọi đó là "hành động nham hiểm ở khoảng cách xa".

Như đã tường thuật trong cuốn sách "Albert Einstein Nhà khoa học và Triết gia", Einstein đã viết trong nhật ký của mình như sau:

> "Tất cả những nỗ lực của tôi để làm cho nền tảng lý thuyết của vật lý phù hợp với những giả định này đều thất bại. Cứ như thể chúng tôi đã mất đi mặt đất dưới chân mình, và không còn nơi nào có thể nhìn thấy một điểm cố định để xây dựng".

Những khám phá về vật lý lượng tử đòi hỏi phải xem xét lại các khái niệm cơ bản như vật chất, thời gian, không gian và các mối quan hệ nhân quả, tất cả đều cần thiết để hiểu thế giới khi chúng ta cảm nhận nó. Chắc chắn nhu cầu sửa đổi chúng đã tạo ra những cuộc khủng hoảng văn hóa sâu sắc trong cộng đồng khoa học. Ngay cả ngày nay cũng không thể định nghĩa đầy đủ tầm nhìn chính xác về thực tại vật chất là gì, nếu không phải bằng cách xem xét nó một cách riêng biệt ở các cấp độ khác nhau: cấp độ của các chiều trung bình, tức là cấp độ nhạy cảm của chúng ta và cấp độ của các chiều hạ nguyên tử.

Thí nghiệm khoa học hai khe.

Những thành tựu của vật lý hiện đại đã kích thích một sự thay đổi đáng kể trong hình ảnh khoa học của chúng tôi
của thế giới: họ đã làm lung lay giá trị tuyệt đối của các quy luật tự nhiên và biến nó thành giá trị tương đối. Các quy luật tự nhiên là những sự thật thống kê, nghĩa là, có thể nói, chúng chỉ hoàn toàn có giá trị khi xử lý các đại lượng vật lý vĩ mô. Mặt khác, trong lĩnh vực có cường độ tối thiểu, việc dự đoán điều gì sẽ xảy ra trở nên không chắc chắn và không thể thực hiện được, vì các cường độ rất nhỏ không còn hành xử theo cách phù hợp với các quy luật tự nhiên mà chúng ta tin là có giá trị.
(Carl Gustav Jung)

Một trong những thí nghiệm nổi tiếng nhất trong vật lý lượng tử (có lẽ là tốt nhất từng được biết đến) sẽ giúp chúng ta hiểu rõ hơn về bản chất của các hạt cơ bản. Thí nghiệm dựa trên tầm quan trọng của nó đối với nguồn gốc cổ xưa của nó. Thật vậy, phiên bản đầu tiên của thí nghiệm này đã được thực hiện hơn hai thế kỷ trước, vào năm 1801, bởi Thomas Young. Sau đó, thí nghiệm vẫn duy trì phẩm giá của nó khiến nó trở nên phổ biến trong nhiều đề xuất lại sau đó. Đương nhiên, thử nghiệm đã được cập nhật khi công nghệ tạo ra nhiều phiên bản hiện tại hơn. Nó hiện đại diện cho một trong những chìa khóa chính để hiểu vật lý lượng tử và các hiện tượng liên quan, bao gồm cả sự vướng víu. Do đó, tôi sẽ cố gắng minh họa thí nghiệm này để người đọc không chuyên có thể dễ dàng tiếp thu nó. Về vấn đề này tôi sẽ tránh các công thức toán học.

Thí nghiệm không phức tạp về mặt khái niệm và tôi sẽ đưa ra một ví dụ mà tôi tin rằng sẽ dễ hiểu. Hãy tưởng tượng chúng ta lại là những chàng trai. Bất cứ ai, khi còn là một cậu bé, đều thích ném đá vào các loại mục tiêu, hoặc ném chúng xuống nước để xem các vòng tròn đồng tâm đặc trưng.

Ai chưa từng ném đá giơ tay. Ai đã ném đá thì dù không còn trẻ nữa cũng nên chuẩn bị ném tiếp.

Trò chơi bao gồm việc thiết lập một hàng rào chắc chắn trước mặt chúng ta, trong đó chúng ta sẽ tạo một lỗ hoặc một khe. Vết nứt đủ lớn để cho phép một hòn đá ném theo hướng của nó đi qua. Ngay phía sau hàng rào, chúng tôi đặt một tấm kim loại rất mỏng. Trong ví dụ này, khi một viên đá đi qua lỗ, nó va vào tấm kim loại và làm nó bị lõm, để lại vết va chạm.

Hình 32 Thomas Young (Milverton, 13 tháng 6, 1773 - London, 10 tháng 5, 1829) là một nhà khoa học người Anh, nổi tiếng với nghiên cứu về ánh sáng và cơ học của chất rắn, cũng như những đóng góp của ông cho sinh lý học và Ai Cập học.

Hình 33. Werner Karl Heisenberg (Würzburg, 5 tháng 12, 1901 - Munich, 1 tháng 2, 1976) là một nhà vật lý người Đức. Ông là một trong những kiến trúc sư chính của cơ học lượng tử, nổi tiếng vì đã giải thích nguyên lý bất định vào năm 1927. Ông nhận giải Nobel Vật lý năm 1932.

Tại thời điểm này, thí nghiệm có thể được tiến hành, như thể hiện trong hình 34. Hãy đứng cách xa vài mét và ném bao nhiêu viên đá tùy thích để cố gắng đưa chúng lọt qua khe. Chúng tôi sẽ chỉ xem xét những viên đá đi qua vết nứt và chạm vào màn hình nhận, và chúng tôi sẽ bỏ qua những viên đá trượt và bị rào cản từ chối.

Mỗi viên đá đập vào màn hình máy thu sẽ tạo ra một vết lõm duy nhất (hình 34-1).

Nếu chúng ta mở một khe thứ hai trong hàng rào (hình 34-2), các lần phóng thành công sẽ đi qua khe này hoặc khe kia và sẽ tạo ra các vết lõm trên màn hình máy thu tương ứng với khe chéo.

Tóm lại, trong phần thí nghiệm này, chúng ta có thể hiểu rằng rào cản đã bị vượt qua bởi các viên đạn rắn đơn lẻ chỉ bằng cách quan sát các vết lõm tạo ra trên màn hình máy thu. Bây giờ chúng ta có thể chuyển sang phần thứ hai của thí nghiệm. Chúng tôi sẽ nhúng thiết bị, tức là tấm chắn có khe và màn hình máy thu, vào một bình chứa nước, sao cho khe ở trạng thái nửa ngập nước, như trong hình 35.

Lần này, chúng tôi sẽ không ném đá trực tiếp vào khe nứt, mà ném xuống nước một khoảng cách trước rào chắn. Đá sẽ tạo ra những vòng nước đặc trưng mà chúng ta đều biết. Các vòng tròn này sẽ truyền về phía rào chắn, vượt qua khe và xuất hiện trở lại ở phía đối diện tạo thành các sóng truyền mới sẽ bị chặn bởi màn hình nhận.

Bây giờ, hãy tưởng tượng mở một khe thứ hai và ném một hòn đá khác, như trong hình 35 .

Bây giờ, hãy tưởng tượng mở một khe thứ hai và ném một hòn đá khác, như trong hình 35 .

Vòng tròn nước được tạo ra bởi một viên đá duy nhất, lan ra phía trước hàng rào, sẽ vượt qua cả hai khe nứt. Nổi lên ở mặt sau của hàng rào hai lỗ, vòng tròn nước tạo ra hai vòng tròn nước mới. Những vòng tròn này, vẫn đang lan truyền, giao thoa với nhau và cộng lại.

Từ những gì đã được nói cho đến nay, chúng ta có thể rút ra một số kết luận đơn giản:

- Nếu chúng ta phóng đạn về phía hàng rào hai khe, thì đạn sẽ đi qua khe này hoặc khe kia. Chúng ta có thể xác minh điều này bằng cách nhìn vào các vết lõm trên màn hình máy thu.

- Nếu ta ném một hòn đá xuống nước về phía rào chắn có hai khe, ta sẽ tạo ra một nhóm nước hình tròn. Những vòng tròn này đi qua cả hai khe nứt và tạo ra hai tập hợp vòng tròn nước mới ở phía sau hàng rào. Hai nhóm này sẽ hợp nhất và tạo ra một mẫu giao thoa.

Như vậy, chúng ta đã thấy sự khác biệt giữa ném một hòn đá và ném một làn sóng: ném một hòn đá tạo ra vết lõm, trong khi ném những làn sóng lan truyền ngược lại tạo ra các hình ảnh giao thoa.

Khi khoa học muốn hiểu liệu ánh sáng được tạo thành từ hạt hay sóng, ai đó đã tưởng tượng việc ném "những tia sáng" về phía một thiết bị giống như thiết bị vừa mô tả. Thử nghiệm có xu hướng xác minh những hiệu ứng nào sẽ được tạo ra trên màn hình máy thu, "vết lõm" hay "nhiễu".

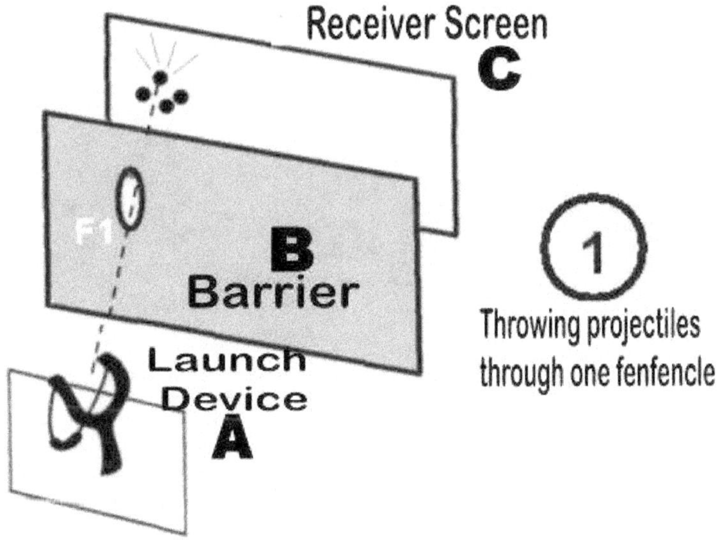
Receiver Screen
C
F1
B
Barrier
Launch
Device
A
1
Throwing projectiles
through one fenfencle

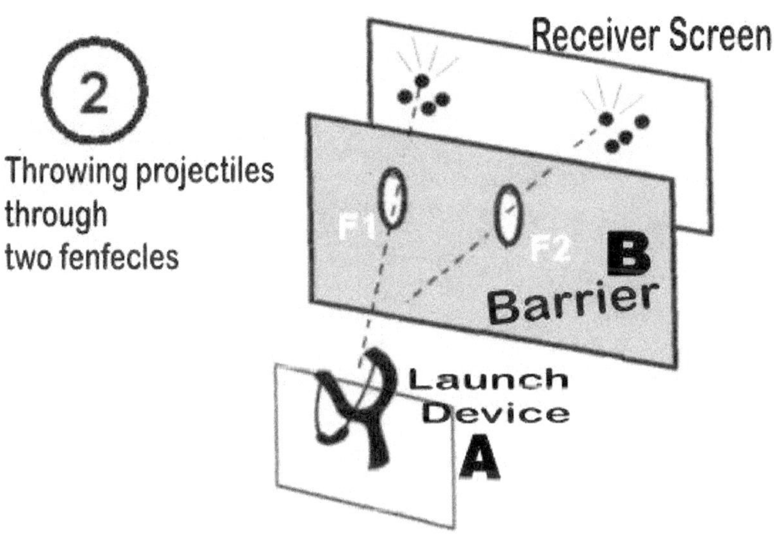
2
Throwing projectiles
through
two fenfecles
Receiver Screen
F1
F2
B
Barrier
Launch
Device
A

Hình 34 - Mô phỏng thí nghiệm hai khe. 1) Ném đạn qua khe nứt. 2) Ném đạn qua hai khe.

1) Photon đi qua một rào cản có một khe.

A. Máy phóng photon

B. Đạn chỉ có một lỗ mở

C. Bảng điều khiển phía sau.

2) Photon đi qua một rào cản có hai khe..

A. Máy phóng photon

B. Đập có hai lỗ.

C. Bảng điều khiển phía sau.

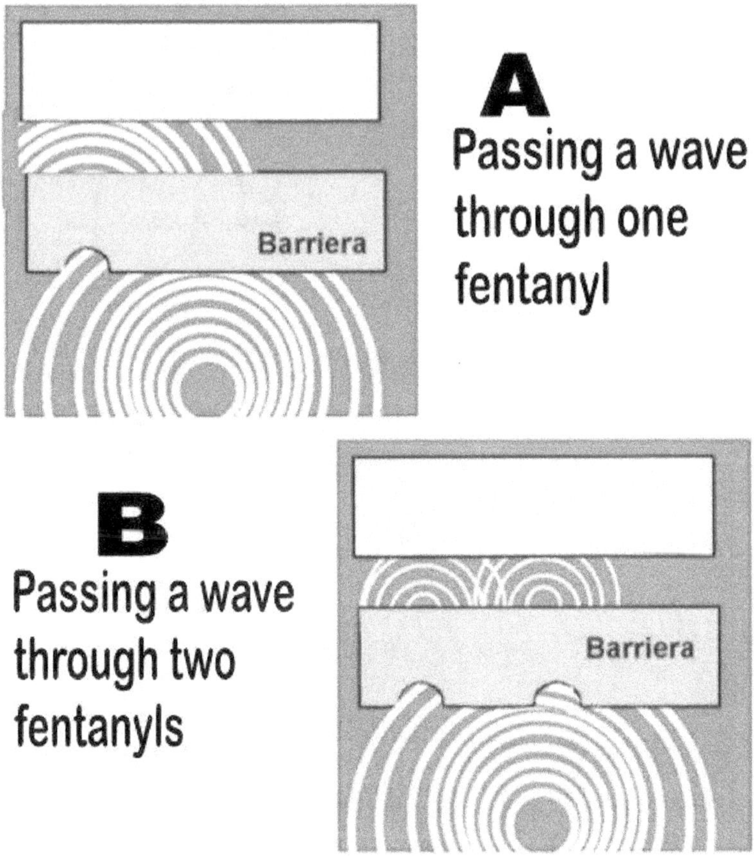

Hình 35 - Đi qua hai khe, sóng tạo ra hai nửa sóng mà khi chúng giao nhau sẽ cộng lại với nhau.

A) Sóng nước đi qua một lỗ duy nhất.

B) Hiện tượng chồng chất xảy ra khi sóng truyền qua hai khe

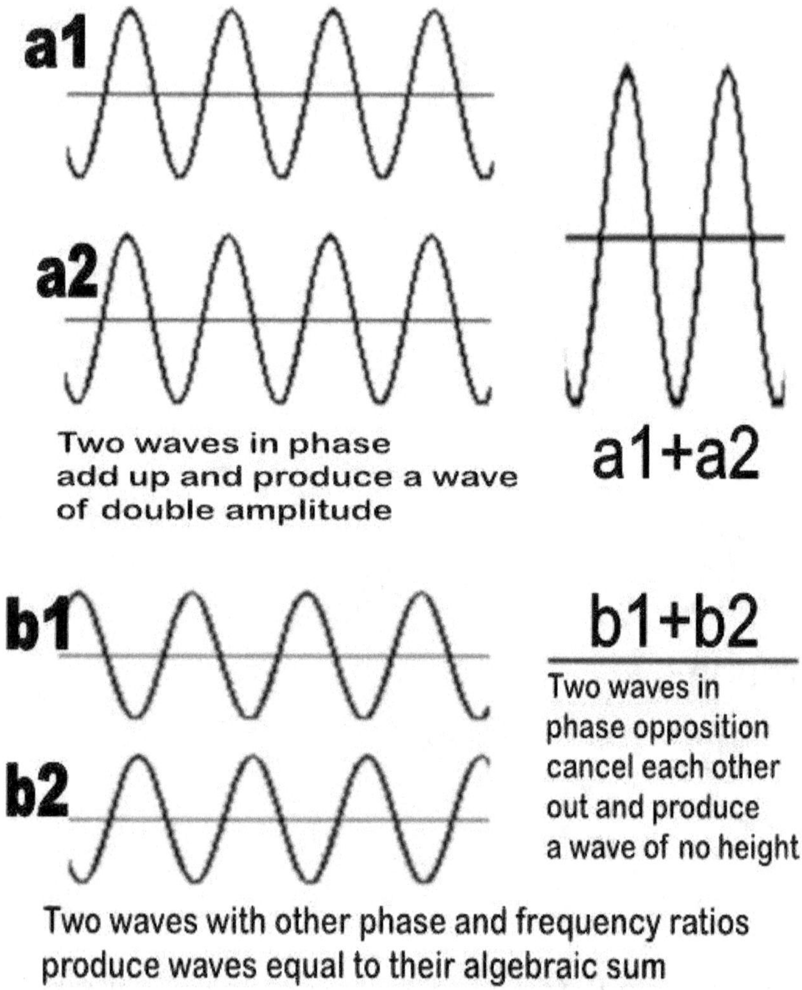
a1
a2
Two waves in phase
add up and produce a wave
of double amplitude
a1+a2
b1
b2
b1+b2
Two waves in
phase opposition
cancel each other
out and produce
a wave of no height
Two waves with other phase and frequency ratios
produce waves equal to their algebraic sum

Hình 36 - Tổng các sóng có biên độ, tần số và pha khác nhau

A) Hai sóng a1-a2 cùng pha. Biên độ của chúng cộng lại và tạo ra sóng a1+a2 có biên độ gấp đôi.

B) Hai sóng b1-b2 ngược pha nhau. Biên độ của chúng cộng lại và tạo ra kết quả âm, sóng b1+b2 có biên độ bằng không.

Nếu hai sóng không hoàn toàn cùng pha hoặc ngược pha, thì chúng tạo ra một sóng bằng tổng đại số của chúng.

Thomas Young

Thomas Young là một nhà khoa học người Anh, nổi tiếng với nghiên cứu về ánh sáng và cơ học của chất rắn, cũng như những đóng góp của ông cho ngành Ai Cập học. Ông sinh ra ở Milverton vào ngày 13 tháng 6 năm 1773 và mất ở London năm 1829.

Ông là người đầu tiên trong mười anh chị em trong một gia đình Quaker. Anh ấy được mô tả là một thần đồng, và anh ấy chắc chắn là như vậy. Thật vậy, khi mới hai tuổi, anh đã biết đọc. Đến năm sáu tuổi, anh đã thông thạo tiếng Latinh và đọc toàn bộ Kinh thánh hai lần. Anh ấy sớm học các ngôn ngữ khác và ở tuổi mười bốn, anh ấy biết, ngoài tiếng Hy Lạp, tiếng Pháp, tiếng Ý và tiếng Do Thái, và nhiều ngôn ngữ phương Đông như tiếng Chaldean, tiếng Syriac, tiếng Samaritan, tiếng Ả Rập, tiếng Ba Tư và tiếng Thổ Nhĩ Kỳ.

Young tốt nghiệp ngành vật lý năm 1796 tại Göttingen, và năm 1799, ông bắt đầu làm bác sĩ tại một phòng khám trên phố Welbeck ở London. Một tấm bảng trên cửa vẫn còn kỷ niệm sự hợp tác đó ngày hôm nay. Trong khi đó, ông ẩn danh xuất bản các bài viết khoa học của mình vì sợ ảnh hưởng đến danh tiếng bác sĩ của mình.

Năm 1802, Young tham gia Hội đồng của Hiệp hội Hoàng gia, trong đó ông là thành viên từ năm 1794.

Trong vật lý, Young nổi tiếng với các công trình trong lĩnh vực quang học, khi ông là tác giả của công trình nghiên cứu về lưỡng tính sóng-hạt. Việc phát hiện ra hiện tượng giao thoa ánh sáng cũng nên được quy cho Young. Trên thực tế, vào năm 1801, ông đã phát minh ra thí nghiệm khe đôi.

Công kích về bản chất của ánh sáng bắt đầu với Newton, người tin rằng nó có bản chất là hạt.Sau đó, giả thuyết này bị tranh cãi, vì vậy vào năm 1801, Young đã thiết kế và thực hiện thí nghiệm nổi tiếng của mình.

Young gửi những chùm ánh sáng về phía một rào cản trong đó đã khoan hai lỗ. Trên màn hình máy thu được đặt bên ngoài rào cản, anh ta có một hình ảnh giao thoa. Vì vậy, Young kết luận rằng rào cản đã bị sóng chứ không phải hạt vượt qua, và xác nhận tính chất sóng của ánh sáng. Nhưng ánh sáng có thực sự là sóng không??

Diễn biến của thí nghiệm hai khe.

Vào đầu thế kỷ 20, những nghi ngờ bắt đầu nảy sinh do các nghiên cứu của Planck về vật đen và về một số khía cạnh được Einstein nhấn mạnh liên quan đến hành trạng của photon, trông rất giống một hạt nếu nó được nghiên cứu trong hiệu ứng quang điện. .

Năm 1916, Robert Millikan, người Mỹ, đã đưa ra giả thuyết về sự tồn tại của photon dưới dạng hạt, điều này sau đó được xác nhận bằng việc phát hiện ra hiệu ứng Compton vào năm 1922.

Điều này tạo ra một vấn đề lớn trong vật lý học, vì ánh sáng dường như sở hữu tính chất đối ngẫu bí ẩn khiến nó xuất hiện dưới dạng sóng hoặc hạt trong nhiều thí nghiệm thuộc các loại khác nhau.

Năm 1924, nhà vật lý và toán học người Pháp Louis de Broglie đưa ra giả thuyết rằng không chỉ photon, mà tất cả các vật chất, và đặc biệt là tất cả các hạt, cũng sở hữu các tính chất vật lý điển hình của sóng. Giả thuyết này sớm được xác nhận bằng thực nghiệm và tạo động lực cơ bản cho sự phát triển của cơ học lượng tử. Bằng chứng thực nghiệm về lưỡng tính sóng-hạt đã được Clinton Davisson và Lester Germer thu được vào năm 1927 tại Phòng thí nghiệm Bell ở Murray Hill, thuộc bang New Jersey ở Hợp chủng quốc Hoa Kỳ. Các nhà khoa học này đã bắn một chùm electron vào một tinh thể niken và quan sát thấy các hình ảnh nhiễu xạ. Điều này cho phép sử dụng các chùm hạt để thực hiện các thí nghiệm giao thoa hai khe, giống như Young đã làm.

Phiên bản hiện đại của thí nghiệm khe đôi.

Thí nghiệm hai khe lần đầu tiên được thực hiện ở dạng hiện đại sử dụng electron vào năm 1961, bởi Claus Jönsson tại Đại học Tübingen, Baden-Württemberg ở Đức. Sau đó nó được lặp lại vào năm 1974 tại Viện LAMEL của CNR ở Bologna bởi Pier Giorgio Merli của LAMEL và bởi Gian Franco Missiroli và Giulio Pozzi, cả hai đều từ Khoa Vật lý của Đại học Bologna.

Viện LAMEL có một kính hiển vi tiên tiến nhất, Siemens Eliskop 101, đã được hiệu chỉnh và điều chỉnh để hoạt động ở chế độ kính hiển vi điện tử giao thoa.

Kính hiển vi được sử dụng như một giao thoa kế và như một nguồn điện tử được tạo ra để truyền từng cái một qua lăng kính điện tử kép và sau đó được gửi tới một tấm ảnh.

Thí nghiệm dựa trên sự phóng của một photon đơn lẻ diễn ra như thế nào.

Bây giờ chúng tôi muốn xem xét chi tiết thí nghiệm trong phiên bản hiện đại cổ điển của nó, dựa trên việc sử dụng các photon đơn lẻ hoặc lượng tử ánh sáng. Do đó, chúng ta hãy tưởng tượng một thiết bị có khả năng phóng ra từng photon đơn lẻ, một rào cản có một hoặc hai khe và một màn hình phía sau nó. Màn hình phía sau bao gồm một căn phòng tối chứa phim ảnh. Phim sẽ được "đánh dấu" bởi các photon đập vào nó, vì photon là nguyên tố mang ánh sáng.

Thiết bị trong cấu hình một khe được minh họa trong Hình 37. Các photon bị rào cản loại bỏ sẽ không được xem xét. Các photon đi qua khe đánh dấu một chấm trên phim ảnh, một dấu hiệu rõ ràng rằng chúng đã hành xử giống như các hạt. Cho đến nay không có gì bất thường; photon hành xử giống như những viên đá của chúng ta, và thí nghiệm cho thấy photon là hạt.

Hình 38 minh họa sự phóng một photon đơn lẻ tới một rào cản có hai khe. Dấu chấm hỏi tượng trưng cho câu hỏi: photon sẽ đi qua khe nào?.

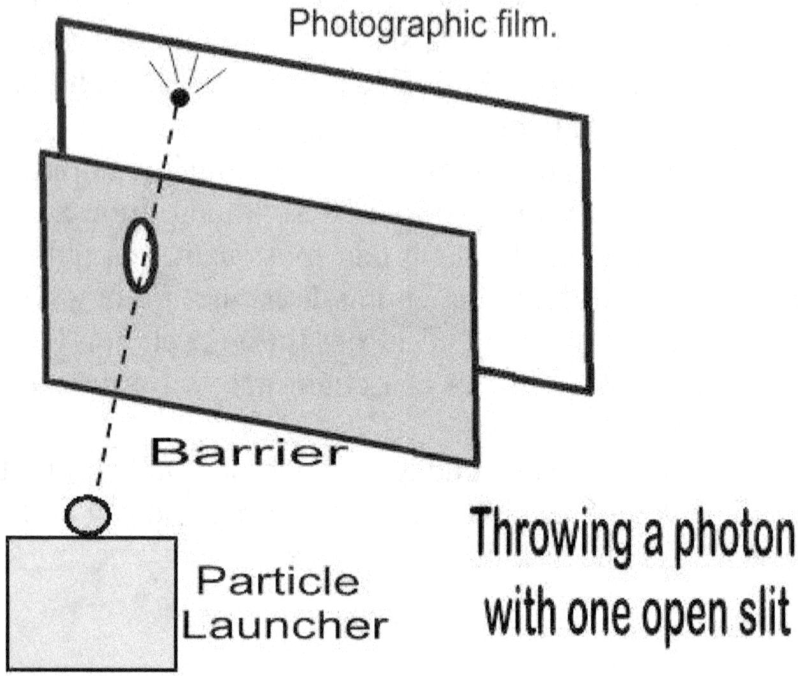

Hình 37 - Phóng một photon đơn lẻ về phía rào chắn có khe. Photon đi qua khe và ảnh hưởng đến một điểm trên tấm ảnh phía sau. Do đó, photon hành xử giống như một hạt.

A) Máy phóng hạt..

B) Rào cản với một khe duy nhất.

C) Phim ảnh đặt sau vật cản.

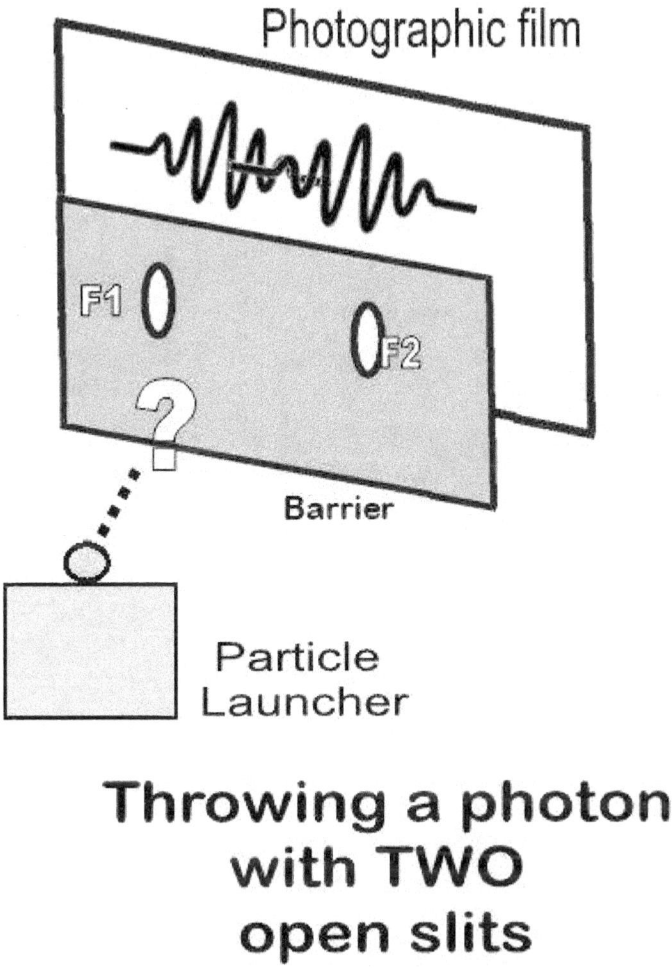

Hình 38 - Nếu chúng ta phóng một photon đơn lẻ về phía một rào cản có hai khe, thì hạt này, với tư cách là một hạt, sẽ chỉ đi qua một trong khi thay vì, dưới dạng sóng, nó sẽ đi qua cả hai.

A) Thiết bị ném.

B) Rào chắn có hai lỗ.

C) phim ảnh.

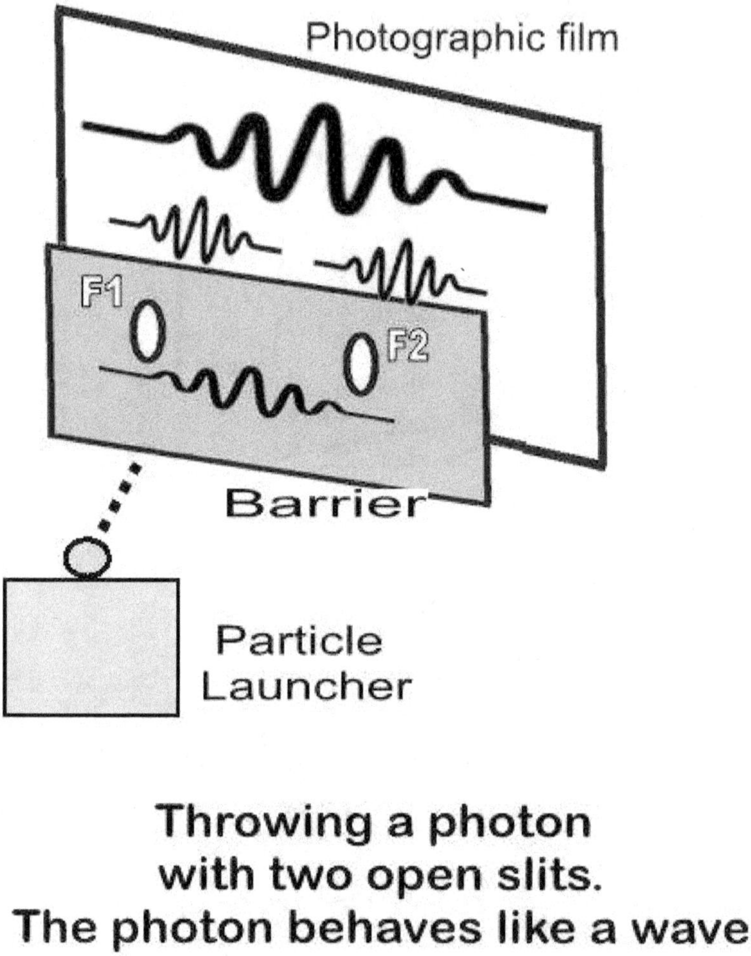

Hình 39 - Trên thực tế, photon, nếu đối diện với một khe, sẽ hành xử giống như một hạt. Thay vào đó, nếu nó có hai khe ở phía trước, nó sẽ hành xử như một con sóng.

A) Trình khởi chạy .

B) Rào chắn có một lỗ.

C) phim ảnh.

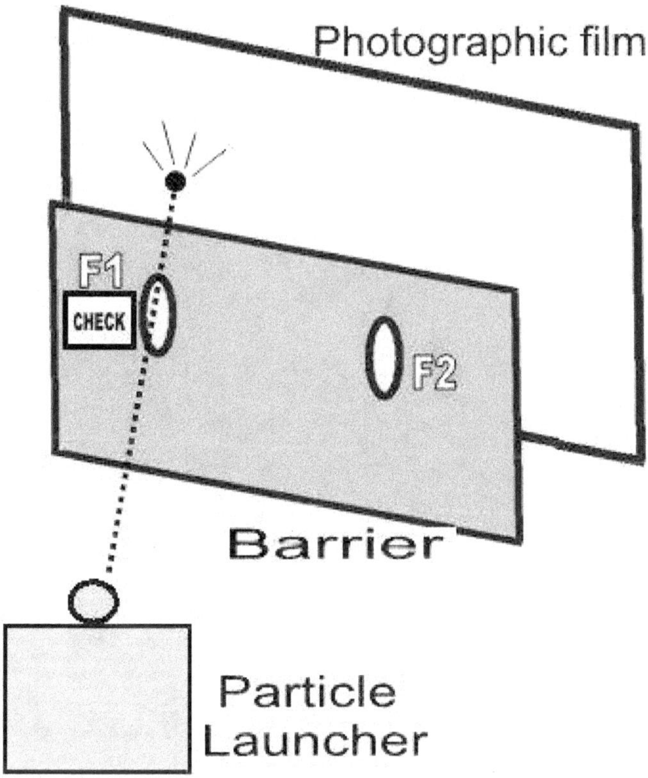

Launch of a photon with CONTROL DEVICE.
The photon behaves like a particle

Hình 40 - Nếu chúng ta ném một photon vào một rào cản có hai khe, một trong số đó được trang bị thiết bị điều khiển để xác minh sự đi qua của các photon, thì photon của chúng ta sẽ chọn khe được kiểm soát và hành xử giống như một hạt.

A) Thiết bị ném.

B) Rào chắn có một lỗ.

C) phim ảnh.

CHECK) Kiểm tra thiết bị.

Câu trả lời được thể hiện rõ ràng trong hình 39: photon đơn lẻ đi qua cả hai khe.

Thật vậy, trước một khe duy nhất, photon hành xử như một hạt, trong khi trước hai khe, nó hành xử như một làn sóng và đi qua cả hai khe.

Trong trường hợp đầu tiên, phản hồi được đưa ra bởi các chấm sáng riêng lẻ xuất hiện trên phim ảnh. Trong trường hợp thứ hai, các vạch tối và sáng xuất hiện trên đó, tức là hình giao thoa được cho bởi sóng đi qua cả hai khe tạo ra hai sóng đi ra. Ngoài rào cản, hai sóng giao thoa và cộng đại số với nhau. Các thanh đậm hoặc nhạt thể hiện kết quả (hình 39).

Một xem xét đầu tiên có thể được thực hiện là các photon (nhưng không chỉ, tính chất chung cho tất cả các hạt cơ bản) hành xử, tùy thuộc vào trường hợp, giống như hạt hoặc giống như sóng. Điều này xuất hiện với các công cụ của chúng tôi. Rõ ràng, hạt vừa là hạt vừa là sóng.

Điều này làm cho một photon đơn lẻ có thể đồng thời đi qua cả hai khe.

Nhưng những bất ngờ vẫn chưa kết thúc. Chúng ta hãy tưởng tượng rằng người làm thí nghiệm quyết định kiểm tra xem photon đi qua cả hai khe như thế nào.

Do đó, người làm thí nghiệm đặt một dụng cụ ngay bên ngoài một trong hai khe. (hình 40).

Chà, trong trường hợp này, đó là khi sự đi qua của photon có thể được kiểm soát bởi một dụng cụ, một điều khó tin xảy ra, gần như là photon từ chối hợp tác. Mặc dù có hai khe hở, nhưng photon chỉ đi qua khe được trang bị thiết bị và để lại một dấu chấm trên màn hình phía sau. Nếu cả hai khe được theo dõi, thì nó chỉ di qua một trong khi vẫn hành xử như một hạt. Nhưng nếu bạn lấy các công cụ ra, nó sẽ trở lại hoạt động như một làn sóng.

Về cơ bản, photon thách thức người làm thí nghiệm và cho anh ta thấy rằng đó là một bí ẩn không thể giải được về mặt logic.

Leon Max Lederman nhà vật lý người Mỹ, viết trong cuốn sách "Vật lý lượng tử cho các nhà thơ" như sau:

> “Có vẻ như một electron đơn lẻ, như thể bằng phép thuật, đi qua hai khe cùng một lúc nếu không có ai quan sát nó, trong khi, thay vào đó, nó chọn một con đường khả thi nếu ai đó hoặc thứ gì đó nhìn vào nó! Điều này là có thể bởi vì các electron không phải là hạt cũng không phải là sóng: chúng là một thứ khác, hoàn toàn mới. Các hạt là "trạng thái lượng tử."

Phải nói rằng thí nghiệm, ban đầu chỉ giới hạn ở các hạt cơ bản, sau đó cũng được thực hiện trên các vật thể phức tạp. Tại Đại học Vienna, Anton Zeilinger và các đồng nghiệp của ông đã sử dụng "quả bóng bucky" trong thí nghiệm. Đây là những phân tử bao gồm sáu mươi nguyên tử carbon trở lên được lắp ráp để tạo thành một cấu trúc giống như mái vòm trắc địa; sự sắp xếp này đã trở nên nổi tiếng bởi kiến trúc sư người Mỹ Richard Buckminster và được đặt theo tên của ông. Rõ ràng, một phân tử bao gồm sáu mươi nguyên tử trở thành một cấu trúc khổng lồ khi so sánh với một photon đơn lẻ. Tuy nhiên, trong thí nghiệm khe đôi, sử dụng "quả bóng bucky" thay vì photon, người ta cũng thu được kết quả tương tự.

Với điều này, người ta đã chứng minh rằng một phân tử vật chất có thể tạo ra hiện tượng sóng giống như một hạt năng lượng. Do đó, các phân tử vật chất này cũng có khả năng hiện diện kép, nghĩa là bằng cách đi qua cả hai khe, chúng có khả năng tìm thấy chính mình đồng thời ở hai vị trí khác nhau.

Là sự hiện diện ở hai nơi khác nhau có thể?

Liệu trong tương lai có thể thực hiện thí nghiệm trên các cơ thể phức tạp hơn, bao gồm hàng tỷ phân tử, chẳng hạn như cơ thể con người không? Trong trường hợp này, sẽ có sự xác nhận khoa học về các hiện tượng gây tranh cãi như nhân đôi con người, xuất hồn, du hành xuất vía. Chúng ta đang nói về tất cả các chứng nghiệm xuất vía, còn được gọi bằng từ viết tắt OBE.

Hiện tượng thứ hai được gọi bằng thuật ngữ tiếng Anh "out of body experience".

Tất cả chúng đều là những trải nghiệm, cách giải thích vẫn còn gây tranh cãi, trong đó một người cảm thấy "đi ra ngoài" cơ thể vật chất của mình, tức là phóng chiếu ý thức của chính mình ra ngoài giới hạn của cơ thể. Những trải nghiệm này thuộc về lĩnh vực cận tâm lý học, không được giới khoa học và học thuật công nhận, nhưng có mặt trong nhiều nền văn hóa, cả phương Tây và phương Đông.

Hiện tượng hai vị trí là một phần của truyền thống Vệ đà và Phật giáo trong nhiều thế kỷ. Rõ ràng, nền văn hóa này có thể truyền tải cho những đối tượng có khuynh hướng đặc biệt, những nền tảng của kiến thức triết học và tâm linh để cho phép họ có được khả năng phân bổ hai vị trí thông qua quá trình đào tạo lâu dài.

Nhà triết học Ấn Độ nổi tiếng Paramahansa Yogananda đã làm chứng trong các cuốn sách của mình, rất chi tiết, các tình tiết liên quan đến chính ông.

Robert Allan Monroe là một nhà văn người Mỹ, người sáng lập Viện cùng tên "để nghiên cứu về ý thức con người" vào năm 1978. Trong cuốn sách "Những chuyến du hành ra khỏi cơ thể của tôi", ông mô tả các nguyên tắc phương Đông và đề xuất các kỹ thuật hữu ích để tạo điều kiện thuận lợi cho khả năng này .

Trong Cơ đốc giáo, có nhiều bằng chứng thánh tích về sự song hành, trong số những người khác, có Thánh Anthony thành Padua, Thánh Phanxicô Assisi, Thánh Anphongsô Maria de' Liguori, Thánh Giuse thành Cupertino, Thánh Phanxicô Paola và Thánh Gioan Bosco.

Khả năng nhận thức trước của các hạt hạ nguyên tử.

Từ thí nghiệm khe đôi, chúng ta có thể rút ra những kết luận khiến ngay cả những nhà vật lý giàu kinh nghiệm nhất cũng phải ngạc nhiên, và điều này có lẽ liên quan nhiều đến triết học vật lý hơn là bản thân vật lý.

Chúng ta hãy tạm thời tưởng tượng rằng photon có lương tâm riêng của nó và có thể "quyết định" hành vi của nó trong các tình huống khác nhau mà nó tham gia.

Trong thực tế, chúng ta đặt câu hỏi: khi một photon được phóng về phía rào cản, làm thế nào để photon biết liệu rào cản sẽ có một hay hai khe hở?

Bởi vì, trên thực tế, photon chỉ nên biết có bao nhiêu khe phía trước nó sau khi nó đã đi qua hàng rào.Tuy nhiên, rõ ràng là photon biết điều này trước. Thật vậy, photon quyết định đối mặt với rào cản dưới dạng hạt hoặc dưới dạng sóng trước khi vượt qua nó.

Không chỉ; photon biết, trước khi đi qua một lỗ, nếu lỗ này được theo dõi bởi một thiết bị có khả năng xác minh sự đi qua của nó. Photon biết lỗ nào trong hai lỗ được thiết bị theo dõi trước khi đi qua lỗ đó. Trong những khoảnh khắc tồn tại rất ngắn giữa thời điểm nó được phóng và thời điểm nó gặp rào cản, photon có được kiến thức về những gì đang chờ đợi nó. Anh ta biết liệu anh ta có tìm thấy một hoặc hai khe hở hay không, và anh ta biết liệu những khe hở này có được giám sát hay không.

Vì photon không có tâm trí hay ý thức, chúng ta phải hỏi khả năng "biết trước" những gì đang chờ đợi nó trong tương lai trước mắt đến từ đâu. Tiêu đề khiêu khích của chương này, về khả năng nhận thức trước của photon, sẽ gợi ý rằng chúng thực sự tồn tại.

Chắc là đúng. Photon "biết" bởi vì nó nhận được kiến thức, thực sự, nó là một phần của trí tuệ phổ quát. Photon là một phần của kiến thức kết nối toàn bộ vũ trụ. Photon biết bởi vì toàn bộ vũ trụ đều biết và kiến thức này không có giới hạn về thời gian, không gian hay kích thước.

Hạt không "biết trước các sự kiện trong tương lai", nó biết vì nó là một phần của kiến thức.

Photon "biết" bởi vì nó là một phần của trí tuệ vũ trụ phổ quát được đặt bên ngoài mọi giới hạn và bên ngoài mọi nghĩa vụ do vật chất quy định. Kiến thức của anh ta là thông tin và trí thông minh ở cấp độ tâm linh hoặc tâm linh thuần túy. Photon đơn lẻ đó và mọi hạt khác trong vũ trụ không "thấy trước tương lai", nó là một phần của nó..

Sau đó, một câu hỏi khác được đặt ra: tại sao con người chúng ta, những người về cơ bản được tạo thành từ các hạt, không sở hữu kiến thức tương tự?

Đương nhiên, tất cả các hạt tạo nên cơ thể chúng ta đều sở hữu kiến thức này, mỗi hạt riêng lẻ; chúng ta, được coi là tập hợp của vô số hạt, nên sở hữu tri thức tổng hợp, tổng tri thức về tất cả các hạt trong cơ thể vật chất của chúng ta.

Có một sự khác biệt lớn giữa hạt đơn lẻ và tập hợp các hạt mà chúng ta là. Đầu tiên, các hạt là thành viên của tri thức phổ quát mà không có bất kỳ sự trung gian nào. Các hạt là một phần trực tiếp của nó. Thay vào đó, cơ thể của chúng ta, là một tập hợp các hạt, bị ảnh hưởng bởi các chất trung gian mạnh mẽ, trên thực tế, chúng trở thành các chất phân tách.

Những người hòa giải tiêu cực này được gọi chung là 'Tôi'. Ý thức và nhân cách của chúng ta thực hiện chức năng ngăn cách đối với tri thức vũ trụ. Thật vậy, trong khi các hạt là những thành viên khiêm tốn ngoan ngoãn tuân thủ kiến thức này, thì chúng ta đặt mình ở trung tâm của vũ trụ. Mọi thứ xung quanh chúng ta, những gì đang xảy ra xung quanh chúng ta, những ký ức về quá khứ và những kỳ vọng về tương lai đều hoàn toàn tập trung vào vũ trụ cá nhân của chúng ta.

Điều này khiến chúng ta dứt khoát không tuân thủ và không thấm nhuần lắm đối với một kiến thức hoàn toàn không tập trung vào bản thân chúng ta.

Những cân nhắc tương tự như vậy theo bản năng gợi lên tiếng kêu khủng khiếp của Lucifer bị đuổi khỏi sự hiện diện của Chúa: "Tôi sẽ không phục vụ bạn!". Có thể chính chúng ta là những thiên thần sa ngã, vì chúng ta thực sự không muốn phục vụ bất cứ điều gì khác ngoài bản ngã của mình và điều này đẩy chúng ta vào một sự cô độc hiện sinh được tạo nên từ sự ích kỷ và tự quy chiếu.

Tương tự như vậy, câu chuyện thần thoại trong Kinh thánh về Adam và Eva kể về việc bị trục xuất khỏi Eden do không vâng lời. Chúa đã trồng một vườn cây ăn quả mà từ đó hai vợ chồng có thể hưởng lợi đầy đủ, ngoại trừ một điều:

«Mọi cây trong vườn ngươi sẽ ăn được; nhưng về Cây biết điều thiện và điều ác thì ngươi không được ăn; vì một ngày nào ngươi ăn nó chắc chắn ngươi sẽ chết."

Kiến thức về Thiện và Ác biến A-đam và Ê-va thành những chủ thể có khả năng đưa ra phán quyết, nhưng thật không may, khả năng này bị vấy bẩn bởi tham vọng muốn giống với Chúa.

Mặc dù vậy, có nhiều khía cạnh giúp chúng ta kết nối, mặc dù yếu ớt, với một "kiến thức vũ trụ". Mặc dù kiến thức này đã bị giữ lại với chúng tôi, nhưng chúng tôi có những mảnh vụn nhận thức về sự tồn tại của nó. Trước hết, chúng ta có ý niệm mơ hồ về một sự hiện diện vượt trội hơn bản thân, điều mà chúng ta trực giác và đôi khi cảm thấy cần thiết, chẳng hạn như ký ức về cha mẹ ở xa trong không gian hoặc đã biến mất trong thời gian. Bóng dáng của một người cha/mẹ không quen biết mà từ đó chúng ta cảm thấy được ôm ấp lơ lửng một cách thần bí trong suy nghĩ của chúng ta. Cái bóng này mê hoặc chúng tôi.

Đây là cảm giác mà nhiều người gọi là "khao khát Chúa". Đó là một nỗi nhớ đến từ một nơi xa xăm, được gợi lên bởi những sự kiện thường không nằm trong trải nghiệm sống của chúng ta; đó là một nỗi nhớ dựa trên những ký ức trước khi chúng ta tồn tại trên cõi trần

Sau đó, có những nhận thức ngoại cảm, đó là những tia sáng đôi khi chiếu sáng và làm cho con đường kết hợp chúng ta với kiến thức vũ trụ trở nên khả thi. Vô thức của chúng ta quản lý để kết nối với vô thức tập thể và, mặc dù quanh co, những luồng kiến thức lóe lên từ ý thức phổ quát đến ý thức cá nhân của chúng ta. Khi điều này xảy ra, chúng ta "biết và thấy", trong một vài khoảnh khắc ngắn ngủi, những thứ mà do tình trạng nô lệ bị xiềng xích của vật chất, chúng ta thường không nhìn thấy. .

Nhưng chúng tôi tìm thấy mối liên hệ cụ thể nhất với sự khôn ngoan của vũ trụ trong sự đồng bộ. Sự đồng bộ thể hiện trong sự tồn tại của chúng ta, nhưng thường đi kèm với sự thờ ơ của chúng ta. Mặc dù chúng ta đã chìm xuống vực thẳm của các thiên thần sa ngã, nhưng vẫn có một bàn tay vươn tới để nâng chúng ta khỏi hố sâu và hướng dẫn chúng ta hướng tới sự cứu chuộc tiến hóa về mặt tinh thần và văn hóa. Sự đồng bộ là bằng chứng cho thấy "Kiến thức" không coi chúng ta là lời nguyền vĩnh viễn và nhìn thấy ở chúng ta đứa con trai hoang đàng được thuật lại trong Tin Mừng, người khi trở về không bị cha từ chối mà còn được chào đón với niềm vui.

Các nguyên tử của vật chất trong biểu diễn của chúng.

Trong biểu diễn cổ điển của nguyên tử, một electron có một lượng năng lượng xác định rõ ràng, có khả năng giữ nó trong một quỹ đạo nhất định. Năng lượng này được gọi là "mức năng lượng của quỹ đạo". Do đó, quỹ đạo đại diện cho con đường mà electron đi xung quanh hạt nhân trong khi mức năng lượng đại diện cho lượng năng lượng đủ để giữ nó trong quỹ đạo đó.

Như chúng ta đã thấy, cơ học lượng tử có thể mô tả hành vi của các hạt rất nhỏ, chẳng hạn như electron, và chúng ta cũng thấy rằng các quy tắc của vật lý cổ điển không áp dụng cho các hạt này. Trong tầm nhìn lượng tử, một mô hình nguyên tử mới, phức tạp hơn đã được giới thiệu, trong đó chúng ta không còn nói về "Quỹ đạo" mà là "Đám mây quỹ đạo".

"Quỹ đạo" và "Đám mây quỹ đạo".

Cơ học lượng tử đã chứng minh rõ ràng rằng không thể xác định quỹ đạo của một electron, do đó thuật ngữ "Quỹ đạo" là không phù hợp. Cần phải bỏ khái niệm quỹ đạo mà electron đi được để thay thế bằng khái niệm "đám mây quỹ đạo", còn được định nghĩa là "đám mây xác suất". Điều này xảy ra bởi vì chúng ta không thể thiết lập một cách chắc chắn vị trí của electron bên trong nguyên tử tại một thời điểm nhất định hoặc trong thời điểm tiếp theo. Thông qua các hàm toán học phức tạp, có thể thu được thông tin về vị trí của electron, nhưng chỉ về xác suất hiện diện của nó trong một không gian nhất định xung quanh hạt nhân (hình 41).

Nói cách khác, trong khi "Quỹ đạo" là một quỹ đạo xác định, thì "Đám mây quỹ đạo" là một hàm toán học cho phép chúng ta thiết lập nơi có nhiều khả năng tìm thấy electron nhất trong không gian xung quanh nguyên tử.

Tất cả những điều này là hệ quả trực tiếp của một nguyên lý cơ bản của cơ học lượng tử do nhà vật lý người Đức Werner Heisenberg phát hiện ra là "Nguyên lý bất định" hay "Nguyên lý Heisenberg". Theo nguyên tắc này, không thể đồng thời biết được vị trí và tốc độ của electron.Điều này khẳng định tính đặc thù của hành vi của các hạt cơ bản đối với hành vi của các vật thể ở cấp độ vĩ mô, tức là ở cấp độ các chiều và kinh nghiệm của chúng ta.

Trên thực tế, ở cấp độ của chúng ta, có thể tính toán quỹ đạo và tốc độ của một viên đá với độ chính xác cực cao ngay cả trước khi ném nó, giống như cách tính toán đường đi của các thiên thể hoặc hành trình di chuyển của các vệ tinh không gian. Tuy nhiên, ở cấp độ hạ nguyên tử, khả năng này trở nên bất khả thi. Nguyên lý Heisenberg một lần nữa thiết lập tính đa dạng bí ẩn của hành vi hạt.

Đối với không chỉ electron mà bất kỳ hạt cơ bản nào khác, chúng ta chỉ có thể xác định một vùng không gian nhất định nơi có thể tìm thấy hạt đó; chính vùng không gian này được gọi là "Đám mây quỹ đạo" và được xác định bởi năng lượng mà hạt sở hữu.

Chúng ta có thể tưởng tượng "Đám mây quỹ đạo" là sự thỏa hiệp giữa lực đẩy của các electron khác nhau giữa chúng và lực hút do hạt nhân gây ra. Do đó, một nguyên tử càng có nhiều proton và electron thì tình hình của các mối quan hệ bên trong của lực hút và lực đẩy càng trở nên phức tạp hơn;

nguyên tử trở thành tổ của ong bắp cày, trong đó ong bắp cày di chuyển với tốc độ không thể tưởng tượng được dọc theo các quỹ đạo xác suất.

Trong những điều kiện này, cách duy nhất để biết rất gần đúng vị trí của một electron và tốc độ di chuyển của nó là coi nó như một làn sóng; electron sẽ ở bất kỳ điểm X nào của sóng mô tả nó. Nguyên lý này được xác định bởi một hàm toán học, "hàm sóng", một khái niệm được phát triển bởi nhà vật lý và toán học người Áo Erwin Schrödinger.

Trên thực tế, chức năng này không xác định tọa độ chính xác của electron, nhưng phân định một thể tích không gian trong đó nó có thể được tìm thấy với xác suất lớn hơn.

Ngày nay chúng ta biết rằng các định luật lượng tử không chỉ có thể áp dụng cho electron mà còn cho các hạt có trong hạt nhân nguyên tử, proton và neutron.

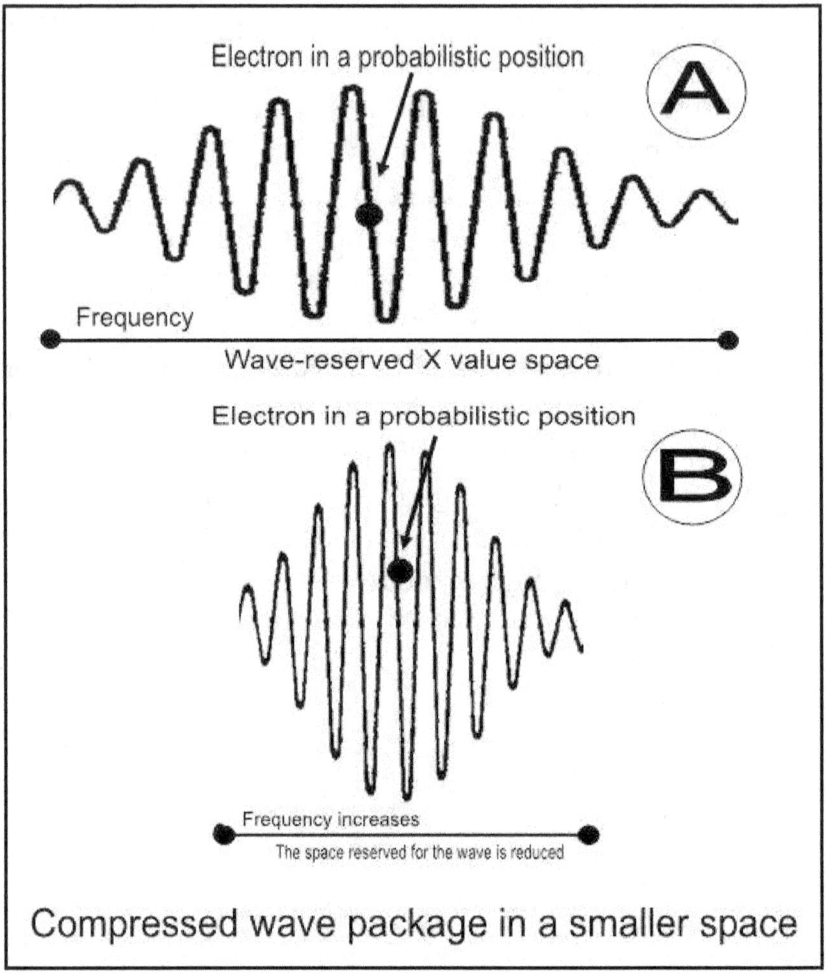

Hình 41 - Bằng cách nén vùng không gian của sóng, tần số của nó tăng lên và do đó tốc độ quay của hạt tăng lên.

A. Trong không gian có giá trị "X" thì tần số sóng có giá trị "a".

B. Trong không gian hẹp hơn tần số của sóng có giá trị "b". Rõ ràng, "b" lớn hơn "a".

Tầm nhìn động của nguyên tử của vật chất..

Những gì đã được nói cho đến nay cung cấp một cái nhìn năng động hơn nhiều về nguyên tử so với cái nhìn cổ điển. Thật vậy, coi một electron là một hạt, chúng ta không thể biết chính xác vị trí của nó, ngoại trừ việc nó nằm ở bất kỳ điểm nào của hàm sóng mô tả nó (hình 41A).

Vật lý hiện đại đã quan niệm vũ trụ là một mạng lưới không thể tách rời, trong đó các mối quan hệ là hoàn toàn động, không tĩnh. Trong cơ học lượng tử, khía cạnh động này, nếu có thể, được tăng cường và là hệ quả trực tiếp của bản chất sóng của các hạt. Do đó, tính chất của các hạt hạ nguyên tử chỉ có thể được hiểu trong bối cảnh động lực học của chúng.

Thực tế là các hạt cũng là sóng gây ra một hành vi có vẻ kỳ lạ cần phải tính đến. Nếu chúng ta ép một hạt vào một không gian nhất định, nó sẽ phản ứng bằng cách di chuyển xung quanh trong không gian đó. Sự rung chuyển nhanh hơn khi không gian nhỏ hơn.

Tính chất này trở nên dễ hiểu bằng cách kiểm tra Hình 41.

Ở phần trên, hàm sóng của một electron được mô tả, được đặt trong một vùng không gian có giá trị X với electron được đặt ở một vị trí xác suất.

Ở phần dưới của hình 41B, bằng cách hạn chế không gian có sẵn, sóng dao động ở tần số cao hơn và điều này gây ra sự gia tăng tốc độ của electron. Vùng biên càng nhỏ thì chuyển động của electron càng tăng.

Xu hướng của các hạt phản ứng với mỗi lần thu hẹp không gian bằng cách tăng tốc độ của chúng tạo ra trạng thái kích động của vật chất, điển hình của thế giới hạ nguyên tử.

Rốt cuộc, ngay cả trong hạt nhân thực sự không có sự bất động, nếu có thể, sự kích động diễn ra dưới dạng hưng phấn kịch phát. Chúng ta có thể hiểu điều này nếu xem xét rằng thể tích của hạt nhân nhỏ hơn một nghìn tỷ lần so với tổng thể tích của nguyên tử. Trên thực tế, như chúng tôi đã đề cập, nếu hạt nhân có kích thước 3-4 mm, thì electron ngoài cùng sẽ quay trong một thể tích hình cầu có đường kính khoảng 100 mét. Trong thể tích không gian của một hạt nhân cực kỳ nhỏ như vậy, có hai lực phát huy tác dụng: một mặt, lực đẩy giữa các proton, tất cả đều mang điện tích dương, có xu hướng làm "nổ tung" hạt nhân trong không gian. Tuy nhiên, mặt khác, tương tác hạt nhân mạnh phát huy tác dụng tạo ra lực hút giữa tất cả các hạt cấu tạo từ các quark. Do đó, hạt nhân dao động, trong một cuộc xung đột vĩnh cửu được tạo ra từ lực đẩy và lực hút, với tốc độ tăng theo cấp số nhân bởi các kích thước rất nhỏ của nó.

Có "sự vật" hay sự kiện nào không?

Vì các hạt là một phần của các cấu trúc lớn hơn như phân tử và các tập hợp vật chất lớn hơn, nên ngay cả những cấu trúc lớn hơn này cũng có xu hướng chuyển động trong một vũ điệu vĩnh cửu, tức là trải qua trạng thái kích động vĩnh viễn. Cơ học lượng tử chứng minh rằng vật chất không bao giờ trơ mà chuyển động không ngừng. Mặc dù ở cấp độ vĩ mô, đối với chúng ta, các vật thể có vẻ bất động và rắn chắc, nhưng trong thành phần thân mật của chúng, chúng sôi sục với hoạt động điên cuồng.

Các đối tượng của thực tế hàng ngày của chúng ta bao gồm các nguyên tử kết nối với nhau để tạo thành tất cả các cấu trúc phân tử mà chúng ta biết. Chúng rung động hài hòa với nhiệt độ môi trường xung quanh. Các electron liên kết với các nguyên tử bằng lực hút và lực đẩy điện ép chúng về phía hạt nhân, do đó gây ra tốc độ quay rất cao. Trong cùng một hạt nhân, các proton và neutron bị ép thành những thể tích cực nhỏ, có khả năng gây ra sự kích động của chúng với tốc độ khó có thể tưởng tượng được.

Càng đi sâu vào nghiên cứu về nguyên tử, người ta càng thấy rõ ràng rằng nó không phải là thành phần cuối cùng của vật chất, đặc chắc, như Newton đề xuất, mà là một tập hợp các hoạt động dao động, do sự chuyển động của các hạt. Nhưng những hạt này đồng thời là sóng trong chuyển động điên cuồng vĩnh cửu trong một không gian gần như trống rỗng.

Karl Raimund Popper, nhà triết học và học giả người Áo về các phương pháp để đạt được kiến thức nhất định và khoa học về sự vật, quy cho siêu hình học, nếu được hiểu đúng, chức năng kích thích sự tiến bộ. Thuyết tất định vật lý bị Popper tranh cãi gay gắt, cả từ quan điểm khoa học và như một tiền đề của chủ nghĩa toàn trị. Trong tập "Bản ngã và bộ não của nó" Popper bày tỏ suy nghĩ của mình về vũ trụ vật chất bằng những thuật ngữ sau:

> "Vật chất rắn hóa ra là năng lượng tập trung cao độ, có thể biến đổi thành các dạng năng lượng khác và do đó là một thứ gì đó có bản chất quá trình, vì nó có thể được chuyển đổi thành các quá trình khác như ánh sáng và tất nhiên là chuyển động và nhiệt. Sau đó, chúng ta có thể nói rằng kết quả của vật lý hiện đại cho thấy cần phải từ bỏ ý tưởng về một chất hoặc bản chất.
>
> Bây giờ (như A. N. Whitehead đã đặc biệt nhấn mạnh) vũ trụ xuất hiện không phải như một tập hợp các sự vật, mà là một tập hợp các sự kiện và quá trình tương tác.

Do đó, một nhà vật lý hiện đại rất có thể nói rằng những vật chất - cơ thể, vật chất - có cấu trúc nguyên tử. Nhưng đến lượt mình, các nguyên tử lại có một cấu trúc khó có thể được định nghĩa là "vật chất" và chắc chắn không phải là "thực chất":(...)

Trong lịch sử của chủ nghĩa duy vật và đặc biệt là thuyết nguyên tử, thực tế của vật chất đã bị các nhà triết học duy tâm như Berkeley và Hume nghi ngờ. Nhưng vật chất cũng được xem xét theo cách này bởi các nhà vật lý như Mach, trong thời kỳ mà thuyết lượng tử ra đời"

Trong lý thuyết điện động lực học lượng tử của mình, nhà vật lý Richard Feynman trích dẫn nguyên lý bất định của Heisenberg. Ông lập luận rằng, dựa trên nguyên tắc này. chân không lượng tử, còn được gọi là "trường điểm không", được bao trùm bởi một biển dao động. Những dao động này tạo ra các cặp hạt ảo và phản hạt, chúng triệt tiêu lẫn nhau trong thời gian tỉ lệ nghịch với năng lượng của chúng.

Công thức nổi tiếng của Einstein E=mc2 phát biểu rằng vật chất và năng lượng có thể chuyển đổi lẫn nhau. Do đó, năng lượng có thể có nhiều dạng: nó có thể là cơ học cổ điển ở hai dạng, động năng hoặc thế năng. Ngoài ra, năng lượng có thể là hóa học, điện từ, hấp dẫn, nhiệt, hạt nhân. Tất cả những biểu hiện năng lượng này đều là thành phần của cùng một năng lượng tổng thể, có thể thay đổi dạng nhưng không thể phá vỡ quy luật lượng luôn giữ nguyên.

Với tính bất biến và khả năng chuyển hóa của mình, năng lượng đóng vai trò kết nối mọi hiện tượng vật chất trong một mạng lưới chuyển hóa. Nhưng bất kỳ sự biến đổi vật chất nào cũng nhất thiết phải đảm bảo rằng lượng năng lượng không đổi, trước và sau khi biến đổi. Do đó, năng lượng không thể bị phá hủy mà có thể ở các dạng khác nhau. Tốt hơn nữa, nó đang trong quá trình biến đổi không ngừng.

"Địa phương vật lý" và "phi địa phương lượng tử".

Địa phương xác định khu vực trong đó có các biểu hiện của năng lượng và các sự kiện được phân định bởi các định luật vật lý cổ điển. Trong thực tế cục bộ có "quan hệ nhân quả" hay "quyết định" (mọi sự kiện đều do một sự kiện trước đó quyết định); hơn nữa, tất cả thực tại đều phụ thuộc vào mũi tên thời gian chỉ di chuyển về phía trước. Trong mọi trường hợp, không thể vượt quá tốc độ ánh sáng. Giới hạn này ngăn chặn việc truyền thông tin tức thời trên một khoảng cách dài. Cần nhớ rằng bất kỳ năng lượng nào, trong khi mang thông tin, sẽ bị suy giảm sức mạnh khi nó di chuyển ra xa nguồn. Để làm ví dụ, chúng ta có thể trích dẫn điều xảy ra đối với ánh sáng hoặc âm thanh ngày càng mờ đi khi khoảng cách tăng lên.

Mặt khác, trong miền "phi cục bộ", có những sự kiện và biểu hiện không tuân theo những hạn chế điển hình của miền cục bộ: chúng không bị giới hạn bởi thời gian hay khoảng cách. Ở cấp độ phi địa phương không có hôm qua và hôm nay, trước và sau, mà chỉ có "bây giờ và luôn luôn". Tương tự như vậy trong phi địa phương không có cao và thấp, gần và xa, mà chỉ có "đây và mọi nơi".

Hiện tượng vướng víu lượng tử

Các thực thể tham gia vào một "sự vướng víu", các hạt hoặc photon, được kết nối với nhau bởi vì chúng được tạo ra bởi một quá trình liên kết chúng với nhau theo một cách đặc biệt. Ví dụ, hai photon phát ra từ cùng một nguyên tử. Các photon hoặc hạt như vậy sẽ vẫn "vướng víu", tức là được ghép nối, mãi mãi. Nếu một trong hai bị tác động bằng cách nào đó, thì "người song sinh" của nó, dù nó ở đâu trong vũ trụ, cũng sẽ phản ứng ngay lập tức.
(Amir Dan Aczel, nhà toán học và vật lý người Israel)

Hành vi giống như sóng của vật chất làm cơ sở cho một hiện tượng lượng tử đáng ngạc nhiên khác được gọi là "sự vướng víu lượng tử". Sự vướng víu đại diện cho một trong những hiện tượng bí ẩn nhất và về cơ bản vẫn chưa giải thích được trong toàn bộ vật lý hiện đại. Theo Erwin Schrödinger, một trong những cha đẻ của cơ học lượng tử, nó chắc chắn là yếu tố đặc trưng của toàn bộ lý thuyết.

Sự vướng víu có những đặc tính đáng kinh ngạc đến nỗi chúng khiến Einstein nghi ngờ tính thực tế của hiện tượng này. Năm 1935, cùng với Boris Podolsky và Nathan Rosen, ông đã xây dựng "nghịch lý EPR" nổi tiếng (được gọi theo tên viết tắt của họ của ba nhà khoa học) có xu hướng nhấn mạnh hiện tượng vướng víu là nghịch lý.

Tuy nhiên, nghịch lý EPR, ban đầu được coi là một sự bác bỏ hợp lý về sự vướng víu, chứa đựng một lỗi cơ bản, được John Stewart Bell nhấn mạnh vào năm 1964 và được xác nhận vào năm 1982 bởi các thí nghiệm của Alain Aspect. Sau đó, vào năm 1998, Anton Zeilinger và những người khác đã cải thiện các thí nghiệm của Aspect và xác nhận kết quả của ông.

Ngày nay chúng ta có thể kết luận rằng trong vô số nghiên cứu, vật lý lượng tử đã chứng tỏ khả năng đưa ra những dự đoán thực nghiệm chính xác với độ chính xác chưa từng đạt được trước đây, và hiện tượng tương quan giữa các hạt, điển hình của rối lượng tử, đã thực sự được quan sát thấy. Hiện tại, lý thuyết này là cơ sở của các công nghệ mới nổi như máy tính lượng tử và mật mã lượng tử, đồng thời giúp thực hiện các thí nghiệm liên quan đến dịch chuyển tức thời, nơi tập trung kỳ vọng của thế giới công nghệ.

Nguyên lý chồng chất lượng tử.

Khi kiểm tra thí nghiệm hai khe được tiến hành bằng cách chỉ gửi một hạt vào một thời điểm, chúng ta thấy rằng hạt đi qua cả hai khe và tạo ra hiện tượng giao thoa. Rõ ràng là hạt, là hạt duy nhất có mặt, can thiệp vào chính nó. Đó là một hiện tượng khó tin nhưng có thật, được đặt tên là "Nguyên lý lượng tử về sự chồng chất của các trạng thái".

Nguyên lý chồng chất xác nhận rằng hai hoặc nhiều trạng thái lượng tử có thể được "chồng lên nhau", tức là cộng lại với nhau. Tổng các trạng thái chồng chất là một trạng thái lượng tử hợp lệ khác.

Một cái gì đó tương tự như sóng chồng lên nhau trong nước xảy ra.

Do đó, trạng thái của một hệ thống có thể bao gồm hai hoặc nhiều trạng thái, để chia sẻ một số thuộc tính của mỗi trạng thái tạo nên nó.

Nếu chúng ta gán cho A và B hai tính chất khác nhau của cùng một hạt, chẳng hạn như:

trạng thái A: hạt ở vị trí F1

trạng thái B: hạt ở vị trí F2

thì sự chồng chất các trạng thái của hạt đó có thể được viết là A+B vì nó có điểm chung với cả trạng thái A và trạng thái B (hình 42).

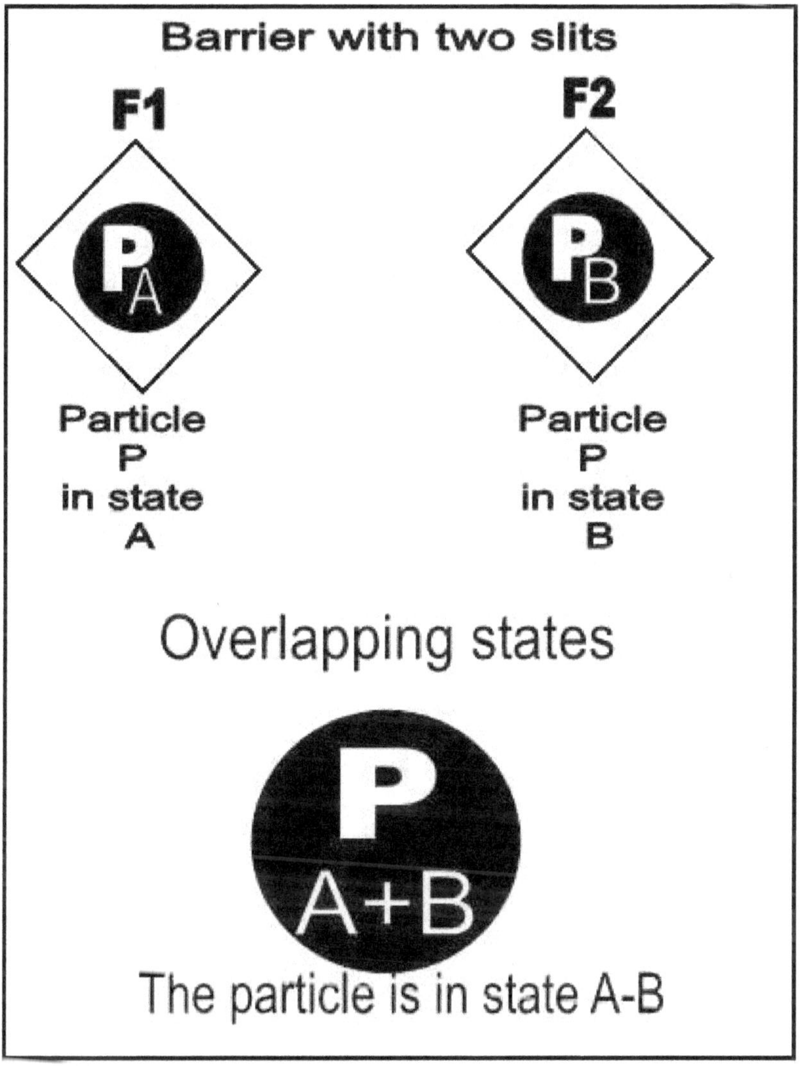

Hình 42 - Hạt P đi qua cả hai khe ở trạng thái "chồng chất lượng tử".
F1 Hạt P đi qua khe F1 và có trạng thái Pa
F2 Cũng hạt P đó đi qua khe F2 và có trạng thái Pb
Hạt P ở trạng thái "chồng chất". Trạng thái của nó là P(a+b)

Hạt ở trạng thái A khi nó đi qua khe F1 và ở trạng thái B khi nó đi qua khe F2. Vì hạt đi qua cả hai khe đồng thời, nên nó đồng thời ở cả hai trạng thái, tức là ở trạng thái chồng chất, được viết là A+B và là sự kết hợp của hai trạng thái

"Hạt ở trạng thái A"

"Hạt ở trạng thái B".

Nếu chúng ta quan sát hạt khi nó đi qua hàng rào, chúng ta sẽ thấy nó chỉ đi qua một trong hai khe và chúng ta sẽ không thu được hiện tượng giao thoa; mặt khác, nếu chúng ta không quan sát thấy nó, nó sẽ đi qua cả hai khe, tạo ra trạng thái chồng chất và báo hiệu nó bằng cách tạo ra các hình giao thoa trên màn hình phía sau.

Nguyên lý chồng chất là một trong những bí ẩn lớn nhất của vật lý lượng tử, và là chìa khóa không thể thiếu để hiểu hiện tượng vướng víu.

Mối tương quan của các hạt hạ nguyên tử.

Tương quan có thể được coi là kết quả của sự vướng víu. Hai hạt đã được làm cho "vướng víu" với nhau được gọi là "tương quan". Điều này có nghĩa là các hạt được kết nối để tạo thành một hệ thống đan xen và chúng phản ứng đồng thời, mỗi hạt phản ứng với các sự kiện ảnh hưởng đến hạt kia. Họ hành động giống như những cặp sinh đôi, chẳng hạn như những người có câu chuyện mà tôi đã trình bày ở đầu cuốn sách này.

Do đó, hai hạt liên quan có thể được coi là song sinh. Giống như các cặp song sinh của con người được sinh ra cùng một lần, các hạt cơ bản trở nên "vướng víu" khi chúng tham gia vào một hiện tượng mà chúng quan tâm một cách không tầm thường.

Trường hợp của anh em nhà McWhirter và chị em nhà Furness có thể được coi là phi thường vì các nhân vật chính đã phản ứng với các sự kiện ảnh hưởng đến người song sinh của họ mà không có bất kỳ nguyên nhân rõ ràng nào. Phản ứng đương đại làm đảo lộn nguyên lý nhân quả, theo đó bất kỳ sự kiện nào xảy ra trong vũ trụ đều phải là nguyên nhân của một sự kiện khác đã xảy ra trước đó. Trên thực tế, ngay cả các hạt tương quan, mỗi hạt phản ứng với các sự kiện ảnh hưởng đến hạt kia (hoặc những hạt khác) mà không có bất kỳ mối liên hệ nhân quả nào. Trên thực tế, phản ứng của một trong hai anh em sinh đôi xảy ra khi anh ta hoàn toàn không biết chuyện gì đang xảy ra với người kia.

Điều tương tự cũng xảy ra trong trường hợp các hạt bị vướng víu: sự biến đổi trạng thái không phải lần lượt xảy ra mà xảy ra đồng thời, vào cùng một thời điểm. Xin lưu ý bạn, điều này xảy ra bất kể khoảng cách tồn tại giữa các hạt.

Tình huống này thực sự là một câu hỏi hóc búa đối với các nhà vật lý vì nó chỉ có thể có hai ý nghĩa:

- các hạt giao tiếp với nhau bằng cách truyền tín hiệu với tốc độ gần như vô hạn, và trong bất kỳ trường hợp nào cũng cao hơn tốc độ ánh sáng,
- có một hình thức giao tiếp khác bỏ qua không gian và thời gian.

Vì vậy, nó là một hình thức giao tiếp thuần túy tâm linh, tương tự như suy nghĩ. Đó là một giao tiếp mở rộng tức thời đến mọi nơi trong vũ trụ, trong quá khứ và tương lai, không có bất kỳ giới hạn vật lý nào.

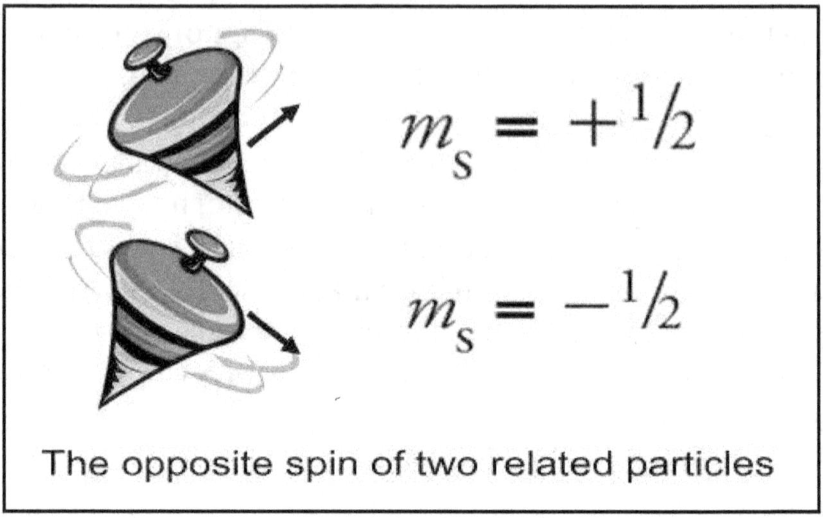

Hình 43 – Spin (sự quay) ban đầu được giới thiệu liên quan đến "mômen từ nội tại" của electron.

Tuy nhiên, ngay cả ví dụ này cũng không hoàn hảo vì nó sẽ dự đoán rằng một trong hai hạt sẽ phát ra "tiếng gọi" đến hạt kia, trong mọi trường hợp, mặc dù ở tốc độ của suy nghĩ.

Thay vào đó, hai hạt quyết định sự biến đổi của chúng đồng thời; không hạt nào quyết định nó trước. Nếu điều này xảy ra, quan hệ nhân quả sẽ quay trở lại: mặc dù với tốc độ cực nhanh. Không phải vậy: các hạt hoạt động như thể chúng là một hạt.

Sự vướng víu là một "ràng buộc nhất quán". Ví dụ, nếu hai photon có spin ngược chiều tương quan với nhau tạo thành một hệ vướng víu, thì sự biến thiên của spin (hình 43) của một photon xảy ra đồng thời với sự biến thiên của spin của photon kia. Không có cách nào để xác minh biến thể nào có trước.

Hình 31 minh họa một phương pháp được sử dụng trong phòng thí nghiệm để thu được các hạt tương quan. Tại điểm A, một electron đặt trên quỹ đạo bất kỳ có năng lượng bằng 10 (giá trị ví dụ). Tại điểm B, electron đã chuyển sang quỹ đạo bên trong. Bây giờ năng lượng cần thiết thấp hơn và chúng ta có thể coi nó bằng 9. Đại lượng không cần thiết, (một lượng tử), đã được sử dụng để tạo ra một photon.

Để thu được hai photon tương quan, các nhà thí nghiệm sẽ gây ra bước nhảy kép của một electron.

Chúng ta hãy tưởng tượng rằng theo cách này, chúng ta đã thu được hai photon tương quan và kiểm tra mối quan hệ giữa chúng.

Sự chồng chất của hai hạt.

Chúng ta giả sử rằng mỗi hạt trong số hai hạt (P1 và P2) có thể đồng thời ở hai nơi và do đó có hai trạng thái. Hạt P1 sẽ có trạng thái P1A và P1B, trong khi hạt P2 sẽ có trạng thái P2Y và P2Z. Hãy nhớ lại rằng các trạng thái A, B, Y và Z đại diện cho những vị trí khác nhau mà các hạt có thể ở đó (Hình 44).

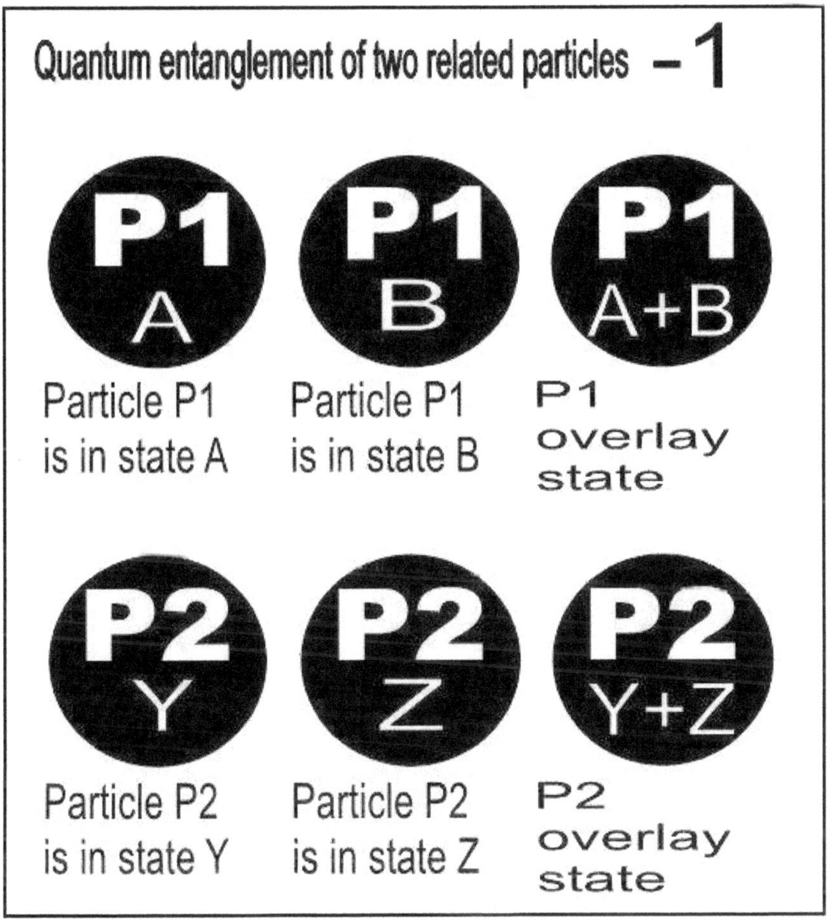

Hình 44 -
"Rối lượng tử" của hai hạt liên quan. (Giai đoạn đầu)
Hai hạt P1 và P2 đều có hai trạng thái.
Hạt P1 ở trạng thái chồng chất (P1(a+b)
Hạt P2 ở trạng thái chồng chất (P2(a+b)).

Hai hạt liên quan có đặc tính sở hữu hai trạng thái. Bây giờ chúng ta hãy tưởng tượng rằng hạt P1 ở trạng thái A và hạt P2 ở trạng thái Y. Kết quả là một hệ gồm hai hạt có trạng thái AY, được gọi là "trạng thái sản phẩm". Mặt khác, nếu chúng ta tưởng tượng rằng hạt P1 ở trạng thái B và hạt P2 ở trạng thái Z, kết quả là trạng thái sản phẩm BZ (hình 45).

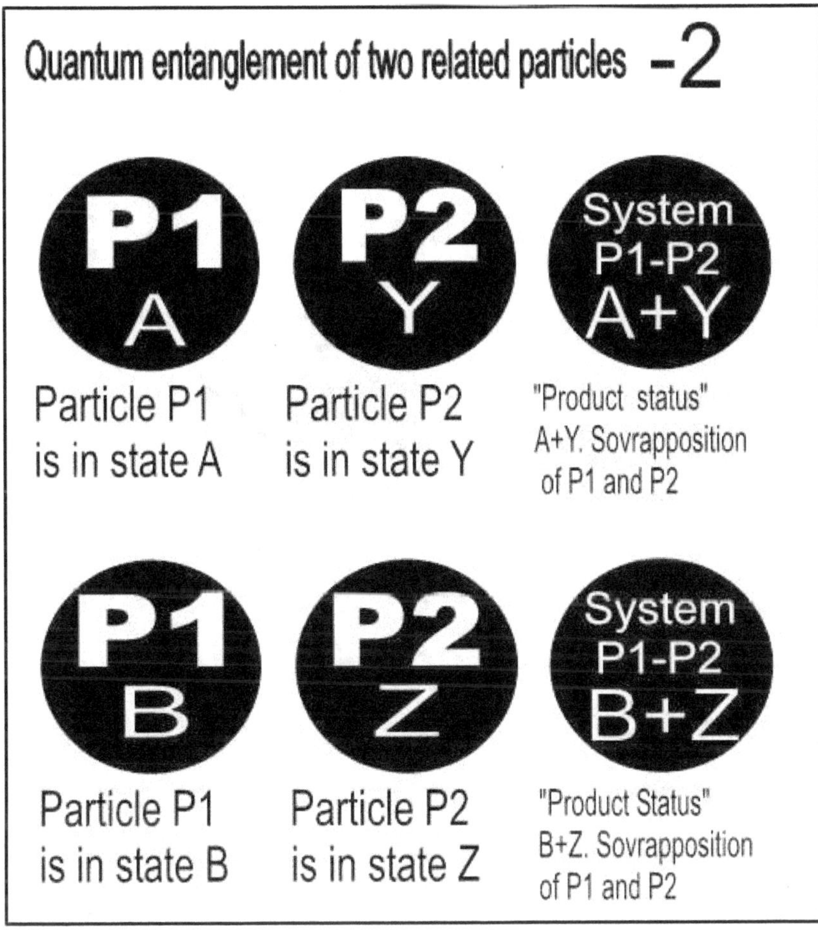

Hình 45 -
"Rối lượng tử" của hai hạt liên quan. (Giai đoạn thứ hai)
"Trạng thái sản phẩm" của các hạt liên quan P1 và P2
Hai hạt P1a và P2y tạo ra trang thái chồng chất P1-P2(a+y)
Hai hạt P1b và P2z tạo ra trạng thai chồng chất P1-P2(b+z)

.

Đến đây, thêm một bước nữa, ta có thể áp dụng nguyên lý chồng chất cho tập hai hệ AY + BZ.

Trạng thái này được gọi là "trạng thái vướng víu" (Hình 46*)*.

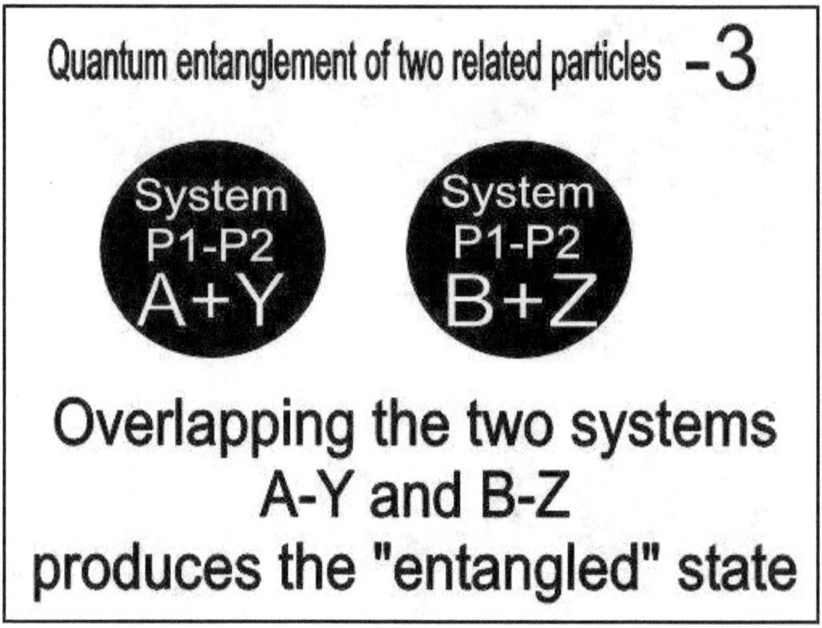

Hình 46 – "Sự vướng víu lượng tử" của hai hạt liên quan. (Giai đoạn thứ ba).

Sự chồng chất của hai hệ thống AY và BZ tạo ra trạng thái "vướng víu"..

Sự chồng chéo của hai hệ thống được gọi là "sự vướng víu". "Trạng thái sản phẩm" AY chỉ ra rằng hạt P1 ở trạng thái A và hạt P2 ở trạng thái Y.

Tương tự, trạng thái sản phẩm BZ chỉ ra rằng hạt P1 ở trạng thái B và hạt P2 ở trạng thái Z.

Trạng thái vướng víu AY + BZ, đại diện cho sự chồng chất của các trạng thái, chỉ ra rằng có những kết luận bắt buộc liên quan đến hai hạt.

Thật vậy, nếu một phép đo được thực hiện cho thấy hạt P1 ở trạng thái A, thì hạt P2 nhất thiết phải ở trạng thái Y và ngược lại.

Tương tự như vậy, nếu bằng cách tiến hành phép đo, người ta thấy rằng hạt P1 ở trạng thái B, thì hạt P2 nhất thiết phải ở trạng thái Z.

Nói cách khác, khi hai hạt ở trạng thái vướng víu, không thể xem xét hạt này riêng lẻ mà không quan tâm đến hạt kia. Cuối cùng, trạng thái vướng víu là kết quả của sự chồng chất của hai "trạng thái sản phẩm".

Khi hai hạt tương quan với nhau, một trạng thái vướng víu được tạo ra giữa chúng mà không tính đến thời gian hay không gian. Bất kỳ sự can thiệp nào vào một trong hai hạt đều đồng thời tạo ra sự thay đổi tương hỗ ở hạt kia, bất kể nó ở đâu trong vũ trụ.

Nhà vật lý người Đan Mạch Niels Bohr, người sáng lập Trường Copenhagen rất nổi tiếng, đã có những đóng góp cơ bản cho sự hiểu biết về cấu trúc của nguyên tử và cơ học lượng tử, và nhờ những đóng góp này, ông đã nhận được giải Nobel Vật lý năm 1922. Về mối tương quan của các hạt anh ấy nói:

> "Ngay cả khi hai photon tương quan ở hai thiên hà khác nhau, chúng sẽ luôn tiếp tục là một thực thể duy nhất và hành động được thực hiện bởi một trong hai photon cũng sẽ ảnh hưởng đến photon kia".

Với hiện tượng vướng víu, vật lý lượng tử long trọng tuyên bố rằng vũ trụ không hoàn toàn tuân theo các định luật vật lý cổ điển, nhưng, ít nhất là ở cấp độ hạ nguyên tử, các định luật này không còn hiệu lực.

Việc hai hạt "vướng víu" tiếp tục hành xử đồng thời bất kể khoảng cách giữa chúng đặt ra một vấn đề dường như không thể giải quyết được.

Làm thế nào để hai hạt giao tiếp với nhau? Chắc chắn không phải với các tín hiệu được gửi bằng các phương pháp cổ điển; trên thực tế, những thứ này sẽ mờ dần khi khoảng cách tăng lên và trong mọi trường hợp, chúng không thể vượt quá tốc độ ánh sáng. Chắc chắn phải tồn tại khả năng giao tiếp phi vật chất.

Hiện tượng phi cục bộ và ngoại cảm.

Tính năng đáng ngạc nhiên và hấp dẫn nhất xuất hiện từ những gì đã nói cho đến nay là các hạt hạ nguyên tử có thể trao đổi thông tin ngay lập tức, tức là chúng được kết nối theo cách phi cục bộ; nói một cách đơn giản hơn, thông tin không đi qua bất kỳ vị trí vật lý nào để kết nối hai hạt; cấp độ phi cục bộ là cấp độ tâm linh thuần túy (để tránh sử dụng thuật ngữ tâm linh), tức là được tạo thành từ thông tin thuần túy hoặc trí thông minh.

Cũng có thể lập luận rằng hai hạt chỉ có vẻ tách rời nhau trong khi trên thực tế vẫn là một, vì đó chính xác là cách chúng hành xử. Điều này không giải quyết được vấn đề. Tuy nhiên, nếu hai hạt là một, thì toàn bộ vũ trụ phải là một, nghĩa là nó sẽ không được tạo thành từ các vật thể riêng biệt (ngoại trừ ở cấp độ vật lý vĩ mô). Thay vào đó, ở cấp độ hạ nguyên tử, nó sẽ là một thực tại duy nhất.

Có lẽ chúng ta đang nói về "Unus Mundus", khái niệm xuất hiện từ sự hợp tác của Jung và Pauli, hoặc có lẽ chúng ta đang nói về vũ trụ ngụ ý được lý thuyết hóa bởi David Bohm. Tuy nhiên, ngay cả trong trường hợp này, vẫn cần có một trí tuệ phổ quát duy nhất để điều hành Vũ trụ.

Albert Einstein cực lực phản đối nguyên tắc phi định xứ vì nó vi phạm các định luật vật lý mà chính ông đã đặt ra, tất cả đều dựa trên định xứ. Ông đã không ngừng cố gắng trong cuộc đời mình để phát triển một lý thuyết có khả năng thống nhất các khái niệm của vật lý cổ điển với các khái niệm của vật lý lượng tử, nhưng thật không may, ông đã thất bại.

Năm 1982, sau các thí nghiệm do Alain Aspect tiến hành, lý thuyết về sự vướng víu và cùng với nó là khái niệm phi định xứ đã được xác nhận một cách dứt khoát. Kể từ đó, chúng ta biết rằng "chủ nghĩa hiện thực cục bộ" mà chúng ta nhận thức được trong chiều không gian của mình không phải là một quy luật tuyệt đối của tự nhiên.

Tại thời điểm này, có thể tưởng tượng rằng không gian và thời gian chỉ tồn tại ở mức độ nhận thức. Thí nghiệm của Aspect cho chúng ta thấy rằng có một mối liên hệ giữa các hạt vượt ra ngoài không-thời gian. Hơn nữa, vì toàn bộ vũ trụ được tạo thành từ các hạt, chúng ta có thể tự hỏi liệu hiện tượng phi định xứ chỉ nên giới hạn trong thực tại hạ nguyên tử hay liệu nó cũng có thể tự biểu hiện giữa các vật thể lớn hơn, hoặc thậm chí giữa các sinh vật sống.

Có thể cho các sinh vật, chẳng hạn như con người, để truy cập vào cấp độ phi địa phương? Nếu câu trả lời là có, thì chúng ta có thể hình dung việc trao đổi thông tin giữa các tổ chức khác nhau thông qua các phương tiện độc đáo. Việc trao đổi có thể diễn ra thông qua chiều không gian bí ẩn phi cục bộ đó.

Trên thực tế, không nên loại trừ khả năng này mà ngược lại, nó tồn tại và rất phổ biến và được nhiều người biết đến. Nó được gọi là thần giao cách cảm.

Một đặc điểm của thần giao cách cảm là nó hoạt động tốt hơn giữa những người được liên kết với nhau bằng những mối quan hệ tình cảm hoặc họ hàng cụ thể, chẳng hạn như mẹ và con, tức là "mắc kẹt" giữa họ về mặt cảm xúc.

Bộ não của chúng ta chắc chắn có khả năng xử lý mong muốn kết nối với những người gần gũi nhất với chúng ta. Có lẽ phi địa phương đại diện cho các phương tiện chưa được biết đến cho đến nay mà thông tin liên lạc như vậy thực sự có thể diễn ra. Ngay cả khi con người không biết cách sử dụng thần giao cách cảm một cách đầy đủ, họ vẫn có phương tiện để làm như vậy, đó là một bộ óc có khả năng xử lý các suy nghĩ và muốn truyền chúng đi. Đôi khi điều này xảy ra một cách tự phát, nghĩa là nó xảy ra ngay cả khi chúng ta không thể giải thích nó xảy ra như thế nào.

Thần giao cách cảm có lẽ bao gồm một hiện tượng tương quan giữa các tâm trí. Ý thức, trong quá trình thực hiện khả năng phát triển ý định, có thể tương quan giữa hai bộ não bằng cách đặt chúng vào trạng thái vướng víu.

Một khía cạnh khác có thể được liên kết với tính không cục bộ là liên quan đến hiện tượng nhìn thấy trước và linh cảm.

Thật vậy, ở cấp độ phi cục bộ, người ta có thể nhận ra những tương ứng lớn với vô thức tập thể, cấp độ vũ trụ do Jung đưa ra lý thuyết chứa đựng tất cả lịch sử và trí tuệ của nhân loại trong quá trình tiến hóa của nó. Khả năng "sự vướng mắc" phát triển ở cấp độ phi cục bộ trùng khớp với khả năng xảy ra ở cấp độ ý thức tập thể và khiến cho lương tâm cá nhân có thể tiếp cận nội dung quá khứ, hiện tại và tương lai của nó là hợp lý.

Theo nghĩa này, các thí nghiệm của Alain Aspect và các cộng sự của ông cũng có thể được coi là các thí nghiệm trong siêu hình học lượng tử. Bằng cách chứng minh tính phi định xứ, họ cũng chứng minh sự tồn tại của một cấp độ vượt qua thực tế của không-thời gian và bác bỏ giả thuyết về một vũ trụ thuần túy vật chất.

Brian Josephson là một nhà vật lý người xứ Wales, sinh năm 1940 tại Cardiff. Khi mới 22 tuổi, ông đã phát hiện ra hiệu ứng Josephson và kết quả là ông đã nhận được giải thưởng Nobel về vật lý vào năm 1973.

Josephson là một trong những nhà khoa học nổi tiếng nhất trong số những người ủng hộ khả năng các hiện tượng cận tâm lý là có thật. Ông đặc biệt mạo hiểm nghiên cứu về chủ nghĩa thần bí phương Đông, và những hàm ý khả dĩ mà nó có thể đưa ra liên quan đến việc giải thích các hiện tượng khoa học theo cách thần bí hoặc siêu hình.

Đặc biệt, Josephson nói rằng một trong những phương pháp hướng dẫn của ông là: "nullius in verba" (Đừng tin vào lời nói của bất kỳ ai) có liên quan đến thực tế rằng:

> …nếu tất cả các nhà khoa học bác bỏ một ý kiến, thì điều này không nhất thiết phải được coi là bằng chứng cho thấy ý kiến nói trên là vô lý. Ngược lại, động cơ của những ý kiến này phải được xem xét cẩn thận, để đánh giá xem chúng có thể hỗ trợ cho việc xem xét kỹ lưỡng hay không. "

Một vũ trụ đan xen.

Brian Greene là nhà vật lý người Mỹ, một trong những học giả quan trọng nhất của lý thuyết dây. Ông đã xuất bản cuốn sách "Kết cấu của vũ trụ. Không gian, thời gian, thực tại".

Trong cuốn sách này, tập trung vào câu hỏi hóc búa về thời gian, Greene khẳng định rằng không có quy tắc vật lý nào xác nhận ý kiến cho rằng thời gian trôi theo bất kỳ hướng cụ thể nào. Hơn nữa, trong số các chủ đề của cuốn sách này, ngoài phần trình bày cơ bản về "lý thuyết dây", bạn có thể tìm thấy cách xử lý sự vướng víu lượng tử. Về cơ bản, nó là một phân tích về bản chất của thực tế với các chuyến du ngoạn về các chủ đề như không thời gian, vũ trụ học và nguồn gốc của vũ trụ (cái gọi là lý thuyết về mọi thứ).

Trên thực tế, Greene tin rằng vũ trụ là một tổng thể vướng mắc nội tại và gắn kết với chính nó.

Một xác nhận có thẩm quyền khác đến từ cuốn sách "Vũ trụ phi cục bộ: Vật lý mới và các vấn đề của tâm trí", một văn bản được viết bởi hai nhà vật lý, Robert Nadeau và Menas Kafatos. Đây là một trích dẫn thường được lấy từ văn bản này:

“Tất cả các hạt trong lịch sử vũ trụ đã tương tác với các hạt khác theo cách được phát hiện bởi các thí nghiệm của Aspect. Hầu như mọi thứ trong môi trường vật lý trực tiếp của chúng ta đều được tạo thành từ các lượng tử đã tương tác theo cách này với các lượng tử khác từ vụ nổ lớn cho đến thời điểm hiện tại. (...) Cũng nên xem xét rằng sự vướng víu lượng tử tăng theo cấp số nhân với số lượng hạt liên quan đến trạng thái lượng tử ban đầu và không có giới hạn lý thuyết đối với số lượng các hạt vướng víu này.

Nếu đây là trường hợp, vũ trụ ở cấp độ rất cơ bản có thể là một mạng lưới rộng lớn các hạt, tiếp xúc với nhau trên mọi khoảng cách và trong thời gian bằng không và không có sự truyền năng lượng hoặc thông tin. Điều này cho thấy, cho dù điều này có vẻ kỳ lạ hay kỳ quái đến đâu, rằng tất cả thực tại vật lý là một Hệ lượng tử duy nhất phản ứng nhất trí với các tương tác tiếp theo."

Trên thực tế, nếu chúng ta xem xét lý thuyết Vụ Nổ Lớn mà tôi đã mô tả trước đó, thì giả định cơ bản của nó hóa ra là một vụ nổ rất mạnh, xảy ra khoảng 15 tỷ năm trước, của một "điểm kỳ dị" năng lượng dạng điểm. Từ "điểm kỳ dị" này sẽ được sinh ra, nhờ quá trình giãn nở vẫn đang diễn ra, toàn bộ vũ trụ. Điều này có nghĩa là ban đầu toàn bộ vũ trụ được nén lại thành một thực tại có mật độ gần như vô hạn. Thực tế là tất cả các hạt được liên kết chặt chẽ với nhau và tất cả chúng đều được sinh ra từ cùng một vụ nổ khiến cho việc nghĩ rằng tất cả các hạt trong vũ trụ thực sự vướng víu với nhau là hợp lý.

Không chỉ vậy, có thể đưa ra giả thuyết rằng tất cả các hạt của vũ trụ đều lưu giữ ký ức về sự kết đôi của chúng với mọi hạt khác. Điều này có nghĩa là thực tế bị phân mảnh thành "những thứ riêng biệt" chỉ là ảo ảnh. Sự tách biệt là do cách chúng ta nhìn nhận ở cấp độ vĩ mô của vũ trụ. Trong thực tế, vũ trụ, mặc dù được mở rộng thành hàng tỷ thiên hà cách xa nhau hàng tỷ năm, vẫn là một thứ, bởi vì nó được thống nhất trong chiều sâu của nó bằng các liên kết phi cục bộ. Nếu trực giác này có thể được chứng minh một cách khoa học, thì nó sẽ chứng minh được rằng tất cả chúng ta đều sống trong một thực tại tổng thể bao la, nơi mỗi bộ phận riêng lẻ đều có giá trị với tổng thể vì nó là hình ba chiều của tổng thể.

Chắc chắn rằng vẫn còn nhiều điều mà chúng ta chưa biết và thậm chí có thể vượt quá sức tưởng tượng của chúng ta.

Xác nhận thực nghiệm về sự vướng víu.

Einstein đã sai khi nói: "Chúa không chơi trò xúc xắc". Trên thực tế, nghiên cứu về lỗ đen cho thấy rằng Chúa, ngoài việc chơi trò xúc xắc, đôi khi còn khiến chúng ta bối rối bằng cách ném chúng vào nơi chúng ta không thể nhìn thấy.

(Stephen Hawking)

Chắc ai đó sẽ nhớ đến "Noein". Đây là loạt phim hoạt hình khoa học viễn tưởng năm 2005 do hãng phim Satelight sản xuất, bao gồm 24 tập, do Kazuki Akane lên ý tưởng và đạo diễn.

Noein, nhân vật lấy tên của bộ truyện, là một nhân vật phù du, được đặc trưng bởi một chiếc mặt nạ vàng với một bên mắt. Chính anh ta là người dệt nên cốt truyện của các sự kiện ngay từ đầu. Noein thấm nhuần sâu sắc các lý thuyết về cơ học lượng tử.

Noein coi khái niệm thời gian là một chiều cộng hưởng với các mốc thời gian khác. Đặc biệt, anh ấy thấy vũ trụ phân nhánh thành vô số xác suất, ủng hộ cách giải thích của Hugh Everett về "nhiều thế giới". Tuy nhiên, Noein cũng kết hợp nhiều khía cạnh trong cách giải thích của Bohr và Trường phái Copenhagen, theo đó sự hiện diện của một người quan sát là cần thiết để xác định sự sụp đổ của sóng xác suất trong một tình huống có thể đo lường được.

Haruka, một nhân vật nữ, có sức mạnh của một "người quan sát" trong đa vũ trụ, sức mạnh cho phép cô xác định kết quả của một hành động chỉ bằng cách "quan sát nó".

Trong tập phim "Lớp phủ", Uchida giải thích nghịch lý con mèo của Schrödinger cho vệ sĩ Koriyama của mình. Nghịch lý này là một ví dụ về một tình huống lý tưởng mà chỉ một người quan sát mới có thể xác nhận cái chết của con mèo khi anh ta mở hộp. Trong cùng một tập, người ta cũng nhắc đến câu "Chúa không chơi xúc xắc", một câu nói nổi tiếng của Albert Einstein.

> “Chúa không chơi trò xúc xắc, bạn có biết điều đó không? Giả sử bạn tung một con xúc xắc, và con xúc xắc đó sẽ xuất hiện số sáu.”

"Tôi thích số một hơn, vì nó là số một."

"Được rồi, một hay sáu đều như nhau. Vì vậy, giả sử số một xuất hiện. Số năm cũng có thể ra, hoặc số bốn cũng có thể ra. Họ có cùng xác suất, phải không?

"Thật ra thì có."

"Bạn có thể tưởng tượng một thế giới nơi số năm xuất hiện và một thế giới khác nơi số bốn xuất hiện không? Có thể nào có vô số thế giới nơi có vô số bản sao của chính bạn lăn vô số viên xúc xắc không?"

"Chúa không chơi xúc xắc"

Câu nói này là một trong những câu châm ngôn nổi tiếng nhất của Einstein. Anh ấy lặp lại nó nhiều lần trong những dịp khác nhau. Nhà khoa học đã sử dụng phép ẩn dụ này để đối lập với ý nghĩa không tất định của cơ học lượng tử, được ủng hộ bởi Niels Bohr và Trường Copenhagen của ông.

Thực tế là vị trí và vận tốc của một electron không thể được thiết lập một cách chắc chắn và những dữ liệu này chỉ có thể được biểu thị dưới dạng xác suất, đã xúc phạm rất nhiều đến ý thức khoa học nghiêm ngặt của Einstein, vốn dựa trên những điều chắc chắn về tính định xứ và tính tất định.

Theo lý thuyết của Bohr, nếu một electron được "quan sát" nhiều lần, trong cùng điều kiện thí nghiệm, thì không phải lúc nào cũng thu được kết quả giống nhau. Điều này phụ thuộc vào thực tế là quỹ đạo của nó luôn phụ thuộc vào "đám mây không ổn định" của xác suất.

Hãy tưởng tượng ném một con xúc xắc trên bàn nhiều lần, với cùng một thiết bị máy móc. Nghĩ rằng bạn sẽ luôn nhận được cùng một số? Rõ ràng là điều này không xảy ra do có vô số biến thể ảnh hưởng đến việc tung xúc xắc. Ví dụ, độ thô của thiết bị, nhiệt độ và độ ẩm xung quanh.

Với câu cách ngôn của mình, Einstein muốn nói rằng cơ học lượng tử không thể được coi là tương tự như trò tung xúc xắc, nhưng nó nhất thiết phải mang lại kết quả rất chính xác trong các tính toán của nó.

Có nhiều trích dẫn trong đó Einstein bày tỏ một cách mạnh mẽ những nghi ngờ của mình. Vào ngày 4 tháng 12 năm 1926, ông đã viết những lời này trong nhật ký của mình:

> "Cơ học lượng tử xứng đáng với mọi sự tôn trọng, nhưng một giọng nói bên trong nói với tôi rằng nó vẫn chưa phải là giải pháp đúng đắn. Đó là một lý thuyết cho chúng ta biết nhiều điều, nhưng không cho phép chúng ta thâm nhập hoàn toàn vào bí mật của Chúa. Trong mọi trường hợp , Tôi tin chắc rằng "Ông già" không chơi trò xúc xắc với thế giới."

Năm 1942, khi viết thư cho Cornelius Lanczos, nhà toán học và vật lý người Hungary và là người bạn tuyệt vời của ông, Einstein đã nói:

> "Thật khó biết bao để có thể nhìn vào những lá bài của Chúa. Nhưng tôi không tin dù chỉ một chút rằng Ngài chơi xúc xắc hay sử dụng các phương pháp "thần giao cách cảm" như lý thuyết lượng tử hiện tại sẽ có."

Đặc biệt, người ta biết đến nhiều cuộc trao đổi quan điểm giữa Einstein và Niels Bohr, người ủng hộ hai luận đề đối lập nhau. Nhiều nhân chứng và bản thân Bohr nhớ lại cuộc đối đầu bằng lời nói diễn ra vào dịp Đại hội Solvay năm 1927. Bohr viết như sau:

"Về phần mình, Einstein đã hỏi đùa chúng tôi rằng liệu chúng tôi có thực sự tin rằng Thượng đế đã "chơi xúc xắc" hay không. Tôi trả lời rằng các nhà tư tưởng cổ đại đã cảnh báo rằng chúng ta phải hết sức cẩn thận khi định nghĩa các thuộc tính của Thượng đế bằng ngôn ngữ thông thường."

Werner Heisenberg cũng có mặt trong dịp đó và nhớ lại câu nói đùa của Einsteini mà Bohr đã trả lời:

"Nhưng chúng ta không có quyền nói với Chúa cách làm cho thế giới vận hành!".

Năm 1944, vào ngày 7 tháng 9, Einstein viết cho Bohr như sau:

"Các quan điểm khoa học của chúng ta giờ đây đã khác xa nhau. Bạn tin rằng Chúa chơi xúc xắc với thế giới; thay vào đó, tôi tin rằng mọi thứ đều tuân theo quy luật.

Tôi tin vào một thế giới của những thực tại khách quan và cố gắng nắm bắt chúng một cách điên cuồng. Tôi hy vọng rằng ai đó sẽ khám phá ra một con đường thực tế hơn con đường tôi đang theo. Ngay cả thành công lớn ban đầu của lý thuyết lượng tử cũng không thể thuyết phục tôi rằng tính ngẫu nhiên là gốc rễ của mọi thứ.

Tuy nhiên, tôi biết rằng các đồng nghiệp trẻ tuổi coi thái độ này là hậu quả của chứng xơ cứng của tôi. Một ngày nào đó người ta sẽ biết thái độ nào trong hai thái độ bản năng này là đúng."

Luận án của Einstein dựa trên khái niệm biến ẩn. Theo ông, nếu phiên bản cơ học lượng tử của Trường phái Copenhagen đưa ra các kết quả không tất định, thì nó chắc chắn phụ thuộc vào thực tế là một số thông số quan trọng đã bị bỏ qua.

Nghịch lý EPR.

Sự vướng víu lượng tử, xuất phát từ cách giải thích của Copenhagen, được coi là nghịch lý vì nó được coi là không tương thích với thuyết tương đối đặc biệt coi tốc độ ánh sáng là tốc độ tối đa mà bất kỳ loại thông tin nào có thể truyền đi. Hơn nữa, rối lượng tử không tương thích với nguyên lý định xứ. Do đó Einstein tin rằng thuyết lượng tử là không đầy đủ. Theo ông, lý thuyết không đầy đủ là do các "biến ẩn", tức là các tham số chưa được tính đến trong tính toán.

Năm 1935, cùng với Boris Podolsky và Nathan Rosen, Einstein đề xuất một thí nghiệm tưởng tượng trong tiểu luận "Có thể coi sự mô tả cơ học lượng tử của thực tại vật lý là hoàn chỉnh?"

Bài đã đăng trên tạp chí "Physical Review" XLVII, 1935, pp. 777-780).

Trong tác phẩm này, được gọi là "Nghịch lý EPR" từ những chữ cái đầu trong tên của họ, ba người sáng tạo nhằm chứng minh rằng cơ học lượng tử dẫn đến những kết quả hợp lệ, nhưng lại tạo ra những hậu quả nghịch lý. Do đó, theo họ, đó không phải là một lý thuyết vật lý hoàn chỉnh.

Năm tháng sau, Niels Bohr trả lời bằng cách xuất bản một bài báo có cùng tiêu đề trên cùng một tạp chí (Physical Review XLVIII, 1935, trang 700).

Trên thực tế, vào thời điểm đó, cuộc đụng độ giữa hai nhà khoa học không có người chiến thắng trên hết vì các công cụ thời đó không cho phép xác minh bằng thực nghiệm thực tế các luận điểm được hỗ trợ. Như ngày nay vẫn được sử dụng, "thí nghiệm" được đề xuất được gọi là "thí nghiệm tinh thần" hoặc "Thí nghiệm Gedanken", sử dụng thuật ngữ tiếng Đức do nhà vật lý người Đan Mạch Hans Christian Ørsted tạo ra.

Một thí nghiệm suy nghĩ vẫn nhằm mục đích kiểm tra, chứng thực hoặc bác bỏ một giả thuyết hoặc lý thuyết. Thật không may, thí nghiệm này mang tính chất tưởng tượng và phi thực nghiệm. Điều này là do những hạn chế thực tế làm cho nó không khả thi về mặt vật chất.

Cũng phải nói rằng thí nghiệm EPR do ba nhà khoa học nghĩ ra có mức độ phức tạp đến mức khiến cho những kết luận có thể rút ra từ đó trở nên đáng nghi ngờ.

Mặc dù vậy, Einstein không phải là người duy nhất nghi ngờ, mà cả các nhà khoa học khác trong các công trình của họ đã nêu bật những khía cạnh nghịch lý trong cách giải thích của Copenhagen về cơ học lượng tử.

Hình 47 - Ở trên, Erwin Schrödinger trong một bức ảnh cổ điển và trên một con tem kỷ niệm của Áo. Dưới đây là một bài viết vui nhộn về nghịch lý mèo nổi tiếng, từ blog "Cenacolo Jung-Pauli".

Nghịch lý con mèo của Schrödinger.

Năm 1935, Erwin Schrödinger, nhà vật lý người Áo từng nhận giải Nobel năm 1933, đã xuất bản bài báo trong đó ông mô tả "nghịch lý con mèo" nổi tiếng, cố gắng chỉ ra sự kỳ lạ của lý thuyết "chồng chất lượng tử".

Trên thực tế, Schrödinger, khi đề xuất nghịch lý này, cũng giống như Einstein, có ý định chứng minh các giới hạn của vật lý lượng tử, mặc dù chính ông là một trong những người sáng lập ra ngành khoa học này. Như đã đề cập, theo vật lý lượng tử, không thể dự đoán chính xác hành vi của một hạt cơ bản mà chỉ theo cách xác suất.

Đây không phải là trường hợp đối với các hệ vĩ mô, tức là bao gồm hàng triệu nguyên tử tổng hợp: một khi đã biết một số dữ liệu, có thể tính toán chính xác điều gì sẽ xảy ra trong chúng và khi nào nó sẽ xảy ra.

Thí nghiệm tưởng tượng của Schrödinger khá phức tạp. Nó liên quan đến việc một con mèo bị nhốt trong hộp cùng với chất phóng xạ và một lọ xyanua. . Chúng tôi biết chắc chắn rằng một nguyên tử của chất phóng xạ sẽ phát ra bức xạ, nhưng chúng tôi không thể nói chắc chắn khi nào điều này sẽ xảy ra.

Trong hộp, cùng với con mèo, có một thiết bị, theo đó, khi chất phóng xạ phát ra bức xạ, bức xạ này sẽ làm vỡ lọ xyanua và giết chết con mèo

Chắc chắn thời thế đã thay đổi và một nhà khoa học hôm nay đề xuất một thí nghiệm kiểu này sẽ ngay lập tức thấy phòng thí nghiệm của mình bị bao vây bởi các nhà hoạt động vì quyền động vật. Tuy nhiên, chúng ta biết rằng Schrödinger không bao giờ bỏ bất kỳ con mèo nào vào bất kỳ chiếc hộp nào, thực sự, có lẽ ông ấy sở hữu một con mèo mà ông ấy rất yêu thích.

Quay trở lại thí nghiệm, chúng ta biết rằng cái chết của con vật nhỏ sẽ chỉ xảy ra nếu chất phóng xạ phát ra bức xạ, nhưng chúng ta không biết liệu điều này có xảy ra hay không hoặc khi nào nó sẽ xảy ra.

Hộp sẽ được giữ kín trong một giờ. Biết rằng có 50% khả năng nguyên tử sẽ phân rã trong giờ này, chúng ta có thể xác định rằng chúng ta có cơ hội tìm thấy con mèo chết hay sống khi mở hộp là như nhau.

Theo cơ học lượng tử trong cách giải thích của Copenhagen, nếu hành vi của nguyên tử không được quan sát rõ ràng, thì nguyên tử ở trạng thái chồng chất, tức là nó đã phân rã nhưng đồng thời nó không phân rã. Nguyên tử vẫn ở trạng thái chồng chất này cho đến khi ai đó mở hộp gây ra "sự sụp đổ hàm sóng".

Áp dụng nghịch lý Schrödinger vào cơ học lượng tử, chừng nào chiếc hộp vẫn còn đóng, chúng ta có:

- một nguyên tử đã rơi xuống và chưa bị phân rã
- một lọ xyanua còn nguyên và đã vỡ
- một con mèo sống và chết.

Thay vào đó, khi ai đó mở hộp, hệ thống sẽ "sụp đổ" vào trạng thái được xác định chính xác. Điều này tương tự như những gì đã nói trong trường hợp thí nghiệm hai khe: khi một photon được ném về phía rào cản, nó hoạt động giống như sóng, nó đi qua cả hai khe và gây ra hiện tượng giao thoa. Thay vào đó, nếu chúng ta áp dụng một dụng cụ vào một trong hai khe để quan sát sự đi qua của nó, thì hàm sóng "suy sụp" và photon hành xử giống như một hạt, đi qua một khe duy nhất.

Do đó, chỉ khi mở thiết bị, hệ thống mới "thu gọn" về một trạng thái duy nhất, mạch lạc, không chồng chéo.

Chúng ta có thể nói đùa rằng trong tình huống này, chúng ta sẽ biết rằng, bằng cách mở hộp, chúng ta có thể xác định cái chết của con mèo.

Thay vào đó, con mèo sẽ tiếp tục sống (hoặc ít nhất là vừa chết vừa sống) miễn là chiếc hộp được đóng lại.

Rõ ràng, nghịch lý con mèo của Schrödinger mô tả một tình huống hoàn toàn khác xa với thực tế. Để bảo vệ vật lý lượng tử, chúng ta có thể nói rằng theo một nghĩa nào đó, Schrödinger đã lừa dối bằng cách đặt hai thực tại lại với nhau, thực tại lượng tử và thực tại vĩ mô. Đương nhiên, chúng ta vẫn chưa thống nhất được các quy luật vật lý khác nhau của hai cấp độ.

Bất đẳng thức của John Stewart Bell.

Erwin Schrödinger không phải là người duy nhất ủng hộ những nghi ngờ của Einstein. Nhiều nhà khoa học khác đã chỉ trích về mặt khái niệm đối với luận án của Trường Copenhagen. Tuy nhiên, phần lớn cộng đồng khoa học dần tin rằng quan điểm của Einstein là sai. Lập luận dần dần bị gác lại và, mặc dù không có bằng chứng, phần lớn các nhà khoa học đã công nhận giá trị của lý thuyết "không cục bộ" của Bohr.

Vấn đề này đã được John Stewart Bell, (hình 48), một thanh niên trầm tính, tóc đỏ tàn nhang, sinh ra ở Belfast, Bắc Ireland, hồi sinh vào năm 1928.

Bell đã tốt nghiệp ngành vật lý thực nghiệm tại Đại học Queen's Belfast vào năm 1948. Sau vài năm làm việc tại nhiều Viện khác nhau, ông bắt đầu làm việc tại CERN, (Tổ chức Nghiên cứu Hạt nhân Châu Âu) trong phòng thí nghiệm vật lý hạt lớn nhất thế giới, nằm trên biên giới giữa Thụy Sĩ

Hình 48 - John Stewart Bell đề xuất một thí nghiệm, được thực hiện vào năm 1982 bởi Alain Aspect. Thí nghiệm đã chứng minh tính không chính xác của những nghi ngờ do Einstein cùng với Podolski và Rosen đưa ra (nghịch lý EPR). Alain Aspect đã xác nhận sự vướng víu lượng tử.

và Pháp, ở vùng ngoại ô phía tây của thành phố Geneva thuộc xã Meyrin.

Trong những năm làm việc tại CERN, Bell đã phát triển nghiên cứu của mình về vật lý lý thuyết và làm việc trong lĩnh vực máy gia tốc hạt. Tổ hợp CERN hiện bao gồm bảy máy gia tốc lớn, được xây dựng vào những thời điểm khác nhau kể từ khi tổ chức được thành lập.

Máy gia tốc hạt là một cỗ máy có khả năng tạo ra các chùm ion hoặc hạt hạ nguyên tử, bao gồm electron, positron, proton và phản proton, với động năng cao. Những máy này được sử dụng cho mục đích công nghiệp và y tế và để nghiên cứu cấu trúc của vật liệu. Ở cấp độ thí nghiệm lý thuyết, trong vật lý hạt, việc sử dụng chúng cho phép thu được các chùm hạt năng lượng cao dùng để thăm dò các vật thể có kích thước rất nhỏ. Đặc biệt, "Large Hadron Collider" (LHC) ở Geneva, đi vào hoạt động vào ngày 10 tháng 9 năm 2008, kéo dài trên một chu vi 27 km. LHC được thiết kế để gia tốc các proton để cho phép nghiên cứu chúng trong các điều kiện tương tự như những khoảnh khắc đầu tiên của sự sống trong Vũ trụ, ngay sau Vụ nổ lớn.

Trong khi mải mê với những cam kết này, Bell cũng dành thời gian cho những câu hỏi cơ bản của lý thuyết lượng tử đã bị lãng quên. Năm 1964, khoảng ba mươi năm sau khi công bố bài tiểu luận về EPR của Einstein, Bell mở lại cuộc tranh luận về chủ đề tưởng như đã bị gác lại này và viết một bài báo cho tạp chí "Vật lý" có tựa đề "Về nghịch lý Einstein-Podolsky-Rosen". Trong bài viết Bell đề cập đến vấn đề biến ẩn.

Câu hỏi mà Bell đặt ra là liệu thuyết lượng tử có cần các biến số ẩn, như Einstein lập luận, để được đặt một cách chắc chắn trong phạm trù các hiện tượng tất định hay không. Bell tin rằng đây là điều cần thiết để đưa vật lý lượng tử thoát khỏi sự bế tắc của tính phi định xứ.

Như chúng ta đã thấy, Einstein, mặc dù là một trong những người sáng lập ra thuyết lượng tử, đã nghi ngờ tính hoàn chỉnh của nó. Theo quan điểm của ông, một lý thuyết hoàn chỉnh hơn lẽ ra phải thấy trước sự tồn tại của các yếu tố thực tế, hoặc các biến ẩn, để bảo toàn khái niệm về địa phương. Hơn nữa, tính không định xứ sẽ mâu thuẫn với thuyết tương đối của ông. Trên thực tế, thuyết tương đối bác bỏ rằng các tác động của một hành động vật lý có thể được quan sát ngay lập tức từ xa. Điều này sẽ dẫn đến việc truyền thông tin nhanh hơn tốc độ ánh sáng. Thay vào đó, thuyết tương đối của Einstein dựa trên tốc độ chính xác của ánh sáng, bằng 299.792,458 km/s. Đó là một tham số, nếu không được tôn trọng, sẽ hạ bệ toàn bộ thuyết tương đối.

Thật không may, vào thời điểm Einstein đưa ra những phản đối của mình, công việc vẫn chỉ thuộc lĩnh vực lý thuyết, do không thể tiến hành kiểm tra do sự không phù hợp của phần cứng thử nghiệm. Kết quả là, "chủ nghĩa hiện thực cục bộ" của Einstein, có giá trị ở cấp độ lý thuyết nhưng trái ngược với các giả thuyết có giá trị về mặt lý thuyết tương đương, vẫn bị giới hạn ở cấp độ một chủ đề cho cuộc tranh luận triết học.

Sự bế tắc này được giải tỏa khi vào năm 1964, John Bell đặt câu hỏi trở lại bàn bằng cách đặt vấn đề dưới dạng có thể kiểm chứng được bằng thực nghiệm. Mục đích của những thí nghiệm thực hành này là để đo tính chất vật lý của các hạt ở xa nhau nhưng có liên quan với nhau (tương quan) bằng hiệu ứng lượng tử.

Bell xây dựng "bất đẳng thức Bell" nổi tiếng. Lý thuyết này đã chứng minh rằng trong mọi trường hợp, việc bổ sung các biến ẩn sẽ không thể tái tạo tất cả các tính chất được dự đoán bởi cơ học lượng tử, đặc biệt là các tính chất liên quan đến sự vướng víu.

Bất đẳng thức Bell làm nổi bật một phương án khác:

- Einstein đã đúng. Một lý thuyết lượng tử nằm dưới sự bảo trợ của địa phương Einstein nhờ sự đóng góp của các biến ẩn là đúng.

hoặc:

- Bohr đã đúng. Cơ học lượng tử của Trường Copenhagen đã đúng, với những hàm ý phi định xứ của nó.

Trên thực tế, Bell đã phát triển lý thuyết của mình bắt đầu từ giả định rằng thực sự có khả năng tưởng tượng được sự tích hợp của lý thuyết lượng tử với các biến ẩn, như Einstein đã đề xuất.

Với điều này, ông đồng ý với các nghiên cứu khác do David Bohm thực hiện, theo đó các biến ẩn sẽ là các vectơ thông tin. Nghĩa là, Bohm gợi ý rằng các hạt đã có sẵn một tập hợp các hướng dẫn cho chúng biết trước hành vi của chúng phải như thế nào trong mọi trường hợp.

Bất đẳng thức Bell có ưu điểm là cho phép xác minh bằng thực nghiệm bằng cách đo sự phân cực của photon. Các thí nghiệm tiếp theo là "khẩu súng hút thuốc" chống lại chủ nghĩa hiện thực địa phương và chứng minh rằng "hành động khủng khiếp ở khoảng cách xa" được dự kiến bởi nghịch lý EPR chắc chắn là một phần của thực tế.

Trên hết, những thí nghiệm này chắc chắn chứng minh rằng, ngay cả trong giả thuyết về sự tồn tại của các biến ẩn, nguyên tắc "không cục bộ" sẽ vẫn được xác nhận như nhau.

Trong cuốn sách "Thông tin. Ngôn ngữ mới của khoa học" Hans Christian von Baeyer, một học giả người Mỹ, viết:

"Trái ngược với trực giác của Einstein, Chúa không chỉ chơi xúc xắc mà dường như Ngài còn là người duy nhất chúng ta có thể tin tưởng để chơi công bằng."

Các thí nghiệm xác nhận "không cục bộ".

Năm 1969, Bell nhận được một lá thư từ nhà vật lý trẻ John Clausr ở Berkeley nói với ông rằng ông đã nghĩ ra một thí nghiệm để kiểm tra lý thuyết về sự bất bình đẳng của mình. John Clausr không phải là người duy nhất thực hiện các loại thí nghiệm này. Việc xác minh các kết quả thí nghiệm có xu hướng xác định bản chất cục bộ hoặc không cục bộ của thế giới vật chất thực. Sự tiến bộ của công nghệ trong những năm qua đã dẫn đến những cải thiện đáng kể về hiệu quả, nhưng trong mọi trường hợp, tất cả các thí nghiệm đều xác nhận lý thuyết lượng tử về tính phi định xứ và cung cấp các kết quả không thể giải thích được ngay cả khi thêm các biến ẩn.

Năm 1972, John Clausr, cộng tác với Stuart Freedman, đã sử dụng các nguyên tử canxi để thu được, với bước nhảy lượng tử kép của một electron, một cặp photon tương quan. Bằng cách thực hiện một loạt các phép đo trong khoảng 200 giờ, Clausr và Freedman đã xác nhận được hiện tượng vướng víu và phi định xứ. Kết quả này đã gây bối rối cho chính Clausr, người có xu hướng chứng minh tính không nhất quán của lý thuyết lượng tử. Có lẽ vì lý do này mà thí nghiệm đã không nhận được sự quan tâm xứng đáng.

Trường hợp thí nghiệm được thực hiện bởi Alain Aspect, (hình 49) thì khác, sinh năm 1947 ở Agen, một ngôi làng nhỏ của Pháp cách Bordeaux không xa.

Trái ngược với Clausr, Aspect hiểu rằng thuyết lượng tử đã đạt được thành công khoa học vĩ đại ở cấp độ lý thuyết.

Aspect tin rằng xung đột giữa tính địa phương và tính không địa phương do bất đẳng thức Bell gợi ý có thể được giải quyết bằng các thí nghiệm sẽ đánh bại luận điểm tính địa phương. Ông tự tin rằng mình có thể chứng minh thuyết lượng tử và các hiệu ứng phi cục bộ của nó.

Vào giữa những năm 1970, khi còn là nghiên cứu sinh, ông đã đề xuất một thí nghiệm thực tế, dựa trên hai photon đơn lẻ nhưng tương quan với nhau vì chúng được phát ra cùng nhau từ cùng một nguồn nguyên tử. Trong thí nghiệm của ông, hai photon sẽ chuyển động ngược chiều nhau và sẽ được theo dõi bởi hai máy dò đặt ở khoảng cách xa.

Ý tưởng chắc chắn là ban đầu. Bell, khi được hỏi, đã đồng ý; nhưng với đặt phòng. Đầu tiên, anh ta muốn xác minh rằng chàng trai trẻ người Pháp đã có một mức lương cố định. Trên thực tế, Bell tin rằng ý tưởng của Aspect kỳ lạ đến mức nó có thể gây nguy hiểm cho sự nghiệp của anh ấy.

Sau một thời gian dài chuẩn bị, Aspect và cộng sự của ông, Jean Dalibard và Gérard Roger, hai nhà nghiên cứu của "Institut d'Optique Graduate School", đã tiến hành thí nghiệm ba lần trong khoảng thời gian từ 1981 đến 1982.

Cam kết của họ không giảm đi do khó khăn kinh tế. Trong số những thứ khác, họ đã chế tạo thủ công các kính phân cực, nhờ khả năng quay nhanh của chúng, có thể đưa ra câu trả lời cho câu hỏi về vị trí. Hiện tại, các bản phân cực này được trưng bày trong khu trưng bày lịch sử của Viện Quang học, nơi cho phép thực hiện các thí nghiệm tại chi nhánh của Viện ở Orsay. Thay vào đó, văn phòng chính của Viện được đặt tại Palaiseau, trong khuôn viên của "Đại học Paris-Saclay".

Công việc của Aspect đã thành công. Ông và nhóm của mình đã tìm ra cách xác nhận tốt nhất có thể về tính không định xứ trong cơ học lượng tử và thẳng thừng bác bỏ bất kỳ lý thuyết biến ẩn cục bộ khả dĩ nào

Hệ quả của các thí nghiệm vượt xa việc chứng minh tính đúng đắn của cơ học lượng tử, nhưng nhấn mạnh vai trò cơ bản của hiện tượng vướng víu. Như chúng ta đã thấy, trong trạng thái vướng víu, việc quan sát trạng thái của một photon cho phép chúng ta biết trạng thái của photon kia.

Các thí nghiệm của Aspect đã gây được tiếng vang lớn và nhường chỗ cho một chuỗi dài các hiểu biết lý thuyết và thực nghiệm về sự vướng víu. Có thể nói, những thí nghiệm của Alain Aspect đã đánh dấu sự khởi đầu của Khoa học Điện toán Lượng tử.

Vào năm 2013, Aspect đã nhận được giải thưởng Balzan danh giá với động lực sau:

> "Đối với những thí nghiệm tiên tiến của anh ấy đã xác nhận Cơ học lượng tử, trái ngược với các lý thuyết với các biến ẩn cục bộ. Các công trình của ông đã mở đường cho việc kiểm soát thực nghiệm các trạng thái lượng tử vướng víu, một yếu tố thiết yếu của Điện toán lượng tử."

Năm 2022, ba nhà vật lý, Alain Aspect, John F. Clauser người Mỹ và Anton Zeilinger người Áo đã nhận giải thưởng Nobel vì đã đặt nền móng cho tương lai của thông tin và truyền thông. Các thí nghiệm của họ về hiện tượng gọi là "rối lượng tử" đã mở đường cho các máy tính lượng tử cực mạnh và rất nhanh.

Hình 49 - Alain Aspect, Giải thưởng Nobel 2022. Từ đầu những năm 1980, ông đã nhiều lần thực hiện thí nghiệm do John Bell đề xuất để xác nhận nghịch lý EPR. Ngược lại, thí nghiệm đã xác nhận lý thuyết vướng víu của các hạt liên quan.

Trong số các thí nghiệm tiếp theo, có thể kể đến thí nghiệm của Wolfgang Tittel. Học giả này nhận bằng Tiến sĩ tại Đại học Geneva, làm nghiên cứu sinh sau Tiến sĩ tại Đại học Aarhus và Đại học Geneva và năm 2006 gia nhập Đại học Calgary (Canada) với tư cách là Chủ tịch Nghiên cứu Công nghiệp. Ông đã tham gia vào các thí nghiệm đột phá kể từ khi bắt đầu nghiên cứu truyền thông lượng tử áp dụng cho mật mã.

Năm 1988, cùng với "Tập đoàn Geneva", ông đã thực hiện một thí nghiệm mà ông chứng minh rằng khoảng cách không ảnh hưởng đến sự vướng víu. Ánh sáng được gửi qua cáp quang trên khoảng cách vài km trước khi được phân tích mà không có kết quả thay đổi.

Mười năm sau, vào năm 1998, Gregor Weihs và nhóm Innsbruck của ông do Anton Zeilinger lãnh đạo, đã thực hiện một thí nghiệm cải thiện thí nghiệm năm 1982 của Aspect, xác nhận kết quả tương tự.

Đáng buồn thay, Bell đột ngột qua đời vào năm 1990 vì xuất huyết não mà không thể nhận giải thưởng Nobel mà ông vừa được đề cử.

Mục thứ ba. Triển vọng tương lai.

Tất cả mọi thứ là "một điều"

Nếu Đức Chúa Trời tạo ra thế giới, chúng ta không thể nói rằng Ngài quan tâm nhiều đến việc tạo điều kiện thuận lợi cho sự hiểu biết về thế giới.
(Albert Anhxtanh)

Các thí nghiệm của Alain Aspect đại diện cho sự xác nhận dứt khoát các dự đoán của cơ học lượng tử, và đặc biệt là "thuyết không tất định" và "không cục bộ".

Trong bối cảnh chấp nhận chung các nguyên tắc này, vẫn có một số nhà khoa học tự nhận mình là những người không tuân thủ và không muốn từ bỏ nỗ lực đóng khung cơ học lượng tử trong bối cảnh tất định. Tôi ám chỉ David Bohm. Tuy nhiên, với mong muốn hợp lý hóa những điều không thể hợp lý hóa, cuối cùng ông đã phát triển một phiên bản thậm chí còn siêu hình hơn, nếu có thể, của lý thuyết lượng tử chính thống.

Với điều này, Bohm hoàn toàn xứng đáng với vị trí của mình trên đỉnh Olympus của các nhà triết học khoa học.

Câu chuyện tôi kể trong phần thứ ba này là câu chuyện về một người đàn ông cực kỳ trung thực và kiên quyết với những lý thuyết khoa học táo bạo của mình. Ông đã không ngần ngại chuyển các lý thuyết của mình thành các hành vi xã hội. Điều này khiến anh ta có ác cảm mạnh mẽ bất cứ khi nào anh ta thấy mình đang hoạt động trong những bối cảnh theo chủ nghĩa tuân thủ và cố chấp về mặt chính trị, chẳng hạn như những bối cảnh điển hình vào thời của anh ta.

David Bohm

David Bohm, nhà vật lý và triết học người Mỹ, sinh ngày 20 tháng 12 năm 1917 tại Wilkes-Barre, một thành phố của Hợp chủng quốc Hoa Kỳ nằm ở trung tâm Thung lũng Wyoming, thuộc Quận Luzerne, phía đông bắc Pennsylvania.

Bohm nổi tiếng vì đã xây dựng một cách giải thích về cơ học lượng tử, trong đó ông phát triển khái niệm "sóng thí điểm" của Louis de Broglie và đưa ra khái niệm "thế năng lượng tử".

Cha mẹ anh là người gốc Do Thái. Cha của ông, Samuel Bohm, là một người Hungary di cư và mẹ ông là người Litva.

Cha của anh sở hữu một cửa hàng đồ nội thất và cũng đảm nhận nhiệm vụ trợ lý cho giáo sĩ Do Thái địa phương, vì vậy ông đã tự mình chu cấp cho việc giáo dục thanh thiếu niên của David. Ở tuổi 17, năm 1930, David bắt đầu theo học trường Pennsylvania State College, nơi ông làm quen với cơ học lượng tử. Anh ấy ngay lập tức bị thu hút bởi chủ đề này và nó đã trở thành đối tượng nghiên cứu của anh ấy. Ông tốt nghiệp ngành vật lý năm 1939.

David tiếp tục nghiên cứu dưới sự hướng dẫn của Robert Oppenheimer. Chúng tôi nhắc lại rằng danh tiếng của Oppenheimer trước hết gắn liền với việc chế tạo quả bom nguyên tử đầu tiên như một phần của dự án Manhattan. Sau đó, Oppenheimer bị cắn rứt lương tâm và từ chối làm việc cho bom khinh khí.

Có lẽ những lời dạy của Oppenheimer đã giúp phát triển hơn nữa ý thức đạo đức mạnh mẽ của Bohm về công lý.

Sau khi tiếp tục học tại CalTech (Viện Công nghệ California) ở Pasadena, ông đăng ký học tại UC (Đại học California) ở Berkeley, nơi ông lấy bằng tiến sĩ năm 1943. Bohm thực hành hoạt động của mình với tư cách là nhà vật lý lý thuyết tại các trường đại học quan trọng nhất của Mỹ.

Từ năm 1947 đến năm 1951, ông giảng dạy tại Đại học Princeton trong khi cống hiến hết mình cho việc nghiên cứu plasma.

Plasma là một chất khí bị ion hóa cao và nói chung là trung hòa về điện: trong thực tế, một hệ thống được tạo thành từ các ion dương và âm tự do với nồng độ bằng nhau.

Thuật ngữ "ion hóa" chỉ ra rằng một phần lớn đáng kể các electron đã bị tước khỏi các nguyên tử tương ứng của chúng.

Plasma được coi là trạng thái thứ tư của vật chất, khác với ba trạng thái cổ điển là rắn, lỏng và khí. Theo nghĩa này, việc bổ sung plasma tái tạo và hoàn thiện ý tưởng về bốn nguyên tố (lửa, đất, không khí và nước), vốn có từ thời nhà triết học Hy Lạp Empedocles.

Huyết tương được xác định bởi Sir William Crookes vào năm 1879, nhưng cái tên "plasma" xuất phát từ Irving Langmuir, người đã đặt ra nó vào năm 1928.

Cho đến cuối thế kỷ trước, các nghiên cứu về plasma chủ yếu vẫn là một trò tiêu khiển, với rất ít trường hợp ngoại lệ, trong đó có thể kể đến nghiên cứu của Nikola Tesla về phóng điện plasma, đèn plasma và plasma lạnh được sử dụng trong sản xuất ozone. Sau năm 1920, Irving Langmuir nghiên cứu sự tương tác của plasma với thành bình chứa mà chúng được hình thành, nhận giải Nobel năm 1932 cho nghiên cứu này.

Mối quan tâm cụ thể hơn về plasma được phát triển khi Hội nghị Geneva "Nguyên tử vì Hòa bình" khởi xướng các nghiên cứu về khai thác hòa bình phản ứng tổng hợp hạt nhân.

Trong nghiên cứu của mình về plasma, Bohm ngay lập tức nhận thấy một đặc điểm, điển hình của các electron. Khi các electron trở thành một phần của plasma, chúng sẽ mất đi "chủ nghĩa cá nhân" và bắt đầu hành xử như một phần của thực tại lớn hơn, liên kết với nhau. Ông lưu ý đặc điểm này trong các điện tử, mà trong plasma tạo ấn tượng như được hoạt hình bởi một trí thông minh có khả năng điều phối hoạt động của chúng.

Ông sớm phát hiện ra, cùng với đồng nghiệp Yakir Aharonov, Hiệu ứng Aharonov-Bohm, một hiện tượng cơ học lượng tử trong đó một hạt tích điện bị ảnh hưởng bởi các trường điện từ ở những vùng mà các trường đó bằng không.

Năm 1947, Bohm nghiên cứu hành vi của các electron trong kim loại. Trên cơ sở những gì ông quan sát được đối với plasma, ông nhận thấy rằng ngay cả trong kim loại, các chuyển động riêng lẻ của các electron đơn lẻ có thể tạo ra các hiệu ứng "tập thể" có tổ chức.

Trong diễn giải triết học của mình, Bohm đã đồng nhất hành vi của các khối electron với hành vi của các cộng đồng người. Ông đã thiết lập mối liên hệ giữa các hành vi phối hợp của các electron đơn lẻ trong kim loại và hành vi của các cá nhân trong bối cảnh xã hội của họ. Theo Bohm, hành vi điển hình của các plasma tạo nên một phép ẩn dụ có giá trị cho các hành vi có tổ chức của con người. Ông đã phát triển niềm tin rằng những điểm tương đồng chính là những điểm tương đồng giữa "xã hội plasma" và xã hội loài người được tổ chức theo lý thuyết của chủ nghĩa Mác.

Những ý tưởng này đã củng cố lý tưởng chủ nghĩa Mác của Bohm khi còn trẻ. Tuy nhiên, trong những năm sau đó, ông đã dứt khoát từ bỏ những ý tưởng này do nền tảng duy vật của chúng, và muốn cống hiến hết mình cho một quan điểm tâm linh hơn về vũ trụ.

Kết quả nghiên cứu của ông về hành vi của các electron trong kim loại đã thuyết phục người thầy cũ của ông, Oppenheimer, đưa ông vào danh sách các nhà khoa học được mời đến làm việc tại Los Alamos, trong Dự án Manhattan, một chương trình nghiên cứu và phát triển quân sự dẫn đến việc tạo ra bom bom nguyên tử trong Thế chiến II. Thật không may, quá khứ chính trị của Bohm vào thời điểm đó không mấy yên tâm và Tướng Leslie Groves đã phản đối việc Bohm tham gia dự án, do những ý tưởng mà ông đã tuyên bố khi còn trẻ.

Hình 50 - Nhà vật lý David Bohm đã đề xuất một cách giải thích tổng thể hấp dẫn về cơ học lượng tử, được dùng như một điểm đối lập với quan điểm chính thống được gọi là "Diễn giải Copenhagen".

Thật vậy, từ cuối những năm 1940 đến giữa những năm 1950, Hoa Kỳ đang trải qua thời kỳ hoàng kim của cái gọi là "cuộc săn phù thủy" hay "Chủ nghĩa McCarthy". Đây là một thái độ chính trị phổ biến ở Hợp chủng quốc Hoa Kỳ, được đặc trưng bởi bầu không khí nghi ngờ và hành vi bức hại ngày càng trầm trọng đối với những người hoặc nhóm được coi là có ý đồ lật đổ. Nó được đặt theo tên của Thượng nghị sĩ J.R. McCarthy, người từng là giám đốc của Ủy ban đàn áp các hoạt động phi Mỹ.

Hàng nghìn người đã bị theo dõi và nhiều người bị tấn công cá nhân, thường dựa trên những cáo buộc không có căn cứ.

Người ta đặc biệt chú ý đến các quan chức chính phủ, nghệ sĩ giải trí và những người có văn hóa cũng như các thành viên nổi bật của tầng lớp trung lưu công nghiệp, những người bị coi là "Những người cộng sản cam kết phá hoại nền tảng của xã hội Mỹ".

Trong bối cảnh đó, vào năm 1948, Bohm được triệu tập để làm chứng do tư cách thành viên Đảng Cộng sản của ông diễn ra vào năm 1942 nhưng kết thúc chỉ sau chín tháng. Bohm từ chối xuất hiện bằng cách kháng cáo Tu chính án thứ năm, tức là quyền giữ im lặng.

Sau một năm, anh ta lại được mời xuất hiện trước đại bồi thẩm đoàn, nhưng một lần nữa anh ta từ chối, kháng cáo cùng một điều khoản hiến pháp.

Tuy nhiên, tại thời điểm đó, trọng tâm là anh ta. Năm 1949, ông bị bắt vì tội coi thường tòa án và phải ngồi tù vài ngày, cho đến khi được tại ngoại.

Năm 1950, ông được tha bổng. Thật không may, trong thời gian đó, anh ấy đã mất việc tại Đại học Princeton, nơi đã sa thải anh ấy do áp lực từ một số người có ảnh hưởng đã tài trợ cho viện.

Đến lúc này Bohm đã nằm trong "danh sách theo dõi" của các nhà nghiên cứu và thậm chí cả Einstein, người muốn ông làm trợ lý, cũng không thể cho ông cơ hội. Anh ấy buộc phải di cư đến Brazil để làm việc tại Đại học S. Paolo, nhưng anh ấy vẫn là công dân Mỹ; do đó, đại sứ quán Hoa Kỳ đã rút hộ chiếu của anh ta vì sợ rằng anh ta có thể đến Liên Xô.

Để tránh bị cô lập hoàn toàn, Bohm lấy quốc tịch Brazil. Điều này cho phép ông, vào năm 1955, rời Brazil và đến Israel trong hai năm, đến Viện Technion ở Haifa. Từ đây, ông chuyển đến Đại học Bristol ở Vương quốc Anh trong bốn năm và cuối cùng, vào năm 1961, ông định cư lâu dài ở London, nơi ông được bổ nhiệm làm giáo sư vật lý lý thuyết tại Đại học Birkbeck.

Năm 1951, Bohm xuất bản "Lý thuyết lượng tử", một văn bản về vật lý lượng tử, trong đó ông phân tích cách giải thích của lý thuyết lượng tử và, tiếp thu một số ý tưởng từ thí nghiệm tưởng tượng EPR, ông đặt mình trong số những người chỉ trích cách giải thích của Copenhagen. Trên thực tế, Bohm đã nêu bật những khía cạnh không rõ ràng của lý thuyết, và tranh luận về việc không thể mở rộng tính ngẫu nhiên và tính tất định cho các đối tượng của cơ học lượng tử. Bohm, giống như Einstein, vô cùng băn khoăn trước lập trường của cộng đồng khoa học mà giờ đây đã chấp nhận một cách "thụ động" thực tế của tính bất định và phi định xứ.

Bohm cống hiến hết mình cho sứ mệnh giới thiệu một hình thức của thuyết tất định có tác dụng ngay cả với những thứ cực kỳ nhỏ. Anh ấy cảm thấy hài lòng khi đưa một bản sao cuốn sách của mình cho Einstein..

Tiềm năng lượng tử.

Nguyên lý Heisenberg phát biểu rằng không thể thiết lập quỹ đạo của một hạt, chẳng hạn như một electron, vì cần phải biết đồng thời tốc độ và vị trí của nó. Như đã đề cập, khả năng duy nhất bao gồm tính toán một hàm sóng, trong đó hạt chiếm một vị trí xác suất. Khi một phép đo được thực hiện trên hạt, một "sự sụp đổ lượng tử" được tạo ra và hạt xuất hiện ở một vị trí chính xác. Tuy nhiên, giữa phép đo này và phép đo khác, hạt "biến mất" trong một đám mây xác suất.

Điều này không làm Bohm hài lòng. Ông bác bỏ quan điểm cho rằng hàm sóng xác suất có thể là biểu diễn tốt nhất có thể của một hạt. Do đó, ông quyết định điều tra cách thức mà một electron thiết lập quỹ đạo mà nó sẽ phải di chuyển. Nói một cách đơn giản, Bohm đã cố gắng giới thiệu lại khái niệm về quan hệ nhân quả, hoặc xác định một cơ chế chính xác có khả năng dẫn hướng cho các hạt. Bằng cách này, các hạt sẽ được giải phóng khỏi bối cảnh xác suất và bất định.

Bohm bắt đầu từ nguyên lý bất định của Heisenberg và viết lại công thức, thêm một tham số mới, "thế lượng tử". Với điều này, ông đã tạo ra một toán học lượng tử mới, "cơ học Bohm" Lý thuyết này vẫn còn được thảo luận nhiều vì những hàm ý siêu hình của nó.

"Cơ học Bohm" đề xuất rằng hạt không chuyển động ngẫu nhiên, mà phản ứng với một lực, "thế năng lượng tử". Lực này cung cấp cho hạt thông tin thông qua các kết nối tức thời, tức là không cục bộ.

Để hoạt động không cục bộ, tiềm năng lượng tử phải duy trì cường độ của nó bất kể khoảng cách. Đó là, tiềm năng lượng tử phải hoạt động theo cách ngược lại với tất cả các lực điện từ khác. Như đã biết, các lực điện từ khác giảm theo bình phương nghịch đảo của khoảng cách.

Theo Bohm, thế lượng tử điều khiển electron theo cách không ngẫu nhiên cũng không cơ học, mà thông minh. Nói cách khác, Bohm tuyên bố về sự tồn tại của một trường thông tin, nhờ đó hạt không bị chi phối bởi những ngẫu nhiên ngẫu nhiên bí ẩn mà liên tục được thông báo về môi trường xung quanh. Hạt lấy thông tin của nó từ chính môi trường.

Rõ ràng, Bohm đề xuất một môi trường siêu hình, phi không gian và phi thời gian.

Do đó, khi các hạt di chuyển trên đường đi của chúng (và chúng ta nhớ rằng các hạt đang chuyển động liên tục), chúng không làm điều đó một cách ngẫu nhiên mà chúng phản hồi lại gói thông tin do thế lượng tử cung cấp. Bằng cách này, Bohm khôi phục một hành vi tất định cho các hạt cơ bản, tuy nhiên, hành vi này là do một lực hoàn toàn bí ẩn.

Bohm thể hiện khái niệm này bằng một trong những ẩn dụ nổi tiếng của ông, ẩn dụ về con tàu.

Một con tàu (hình 51) có thể di chuyển nhờ sức mạnh của động cơ, nhưng nó được dẫn hướng bởi các thiết bị định vị, nếu không có thiết bị này thì nó sẽ không bao giờ đến được cảng. Con tàu có nguy cơ đâm vào một số bãi cạn bất cứ lúc nào.

Các động cơ tượng trưng cho sức mạnh, những điều chắc chắn của vật lý cổ điển khiến con tàu di chuyển trên biển. Thay vào đó, các công cụ điều hướng, từ la bàn cổ đại đến radar hiện đại, là thông tin xác định tuyến đường an toàn và đại diện cho tiềm năng lượng tử.

Metaphors by David Bohm.
The Ship
Quantum potential represents
the information that
drives the ship
The engines represent the force that drives the ship

Hình 51 - Trong phép ẩn dụ về con tàu, Bohm mô tả hạt như một con tàu được "đẩy đi" bởi "sức mạnh thô bạo" của các động cơ của nó, nhưng được "dẫn đường tới đích" bởi trí thông minh của thiết bị đo đạc. Thiết bị đo đạc là tiềm năng lượng tử khai thác thông tin toàn cầu và truyền nó đến con tàu.

Ẩn dụ của David Bohm. Con tàu

A- Thế lượng tử biểu thị thông tin điều khiển con tàu

B- Các động cơ biểu thị lực đẩy con tàu.

Một tín hiệu radar nhỏ, không quá mạnh cũng đủ để dẫn đường cho con tàu. Theo Bohm, tiềm năng lượng tử không phụ thuộc vào cường độ mà phụ thuộc vào "hình dạng". Đó là một năng lượng khiêm tốn nhưng nó được thông tin cao và quản lý để "tạo hình" cho năng lượng tuyệt vời của động cơ, mà bản thân nó sẽ là "thô" và "không có hình dạng".

Nhiều yếu tố cụ thể gợi ý rằng tiềm năng lượng tử không chỉ là một sự trừu tượng lý thuyết của Bohm. Sự tồn tại của một biển năng lượng bao la tràn ngập toàn bộ vũ trụ đã được tiên đoán bởi chính thuyết lượng tử cổ điển. Khoản tiền gửi gần như vô hạn này sẽ là "chân không lượng tử", còn thường được gọi là "trường điểm không" hoặc "hiệu ứng Casimir". Định nghĩa cuối cùng này xuất phát từ thực tế là sự tồn tại của "chân không lượng tử" đã được chứng minh bởi nhà vật lý người Hà Lan Hendrik Casimir vào đầu năm 1948.

Hiệu ứng Casimir bao gồm lực hút được tạo ra giữa hai vật thể nằm trong chân không, tức là nơi không có lý do gì để thu hút. Tuy nhiên, vì sức hấp dẫn ở đó, điều đó có nghĩa là khoảng trống không thực sự trống rỗng. Trên thực tế, người ta cho rằng có một lực gọi là "trường điểm không". Trường này phát sinh từ năng lượng của chân không, được xác định bởi các hạt ảo được tạo ra liên tục do tác động của thăng giáng lượng tử, như nguyên lý bất định của Heisenberg đã tiên liệu.

Do đó, chân không sở hữu một "năng lượng cơ bản", vượt qua thực tế của vật chất.

"Sức mạnh" này mở rộng vào mọi khu vực "trống rỗng" của vũ trụ. Mật độ năng lượng của nó đã được ước tính bằng những giá trị to lớn, tạo nên mối quan hệ không cân bằng vô cùng với mối quan hệ của vũ trụ mà chúng ta biết và được biểu hiện dưới dạng vật chất.

Nếu chúng ta sử dụng hình ảnh của nguyên tử, chúng ta nhớ rằng nó được coi là cấu tạo gần như hoàn toàn từ sự trống rỗng. Chà, hiệu ứng Casimir dự đoán rằng khoảng trống đó không trống rỗng, mà là năng lượng. Từ đó, chúng ta hiểu năng lượng của chân không lớn hơn nhiều so với năng lượng của "không trống rỗng". Nếu chúng ta cấp cho tất cả năng lượng này khả năng tự biểu hiện dưới dạng tiềm năng lượng tử, chúng ta sẽ nhận ra sức mạnh của khái niệm do Bohm xây dựng.

Vai trò của người quan sát.

Cơ học lượng tử dự đoán rằng thực tại vũ trụ là kết quả của hai yếu tố. Yếu tố đầu tiên là "lực lượng vũ phu" vốn có trong vật chất. Yếu tố thứ hai là "hệ thống hướng dẫn" cung cấp cho vật chất các hướng dẫn có khả năng làm cho lực lượng của nó hoạt động một cách thông minh.

Yếu tố đầu tiên, vũ phu, đặc trưng cho cấp độ vĩ mô, hoặc cấp độ trung bình, nơi chúng ta sống và chúng ta diễn giải theo các định luật vật lý Newton và thuyết tương đối của Einstein.

Ở cấp độ này, vai trò của người quan sát không có ảnh hưởng. Trên thực tế, rất khó để ai đó có thể thay đổi tiến trình của một sự kiện bằng cách "xem" nó. Chúng tôi sẽ không thể di chuyển bất kỳ chiếc ghế nào bằng cách nhìn vào nó. Đồng thời, nếu chúng ta không nhìn vào một chiếc ghế, nó sẽ không tự di chuyển trên một loạt các con đường có thể xảy ra, theo thuyết lượng tử.

Yếu tố thứ hai, tức là hệ thống hướng dẫn, yêu cầu người quan sát phải là một phần của chính hiện tượng và tác động đến sự phát triển của nó chỉ bằng cách quan sát nó. Như đã đề cập. điều này xảy ra trong trường hợp các photon hành xử như những hạt khi chúng được quan sát và dưới dạng sóng khi chúng không được quan sát. Ở cấp độ hạ nguyên tử, vai trò của người quan sát mang những đặc điểm rất đặc biệt. Người quan sát trở thành một phần của một hệ thống duy nhất bao gồm cả anh ta và đối tượng được quan sát. Người quan sát và người được quan sát trở nên không thể phân biệt được và gây ra ảnh hưởng hỗ tương không thể bỏ qua.

Trong vật lý lượng tử, nhà khoa học không thể tưởng tượng mình là một người quan sát khách quan "bên ngoài", bởi vì chính sự hiện diện của anh ta góp phần định hình thực tế mà anh ta đang quan sát.

John Wheeler là một nhà vật lý người Mỹ, một nhân vật có uy tín trong giới vật lý những năm 1930 và 1940; nhiều nhà vật lý nổi tiếng đã được đào tạo dưới sự hướng dẫn của ông, bao gồm cả Richard Feynman. Wheeler, trong số những thứ khác, đã đặt ra thuật ngữ "lỗ sâu" để chỉ các đường hầm hoặc lối đi không gian có thể có giữa các vùng khác nhau của không-thời gian.

Wheeler tin rằng sự tham gia của người quan sát vào thực tế hạ nguyên tử được quan sát thậm chí còn là khía cạnh quan trọng nhất của vật lý lượng tử, đến mức ông đề xuất loại bỏ thuật ngữ "người quan sát" bằng cách thay thế nó bằng thuật ngữ "người tham gia". Ông thể hiện niềm tin này trong một câu nói nổi tiếng:

> “Trong cơ học lượng tử, không có gì quan trọng hơn thực tế là khái niệm được hiểu là “thứ gì đó bên ngoài” bị phá hủy.
>
> Điều này đúng ngay cả khi người quan sát ở một khoảng cách an toàn, ngăn cách với đối tượng quan sát

bằng các tấm kính dày hai mươi cm. Khi quan sát một vật cực nhỏ như electron chẳng hạn, người quan sát phải vượt ra ngoài tấm kính: anh ta phải "đi vào" để lắp đặt thiết bị đo mà mình lựa chọn. Người quan sát phải chọn xem anh ta muốn đo vị trí hay động lượng. Việc lắp thiết bị để đo một trong hai đại lượng khiến anh ta không thể lắp thiết bị khác để đo đại lượng kia.

Hơn nữa, phép đo làm thay đổi trạng thái của electron. Sau phép đo, vũ trụ không còn như trước nữa. Để mô tả những gì đã xảy ra, cần phải loại bỏ từ cũ 'người quan sát' và thay thế bằng thuật ngữ mới 'người tham gia'. Theo một cách nào đó, vũ trụ là một vũ trụ có sự tham gia."

Không có sự phân chia trong vũ trụ.

Theo Bohm, các hạt hạ nguyên tử, nhờ thế lượng tử, được ngâm trong một "trường dạng". Từ trường này, các hạt nhận được tất cả thông tin cần thiết để quyết định cách di chuyển tại mọi thời điểm.

Nhưng, vì cấp độ vĩ mô bao gồm một số lượng gần như vô hạn các hạt hạ nguyên tử, nên mọi sinh vật sống đều phải tuân theo một trường hình thức, tại mọi thời điểm, gợi ý cho mọi hạt trong cơ thể của nó tọa độ của các chuyển động vi mô của nó.

Sự khác biệt giữa hai yếu tố (vĩ mô và vi mô) là yếu tố thứ nhất cần không gian và thời gian để tự phát triển, tức là nó có tính chất cục bộ, trong khi yếu tố vi mô, tức là hệ thống dẫn động, không cần không gian và thời gian. Cấp độ vi mô được thể hiện trong một chiều gọi là "không cục bộ". Hệ thống dẫn đường là biểu hiện của một cái “vô hạn” nằm ngoài không gian và thời gian. Hệ thống hướng dẫn không tạo ra thông tin bằng cách nhận nó từ một vị trí chính xác, nhưng sở hữu thông tin trong một "tổng thể phổ quát", một loại "phòng chờ không gian" chứa ý thức của vũ trụ.

Trong bối cảnh cơ học của Bohm, các hạt của một hệ thống được kết nối "không cục bộ" bởi tiềm năng lượng tử. Điều này xảy ra bất kể họ cách xa nhau như thế nào. Hệ quả trực tiếp nhất là quan sát thấy rằng không có đối tượng riêng biệt và độc lập, nhưng mọi thứ được kết nối với nhau để tạo thành một đối tượng duy nhất.

Hơn nữa, như chúng ta đã thấy, không có gì "bên ngoài" chúng ta mà chúng ta có thể quan sát từ bên ngoài. Bản thân chúng ta là một phần tích cực của toàn bộ. Cơ học lượng tử thể hiện một vũ trụ hoàn toàn liên kết với nhau.

Vũ trụ lượng tử là một thực tại mà chúng ta không thể phân rã thành các phần cơ bản có khả năng tồn tại với sự sống độc lập.

Bằng cách nghiên cứu sự gần gũi của vật chất, chúng ta hiểu rằng các hạt cấu tạo nên vật chất không đại diện cho các khối xây dựng cơ bản theo nghĩa mà Democritus dự định. Các hạt là sự lý tưởng hóa thuần túy, các giả thuyết nghiên cứu có khả năng cung cấp các biểu diễn lý tưởng về một thực tại không thể biểu diễn được. Thật vậy, các hạt là những trừu tượng thông thường.

Trong thực tế, có một mối liên kết vũ trụ được tạo thành từ các năng lượng dao động xác suất, không thể đặt chính xác trong không gian như chúng ta hiểu. Về giá trị, Bohm thể hiện bản thân như vậy trong bài luận viết cùng với Basil Hiley cho tạp chí "Nền tảng Vật lý", xuất bản năm 1975 với tiêu đề "Về sự hiểu biết trực quan về tính không định xứ như ngụ ý của thuyết lượng tử":

> Chúng tôi đã đảo ngược quan niệm cổ điển thông thường, theo đó các "bộ phận cơ bản" độc lập của thế giới là thực tại cơ bản, và các hệ thống khác nhau chỉ là những hình thức và sự sắp xếp đặc biệt và ngẫu nhiên của những bộ phận này.
>
> Thay vào đó, chúng tôi nói rằng thực tế cơ bản là một liên kết lượng tử của toàn bộ vũ trụ. Những bộ phận có hành vi độc lập tương đối chỉ là những hình thức cá biệt, ngẫu nhiên trong tổng thể đó.

Như muốn nói rằng cỗ xe của vua Milinda không phải là sự tổng hợp ngẫu nhiên của bánh xe, trục xe và ngựa, như chủ nghĩa duy vật khẳng định. Thay vào đó, các bộ phận khác nhau là những yếu tố được lựa chọn một cách thông minh để tạo nên một tổng thể là cỗ xe.

Bất kể trục xe có hình dạng gì, bánh xe có bao nhiêu nan hoa, bất kể màu sắc hay số ngựa, tất cả những điều này đều là những chi tiết không liên quan đối với dự án siêu việt của "toa xe".

Ở cấp độ hạ nguyên tử, các đối tượng trong đó vật chất rắn hình thành sẽ hòa tan trong các sóng xác suất được liên kết với nhau trong một "tổng thể phổ quát"

Không có sự phân mảnh, mà chỉ có một unicum tràn đầy rung động. Nếu chúng ta đeo kính vật lý lượng tử, chúng ta không còn có thể nhìn vũ trụ như một tập hợp các vật thể khác nhau, từ hạt phấn hoa đến các thiên hà, được xác định rõ ràng và khác biệt với nhau. Những gì xuất hiện với chúng ta là một mạng lưới năng lượng rộng lớn liên quan đến một tổng thể bao gồm cả chính chúng ta.

Hình 52 - Phép ẩn dụ của Bohm về chồng chất lượng tử.
Ẩn dụ của David Bohm. Những con cá trong bể cá.
Cùng một con cá, nhìn từ các góc độ khác nhau, có thể tạo ấn tượng rằng chúng là hai con cá khác nhau.

Hình 53 - Các lỗ xuất hiện trên tấm đã mở ra thực ra là kết quả của một lần cắt.

Ẩn dụ của David Bohm. Tờ giấy được gấp lại.

Tạo một vết cắt trên một tờ giấy được gấp ba lần.

Khi bạn mở tờ giấy ra, bạn sẽ có nhiều vết cắt riêng biệt.

Trong bài tiểu luận "Giải thích ma trận S của Thuyết lượng tử", nhà vật lý người Mỹ Henry Pierce Stapp phát biểu:

> "Thế giới xuất hiện như một kết cấu phức tạp của các sự kiện, trong đó các loại liên kết khác nhau xen kẽ, chồng chéo và kết hợp, xác định cấu trúc của toàn bộ".

Ẩn dụ về con cá được nhìn từ nhiều góc độ khác nhau (hình 52) mô tả một cách xuất sắc khái niệm mà theo đó, mặc dù có những biểu hiện rõ ràng khác nhau của một đối tượng, chẳng hạn như khiến người ta tin rằng chúng là một số đối tượng riêng biệt, trên thực tế chúng là một đối tượng duy nhất.

Bố trí "Ngụ ý" và "Rõ ràng".

"Ở cấp độ rất sâu, vật chất và ý thức hoàn toàn không thể tách rời và liên kết với nhau, giống như trong một trò chơi điện tử, người chơi và màn hình được thống nhất bằng cách tham gia vào một quá trình chung. Theo quan điểm này, tâm và vật chất là hai mặt của một "tổng thể" là "một". Ở tầng rất sâu, ý thức của nhân loại là một.

(David Bohm)

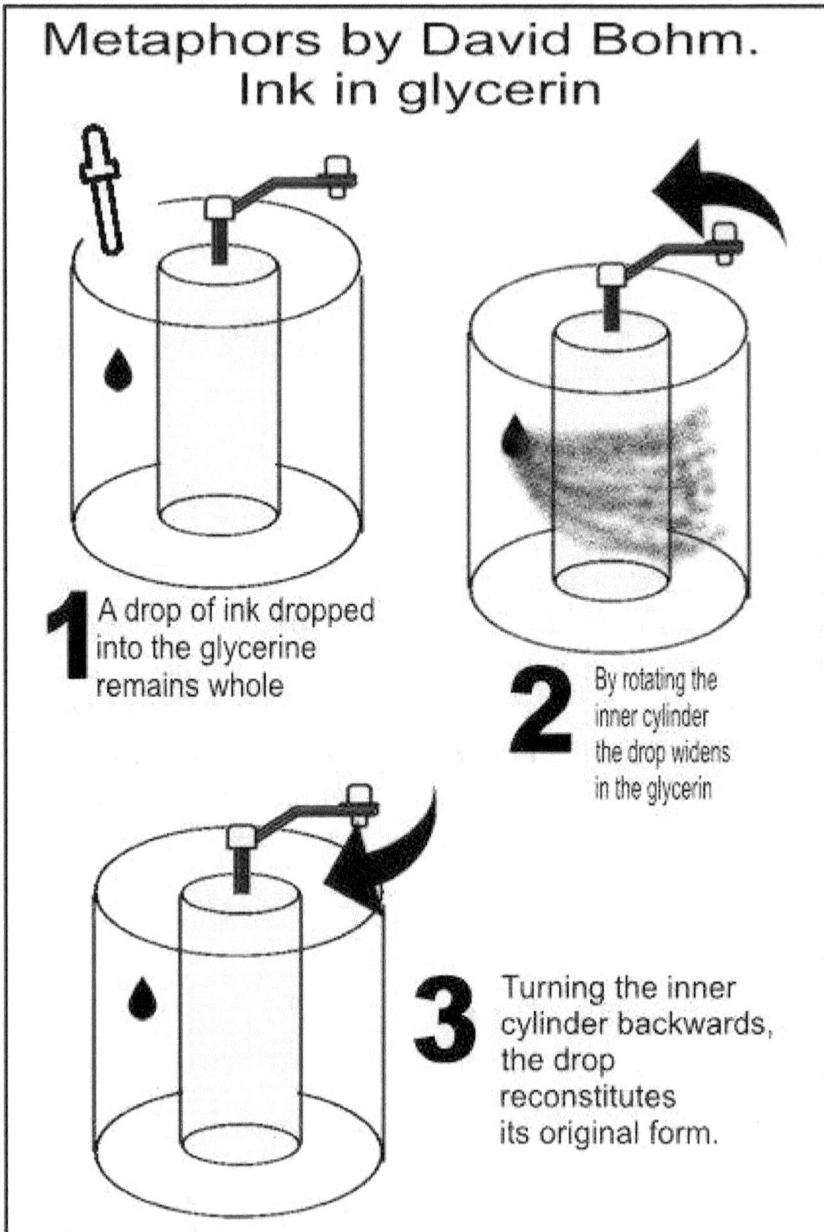
Metaphors by David Bohm.
Ink in glycerin
1 A drop of ink dropped into the glycerine remains whole
2 By rotating the inner cylinder the drop widens in the glycerin
3 Turning the inner cylinder backwards, the drop reconstitutes its original form.

Hình 54 - Phép ẩn dụ của David Bohm về một giọt mực được phân tán trong glycerine.

Ẩn dụ của David Bohm. Mực trong glycerine

1 Một giọt mực nhỏ vào glixerin vẫn nguyên vẹn.

2 Bằng cách xoay hình trụ bên trong, giọt nước sẽ nở ra trong glycerine.

3 Bằng cách xoay hình trụ bên trong theo hướng ngược lại, giọt nước sẽ khôi phục lại hình dạng ban đầu.

Trong các nghiên cứu của mình về plasma, Bohm đã bị cuốn hút bởi cách thức, trong một tình huống bề ngoài của sự hỗn loạn rõ ràng, trật tự đến từ một lớp sâu hơn có thể đột ngột xuất hiện. Trải nghiệm này khiến anh ấy ấn tượng đến mức biến nó thành một yếu tố đặc trưng trong tất cả các nghiên cứu của anh ấy. Mỗi trực giác của anh ấy bắt đầu từ khả năng một hiện tượng có thể được hiểu theo những hàm ý sâu sắc nhất của nó bắt đầu từ giả định về sự tồn tại của một "trí thông minh điều tiết" cơ bản hoặc tiềm ẩn.

Điều này khiến ông đưa ra giả thuyết về sự tồn tại của một trật tự vượt thời gian và không gian, cố hữu trong những nếp gấp sâu nhất của thực tại, mà ông gọi là "trật tự hàm ý" hay "trật tự bao hàm". Bohm cho rằng trật tự này không chỉ tồn tại trong thế giới của các hạt cơ bản, mà trong toàn bộ vũ trụ. Trật tự ngụ ý, điển hình cho phần ẩn giấu nhất của vũ trụ, trái ngược với "trật tự giải thích". Đây là trật tự của mọi thứ khi chúng ta nhìn thấy chúng hoặc khi chúng xuất hiện với chúng ta trong trải nghiệm của chúng ta.

Bohm có những trực giác đầu tiên về sự tồn tại của một trật tự ngụ ý khi ông mơ về một vũ trụ bao gồm vô số gương cầu phản chiếu lẫn nhau. Ông tưởng tượng vật chất bao gồm các nguyên tử trong đó mỗi nguyên tử, giống như một tấm gương, phản chiếu vô số phản xạ.

Phép ẩn dụ trong hình 53 minh họa mối quan hệ nào có thể tồn tại giữa trật tự "ngầm" và trật tự "rõ ràng". Hãy tưởng tượng gấp một tờ giấy thành ba hoặc nhiều phần. Với chiếc kéo, chúng tôi mở một cửa sổ duy nhất ở bất kỳ đâu trên trang tính. Sẽ đủ để chúng ta mở tờ giấy ra để nhận thấy sự tồn tại của nhiều cửa sổ nhỏ, tách biệt với nhau về mặt không gian: sự tách biệt này là hoàn toàn hão huyền nếu chúng ta coi tờ giấy được gấp lại, nhưng nó được giải thích theo giác quan của chúng ta là tổng của các cửa sổ nhỏ khi chúng tôi mở tờ giấy. Rõ ràng, tờ giấy được gấp lại đại diện cho thứ tự ẩn hoặc tiềm ẩn, trong khi tờ giấy được mở ra đại diện cho thứ tự rõ ràng.

Bohm thích phát triển các phép ẩn dụ để hỗ trợ luận điểm của mình. Liên quan đến trật tự ngụ ý và giải thích, ông đã tưởng tượng ra một chiều ngụ ý chứa thông tin về thực tại ở dạng không thể hiểu được đối với các giác quan của chúng ta, nhưng có khả năng tự giải thích theo các hình thức và cách thức mà chúng ta có thể hiểu được. Nhưng sự hiểu biết của chúng ta không tương ứng với thực tế.

Trong phép ẩn dụ về tín hiệu TV (hình 55), trật tự ngụ ý được tạo thành từ các tần số vô tuyến, vô hình và không thể hiểu được đối với chúng ta, kéo dài đến ether và có thể được thu bởi ăng-ten. Khi các tần số vô tuyến được chuyển đến thiết bị nhận, chúng sẽ mở ra theo cách mà mắt và tai của chúng ta có thể hiểu được chúng. Đương nhiên, những gì chúng ta thấy trên màn hình chỉ là sự chuyển đổi thành hình dạng và màu sắc của một thực tế được tạo thành từ các tần số mà chúng ta không thể giải mã được.

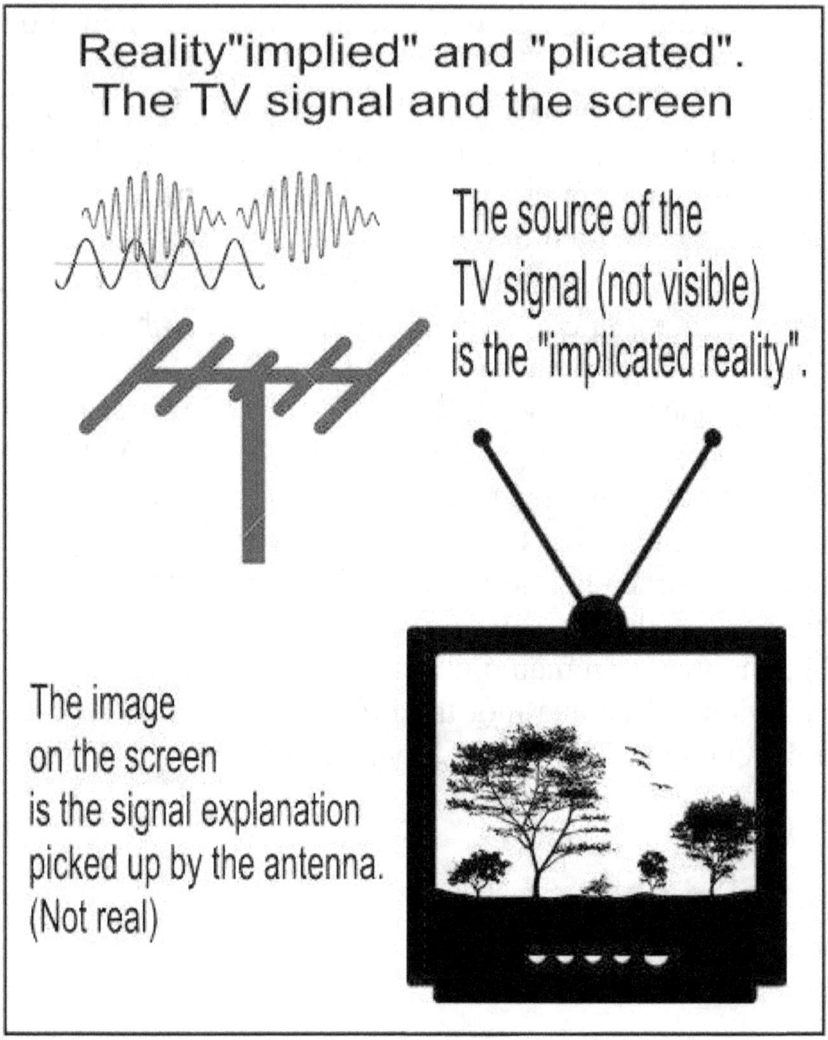
Reality"implied" and "plicated".
The TV signal and the screen
The source of the
TV signal (not visible)
is the "implicated reality".
The image
on the screen
is the signal explanation
picked up by the antenna.
(Not real)

Hình 55 - "Thực tế rõ ràng" chỉ là một diễn giải không thực tế của các tín hiệu nhận được từ một nguồn bên ngoài thông qua ăng-ten.

Thực tế "ngầm" và "rõ ràng".

Tín hiệu TV và màn hình

a - Nguồn của tín hiệu truyền hình (không nhìn thấy được) là "hiện thực ngụ ý".

B - Hình ảnh trên màn hình là lời giải thích dễ hiểu về tín hiệu được thu bởi ăng-ten.

Reality"implied" and "explicated".
The video game
The events that develop on the screen are the "reality explicated"
The software that guides events is the"implicated reality"

Hình 56 - Thực tế rõ ràng (những gì bạn nhìn thấy trên màn hình) là sự thể hiện, phù hợp với các giác quan của chúng ta, của thực tế tiềm ẩn, tức là phần mềm đến từ hộp mực được nạp vào bảng điều khiển.

Thực tế "đơn giản hóa" và "rõ ràng". Trò chơi điện tử

a - Các sự kiện phát triển trên màn hình là "hiện thực rõ ràng"

b - Phần mềm điều khiển các sự kiện là "thực tế tiềm ẩn".

Phù hợp hơn nữa, nếu có thể, là phép ẩn dụ trò chơi điện tử (hình 56), trong đó một trí thông minh xa lạ với môi trường và lương tâm của chúng ta, tức là phần mềm đến từ hộp mực được lắp vào bảng điều khiển, tạo ra cho chúng ta ảo tưởng về một thế giới tuyệt vời với mà chúng ta có thể tương tác như thể chúng ta thực sự đắm chìm trong đó trong khi trên thực tế, đó chỉ là ảo ảnh thuần túy.

Một phép ẩn dụ khác dự đoán rằng hai trật tự có thể được minh họa bằng cách sắp xếp thiết bị của hình 54, điều này đã được giải thích bởi chính Bohm trong một cuộc phỏng vấn dành cho trang web "oubliettemagazine.com":

> Trong khi tôi đang phát triển lý thuyết "vũ trụ liên quan", một chương trình khoa học trên BBC đã trình chiếu một thiết bị minh họa rõ ràng cho khái niệm này.
>
> Nó bao gồm hai hình trụ thủy tinh đồng tâm. Trong số đó có một chất lỏng nhớt, chẳng hạn như glycerin. Nếu nhỏ một giọt mực không hòa tan vào glycerine và quay từ từ hình trụ bên ngoài, giọt mực sẽ tạo thành vệt. Cuối cùng, dấu vết trở nên khuếch tán đến mức gần như vô hình. Tại thời điểm đó dường như không có đơn đặt hàng.
>
> Tuy nhiên, nếu bạn từ từ xoay hình trụ về phía sau, glycerine sẽ trở lại hình dạng ban đầu và đột nhiên giọt mực lại xuất hiện. Giọt mực được phân tán trong glycerine được hoàn nguyên nhờ chuyển động quay ngược lại. "

Chúng tôi có hai hình trụ thủy tinh đồng tâm, một trong số đó có thể quay chậm. Khoảng trống giữa hai xi lanh chứa đầy một chất lỏng nhớt như glycerine. Khi một hình trụ quay, chất lỏng gần đó bị cuốn theo nó. Nhưng giả sử hình trụ di động bây giờ được quay theo hướng ngược lại. Nếu chất lỏng rất nhớt chẳng hạn như glycerine và xi lanh không được quay quá nhanh, thì phần tử chất lỏng sẽ quay lại các bước chính xác của nó để hoàn nguyên giọt mực ban đầu.

Phép ẩn dụ này dạy rằng có một trật tự ẩn giấu ngay cả trong sự hỗn loạn bề ngoài. Khi hình dạng của giọt mực biến mất khỏi tầm nhìn, trật tự của nó không bị phá hủy mà vẫn được bao hàm trong glycerine. Giọt mực hòa tan này tượng trưng cho trật tự ngụ ý, trong khi toàn bộ giọt mực tượng trưng cho trật tự tường minh, tức là thực tế như nó xuất hiện trước các giác quan của chúng ta. Vòng quay của hình trụ đóng vai trò quyết định và đại diện cho động lực thống nhất hai trật tự. Trong cách xây dựng của người Bohmian, động lực này có tên là "holomovement".

Ảnh ba chiều vũ trụ khổng lồ.

Thuật ngữ hình ba chiều thường xác định hình ảnh ba chiều và đặc biệt là hình ảnh lập thể, tức là những hình ảnh xuất hiện với các phối cảnh khác nhau tùy thuộc vào điểm quan sát. Do đó, hình ba chiều là một biểu diễn ba chiều của thực tế và có thể được so sánh với một bức ảnh bình thường, nếu bức ảnh không phải là hai chiều. Bằng cách chụp ảnh một đối tượng bằng các phương pháp cổ điển, bạn sẽ chỉ có thể nhìn thấy đối tượng đó ở phần đã được tạo khuôn hình bởi ống kính. Nếu bạn chụp ảnh một người từ phía trước, bạn sẽ luôn nhìn thấy khuôn mặt của họ nhưng bạn không bao giờ có thể nhìn thấy lưng của họ. Ngược lại, ảnh ba chiều sẽ trả lại hình ảnh ba chiều của cảnh được chụp, trong đó các vật thể và con người sẽ xuất hiện như thể chúng được đặt ở trung tâm của sân khấu.

Hình ba chiều thu được với các kỹ thuật cụ thể. Quá trình ghi diễn ra thông qua một chùm ánh sáng laze được gửi tới đối tượng được sao chép và tới một tấm vật liệu nhạy cảm.

Nhờ trò chơi gương, ánh sáng phát ra từ nguồn cản trở ánh sáng do vật thể phản xạ. Kết quả là, các đường, được gọi là vân giao thoa, hình thành trên tấm. Nói một cách đơn giản hơn, hình ảnh của đối tượng được chụp không xuất hiện trên tấm ảnh, mà là một mớ đường kẻ chứa thông tin về không gian ba chiều.

Đương nhiên, hình ảnh được ghi lại có thể được tái tạo với độ chính xác vượt trội, chỉ đơn giản bằng cách chiếu sáng tấm bằng một chùm tia laze khác. Trên thực tế, chùm tia này quản lý để giải mã thông tin bằng cách tái tạo lại hình ảnh ba chiều của đối tượng được tạo ảnh, thứ xuất hiện trước mắt người xem như thể nó đang hiện diện trên thực tế. Nhờ những cải tiến và phát triển kỹ thuật, hình ba chiều giờ đây cũng có thể được nhìn thấy trong "ánh sáng trắng" hoặc ánh sáng mặt trời.

Holographic information.
Each part contains the whole

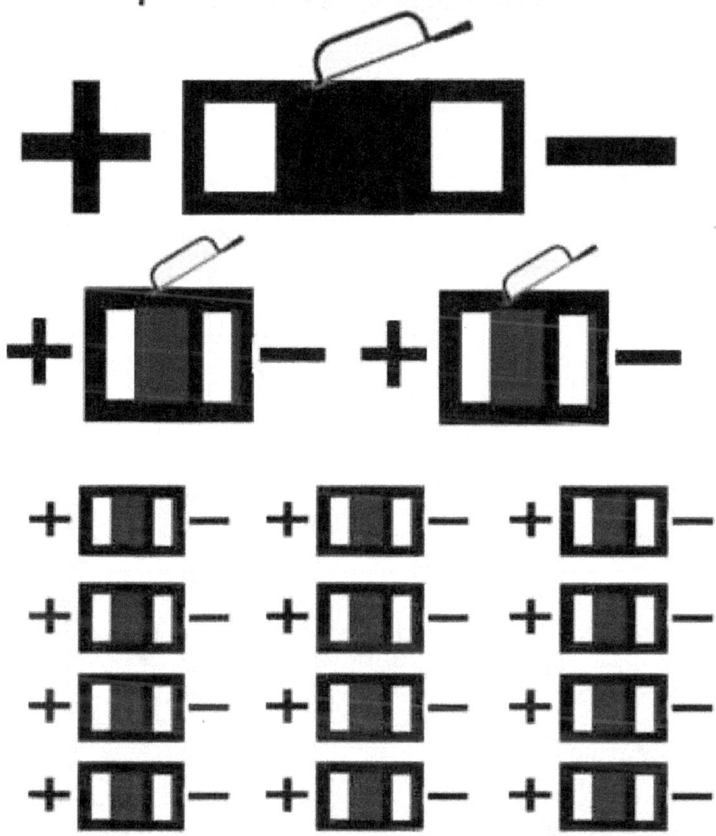

A magnet can be divided then many parts.
Each part retains the positive and negative poles.

Hình 57 - Một nam châm có thể đại diện cho thực tại ba chiều. Nếu nam châm được chia thành bất kỳ số phần nào, thì mỗi phần vẫn giữ nguyên các đặc tính của toàn bộ.

Thông tin ba chiều. Mỗi phần chứa toàn bộ

Một nam châm có thể được chia thành nhiều phần. Mỗi phần giữ lại cực dương và cực âm.

Ngày nay cũng có các ảnh ba chiều được in, trong đó cách tử nhiễu xạ được tái tạo trên một giá đỡ bằng nhựa trong suốt, do đó, giá đỡ này nằm trên một lớp bạc. Ví dụ, chúng ta có thể thấy những hình ba chiều tương tự trên một số thẻ tín dụng.

Ảnh ba chiều có một điểm đặc biệt rất thú vị, giúp phân biệt rõ ràng với ảnh bình thường trong đó thông tin được kết tinh trên giấy. Nếu bạn cắt một bức ảnh thành hai phần và vứt bỏ một phần, thông tin chứa trong đó có thể bị coi là bị mất vĩnh viễn. Bạn sẽ không bao giờ có thể xây dựng lại, từ một nửa còn sót lại, nội dung của nửa còn thiếu, ngoại trừ bằng phép tính gần đúng trực quan.

Ngược lại, một hình ba chiều có thể được chia thành nhiều phần như mong muốn và mỗi phần sẽ giữ lại toàn bộ thông tin.

Bohm gợi ý phép ẩn dụ về nam châm (hình 57). Vật thể này, thường được gọi là nam châm, là một vật thể kim loại tạo ra từ trường mà mắt người không nhìn thấy được và tạo ra các hiệu ứng được mọi người biết đến: nó có thể hút hoặc đẩy các nam châm khác, cũng như các vật liệu kim loại đen. Nam châm có hai cực, được gọi là bắc và nam. Nếu để nam châm quay tự do thì cực bắc là cực quay về hướng bắc. Tất nhiên, ở đầu bên kia là Nam Cực.

Người ta có thể nghĩ rằng, bằng cách cưa nam châm ở giữa, sẽ thu được hai phần, một phần chỉ có cực bắc và phần còn lại chỉ có cực nam. Không phải như thế. Mỗi bên trong hai bên ngay lập tức khôi phục lại cực bị thiếu. Bạn có thể chia nam châm thành nhiều phần tùy thích; trong mọi trường hợp, dù nhỏ đến đâu, mỗi phần sẽ có một cực bắc và một cực nam, tức là mỗi phần sẽ giữ nguyên vẹn tất cả thông tin của nam châm ban đầu mà nó được lấy từ đó.

Cắt một hình ba chiều thành hai, mười, một trăm hay một nghìn phần, điều tương tự cũng xảy ra. Mỗi phần giữ tất cả thông tin của ma trận mà nó đến.

Hơn nữa, ảnh ba chiều sở hữu khả năng lưu trữ định lượng đáng kinh ngạc: chỉ cần thay đổi góc mà hai chùm tia laze tác động lên phim là đủ để tích lũy hàng triệu tỷ thông tin trong một centimet khối không gian.

Sự tương tự với "vũ trụ liên quan" là hiển nhiên: ở đây, mỗi phần cũng được kết nối với tất cả những phần khác tạo thành một vật duy nhất và trong mạng lưới kết nối này, ngay cả phần nhỏ nhất, chẳng hạn như một hạt, cũng chứa thông tin toàn cầu.

Vì thông tin của toàn bộ vũ trụ có thể được nhận ra trong hạt nhỏ nhất, nên lý thuyết của Bohmian có các đặc điểm toàn ảnh và vũ trụ, được hiểu là một trật tự hàm ẩn và rõ ràng, có thể được hình dung như một hình ba chiều bao la.

Vũ trụ ba chiều..

Điều đáng kinh ngạc nhất về mô hình ba chiều là nó đột nhiên hiểu được một loạt các hiện tượng mơ hồ, chẳng hạn như được xem xét bên ngoài giới hạn của khoa học. Chúng bao gồm thần giao cách cảm, khả năng nhận thức trước, cảm giác thần bí về sự đồng nhất với vũ trụ, và thậm chí cả khả năng vận động tâm trí, hoặc khả năng di chuyển các vật thể của tâm trí mà không cần bất kỳ ai chạm vào chúng."

(Michael Talbot, "Tất cả là Một")

Những trực giác của Bohm nhanh chóng đi theo một hướng chính xác, đó là một vũ trụ được tưởng tượng như một hình ba chiều khổng lồ. Tuy nhiên, nhất thiết phải tính đến thực tế rằng vũ trụ không phải là một thực tại tĩnh mà là một thực thể động, một chuỗi vô số năng lượng sôi động và vật chất kích động; trên thực tế, không có gì trong vũ trụ hạ nguyên tử là tĩnh, như chúng ta đã thấy khi mô tả nguyên tử.

Do đó, Bohm đã đặt ra thuật ngữ mới "holomovement". Vũ trụ, theo quan niệm của người Bohmian, là một chuyển động đồng nhất bao la, trong đó mọi phần, dù là nhỏ nhất, đều chứa đựng toàn bộ lịch sử vũ trụ và trí thông minh khi chúng mở ra trong không gian và thời gian.

Chính vì vũ trụ "liên quan" bao hàm trong chính nó tất cả các vũ trụ vật chất và sự trở thành của chúng đối với cảm giác của chúng ta, hình ba chiều thu được thậm chí không biết khái niệm tĩnh mà tạo thành một chuyển động vĩnh cửu của "ẩn" và "giải thích".

Trật tự ngụ ý chứa đựng trong chính nó mọi thời gian, quá khứ, hiện tại và tương lai, và mọi nơi. Thời gian và địa điểm, theo thứ tự rõ ràng diễn ra trong các thực tại riêng biệt, là một trong trật tự ngầm định.

Chuyển động toàn thể làm cho trật tự tiềm ẩn có thể chứa tất cả sự đa dạng của trật tự rõ ràng. Trong một cuộc phỏng vấn, Bohm giải thích chuyển động toàn thể bằng những lời sau:

> “Trật tự hàm ý tương tự đã được phát hiện trong chuyển động phức tạp của trường điện từ dưới dạng sóng ánh sáng. Sự chuyển động của sóng ánh sáng như vậy có mặt ở khắp mọi nơi và bao trùm toàn bộ vũ trụ về không gian và thời gian ở mọi khu vực. Sự bao bọc

và mở ra này diễn ra không chỉ trong chuyển động của trường điện từ mà còn trong các trường khác tuân theo các định luật của cơ học lượng tử vốn bao hàm các tính chất gián đoạn và phi cục bộ. Toàn bộ chuyển động đóng và mở có thể vượt xa những gì đã được phát hiện trong quá trình quan sát của chúng tôi. Chúng tôi gọi toàn bộ này là "holomovement".

Trong cùng một cuộc phỏng vấn, Bohm nói lại:

"Tôi đề xuất một điều như thế này: Hãy tưởng tượng một biển năng lượng vô tận lấp đầy không gian trống rỗng, với những làn sóng di chuyển qua nó, thỉnh thoảng tập hợp lại với nhau và tạo ra một xung động dữ dội.

Chúng ta nói rằng một xung lực cụ thể tập hợp và mở rộng, tạo ra vũ trụ không-thời gian và vật chất của chúng ta. Nhiều xung lực này có thể xảy ra. Đối với chúng tôi, xung lực này giống như một vụ nổ Big Bang; trong một bối cảnh lớn hơn, nó là một làn sóng nhỏ. Mọi thứ xuất hiện từ việc triển khai trong "holomovement". Mọi thứ tự gập lại theo thứ tự hàm ý. Tôi gọi quá trình gấp hoặc đóng là "làm liên lụy". Ngược lại, quá trình mở ra hoặc mở ra, tôi gọi là "giải thích". Cái ngầm và cái rõ ràng là một thứ trôi chảy và không phân chia. "

Sau đó, Bohm hoàn thành tầm nhìn của mình về vũ trụ theo một cách cực kỳ thần bí bằng cách tưởng tượng, như trong một matryoshka, những lý thuyết rất dài về thực tại hàm ý

Hình 58 - Karl Pribram, không phụ thuộc vào Bohm, đã xây dựng khái niệm tâm ảnh ba chiều.

làm cơ sở cho những lý thuyết khác, cho đến khi ông đạt đến một "trật tự siêu liên quan", tức là một "tâm trí vũ trụ". Theo Bohm, Tâm trí này trải nghiệm một cách sáng tạo trong chính nó hoạt động của các trật tự cao hơn. Mọi sinh vật đều tham gia một cách có ý thức vào tổng thể bằng cách gán cho tổng thể một ý nghĩa. Không có ý thức của chúng sinh, vũ trụ sẽ không hoàn chỉnh. Nhờ sự tham gia của mọi sinh vật, "tâm trí vũ trụ" tiến tới nhận thức và hiểu biết về bản thân.

Karl Pribram

Karl Pribram sinh năm 1919 tại Vienna và qua đời vào năm 2015. Ông là bác sĩ giải phẫu thần kinh, giáo sư tâm thần học và tâm lý học tại nhiều trường đại học Mỹ, bao gồm Đại học Stanford và Đại học Georgetown.

Những nghiên cứu quan trọng nhất của ông liên quan đến bộ não con người và hệ thần kinh: đặc biệt là ông đã giúp xác định bản chất của hệ viền và mối quan hệ giữa nó với vỏ não trước.

Có vẻ lạ khi chúng ta nói về nó trong bối cảnh này, dành riêng cho đại đa số các nhà vật lý hoặc triết gia, nhưng có một lý do rất cụ thể. Thật vậy, Pribram chủ yếu được biết đến với sự phát triển, cộng tác với David Bohm, của cái gọi là "mô hình ba chiều của bộ não" còn được gọi là "mô hình ba chiều của Pribram và Bohm" hoặc là một "mô hình ba chiều".

Với mô hình này, Pribram đã đưa ra giả thuyết rằng thông tin, và do đó, cả những ký ức được lưu trữ trong não của chúng ta, không được "ghi lại" trong các tế bào thần kinh, mà là kết quả của sự tương tác qua lại của các hình dạng sóng tạo ra các "mẫu". Bằng cách này, ông giải thích khả năng lưu trữ một lượng thông tin khổng lồ của bộ não trong một không gian tương đối nhỏ.

Pribram tin rằng các ký ức được lưu trữ trong mạng lưới các xung thần kinh đan xen khắp não, giống như các chùm tia laze giao nhau trên phim chứa hình ảnh ba chiều và cho phép, tùy thuộc vào góc độ, tiết lộ lượng thông tin khổng lồ.

Trong các nghiên cứu về giải phẫu thần kinh của mình, Pribram, giống như Bohm, đã đi đến kết luận rằng chức năng của trí nhớ dễ hiểu hơn bằng cách coi nó tương tự như một thực tại ba chiều. Đương nhiên, cả hai đều trưởng thành trong niềm tin của mình theo những con đường hoàn toàn khác nhau. Bohm xây dựng lý thuyết của mình sau khi nghiên cứu về vật lý lượng tử, trong khi Pribram bị thuyết phục về thực tại ba chiều do có nhiều khó khăn, đôi khi không thể vượt qua, trong việc giải thích một số câu hỏi về sinh lý thần kinh.

Vào những năm 1970, Pribram đang khám phá giả thuyết về thực tại ba chiều, bắt đầu từ nguyên tắc não của chúng ta xử lý các tín hiệu nhận được từ mắt để thể hiện một thực tại qua trung gian, tương tự như hình ba chiều.

Vì con trai ông là một nhà vật lý nên ông đã nghĩ đến việc tìm đến ông để so sánh một số ý kiến, nhưng người con trai ngay lập tức khuyên ông nên liên hệ với David Bohm, người chắc chắn là người phù hợp nhất. Pribram đã làm như vậy, và từ cuộc gặp gỡ của họ, một quan điểm đồng nhất vững chắc về khả năng vũ trụ là một thực tại ba chiều đã ra đời.

Trong cuốn sách "Vũ trụ ba chiều: Lý thuyết cách mạng về thực tại", Michael Talbot đã mô tả thành quả của cuộc gặp gỡ giữa hai nhà khoa học như sau:

> “Kết hợp lại với nhau, các lý thuyết của Bohm và Pribram cung cấp một cách nhìn mới sâu sắc về thế giới.

Bộ não của chúng ta xây dựng thực tế khách quan bằng toán học, giải thích các tần số mà cuối cùng là các phép chiếu từ một chiều không gian khác, một trật tự tồn tại sâu hơn ngoài không gian và thời gian: bộ não là một hình ba chiều ẩn trong vũ trụ ba chiều.

Pribram lập luận rằng sự tổng hợp này khiến ông nhận thức được rằng thế giới khách quan không tồn tại, hoặc ít nhất là không theo nghĩa mà chúng ta quen tin. Những gì tồn tại "ngoài kia" là một đại dương sóng và tần số rộng lớn, và thực tế chỉ xuất hiện cụ thể đối với chúng ta vì bộ não của chúng ta có thể biến dạng hình ba chiều không rõ ràng này thành các khối xây dựng cơ bản và các vật thể quen thuộc tạo nên thế giới của chúng ta. (…)

Chúng tôi có hai khía cạnh rất khác nhau của thực tế. Chúng ta có thể thấy mình là những cơ thể vật chất di chuyển trong không gian. Nếu không, chúng ta có thể thấy mình là một hình ảnh mờ của các mẫu giao thoa ẩn trong toàn bộ hình ba chiều của vũ trụ.

Bohm tin rằng quan điểm thứ hai này đúng hơn."

Thực tế có tồn tại hay không?

Kết hợp mô hình não ba chiều của Pribram với lý thuyết "chuyển động toàn thể" của Bohm mang lại một kết quả đáng ngạc nhiên. Nếu thực tế, trong tính cụ thể mà chúng ta nhận thức, là ảo ảnh, và tất cả những gì tồn tại chẳng là gì ngoài một khối các tần số và năng lượng rung động, thì còn lại gì? Nếu bộ não không gì khác hơn là một hình ba chiều giải mã các tần số nhận được, biến chúng thành nhận thức cảm tính, liệu thực tế khách quan có thực sự tồn tại?

Câu trả lời nên là: không, "thực tại khách quan" không tồn tại, do đó xác nhận điều mà các triết học phương Đông luôn ủng hộ, theo đó thế giới chỉ là ảo ảnh.

Không chỉ vậy: với câu trả lời này, chúng tôi còn phục hồi lại những lý thuyết đã bị chế giễu quá vội vàng của nhiều triết gia phương Tây. Ví dụ chúng ta có thể đề cập đến George Berkeley. Theo ông, tất cả các đối tượng mà chúng ta coi là tồn tại đều không có cơ thể. Các đối tượng chỉ là những ý tưởng mà các giác quan của chúng ta truyền đến não. Trong não, những ý tưởng này được cấu hình và khoác lên mình ấn tượng sai lầm về tính vật chất.

Mô hình ba chiều của Pribram và chuyển động ba chiều của Bohm dẫn đến những kết luận mà nhiều người còn tranh cãi, nhưng nhiều người khác tin rằng đây là mô tả chính xác nhất về thực tại có thể cho đến nay.

Chúng ta đang đi đâu.

"Bạn phải hiểu toàn bộ cuộc sống, không chỉ một phần của nó. Đó là lý do tại sao bạn phải đọc, đó là lý do tại sao bạn phải nhìn lên bầu trời, đó là lý do tại sao bạn phải ca hát và nhảy múa, và làm thơ, đau khổ và thấu hiểu, bởi vì tất cả những điều này là cuộc sống.

(Jiddu Krishnamurti)

Chúng ta đang sống trong một kỷ nguyên đặc quyền trong đó sự đồng bộ bí ẩn với các chiều vũ trụ đang hướng dẫn chúng ta tới những mục tiêu không ngờ tới. Khi chúng ta đạt được những mục tiêu này, điều đó sẽ xảy ra khi tinh thần và vật chất, cuối cùng được trao quyền tồn tại như nhau, sẽ có thể thu hút toàn thể nhân loại vào kiến thức và khả năng mà ngày nay vẫn còn khó hiểu và không thể đạt được. Tính đồng bộ này đang hướng dẫn chúng ta trong quá trình chuyển đổi giữa kỷ nguyên của vật chất không nhận thức được và kỷ nguyên của tinh thần phát sáng.

Một bước quan trọng đầu tiên đã được thực hiện với sự thất bại của chủ nghĩa duy vật, mặc dù thực tế là ngay cả ngày nay vẫn có những nơi, tổ chức và những người không từ bỏ việc đặt chủ nghĩa duy vật làm nguyên tắc vận dụng trí tuệ của họ. Trong nhiều trường hợp, điều này xảy ra để bảo vệ các vị trí đặc quyền hoặc lợi ích.

Trong những thập kỷ gần đây, các lý thuyết duy vật đã hoàn toàn lỗi thời trong các lĩnh vực khoa học tiên tiến nhất. Chúng ta bắt đầu tự hỏi liệu chúng ta có thực sự chỉ là "những cỗ máy được lắp ráp ngẫu nhiên" hay không, hay chúng ta không sở hữu một "ý thức" có khả năng định hình vũ trụ chứa đựng chúng ta.

Trong bối cảnh này, một câu hỏi mà cho đến thế kỷ trước vẫn bị giới hạn trong lĩnh vực siêu hình học mơ hồ, trở nên cực kỳ thời sự và bắt đầu dằn vặt tâm trí của các nhà khoa học khai sáng nhất: chúng ta có phải là người tạo ra thực tại của chúng ta không?

Nghiên cứu về linh hồn trở thành một phần của vật lý.

Cho đến thế kỷ trước, bất kỳ diễn ngôn nào về sự tồn tại của linh hồn đều bị giới hạn trong lĩnh vực thần học hoặc triết học. Giờ đây, thật đáng ngạc nhiên, câu hỏi này đã trở thành một phần của chương trình vật lý lý thuyết, được đặt chắc chắn ở đầu danh sách các chủ đề đáng được nghiên cứu thêm.

Đặc biệt, nhà vật lý học Henry Pierce Stapp đang tiến hành các nghiên cứu được tuyên bố với một sự nhấn mạnh nhất định trên web thông qua các tiêu đề tương tự như sau: "Henry Stapp muốn chứng minh sự tồn tại của linh hồn" (Henry Stapp muốn chứng minh sự tồn tại của linh hồn). Trên thực tế, Stapp không quá muốn chứng minh sự tồn tại của linh hồn, mà đúng hơn là nó, được hiểu là ý thức của sinh vật sống, không thể bỏ qua. Linh hồn, tức là ý thức, phải trở thành một biến số tích cực và có ảnh hưởng trong các phương trình và công thức mô tả hoạt động của vũ trụ.

Stapp sinh năm 1928 tại Cleveland, Ohio, Hoa Kỳ. Ông nhận bằng tiến sĩ về vật lý hạt dưới sự giám sát của những người đoạt giải Nobel Emilio Segrè và Owen Chamberlain tại Đại học California, Berkeley. Ông được biết đến với các công trình trong lĩnh vực cơ học lượng tử, đặc biệt là sự phát triển của lý thuyết ma trận S tiên đề; ông đã xuất bản, trong số những bài báo khác, nhiều bài báo liên quan đến các khía cạnh phi cục bộ của cơ học lượng tử và định lý Bell.

Năm 1958, ông được Wolfgang Pauli mời đến ETH Zurich để làm việc với cá nhân ông về các vấn đề cơ bản trong cơ học lượng tử. Từ năm 1969, ông là cộng tác viên trực tiếp của Werner Heisenberg tại Viện Max Planck ở Munich. Sau đó, từ năm 1976, ông làm việc với John Wheeler. Đó là một sự nghiệp học thuật luôn được thực hiện ở mức độ cao nhất.

Henry Stapp. Thuyết lượng tử và ý chí tự do.

Vào năm 2017, Stapp đã xuất bản cuốn sách "Lý thuyết lượng tử và ý chí tự do. Ý định tinh thần chuyển thành hành động cơ thể như thế nào".

Cuốn sách này giải thích, bằng những thuật ngữ đơn giản nhưng chính xác, cách thức hoạt động của cơ học lượng tử chính thống và chỉ ra cách lý thuyết này, được diễn giải một cách thực tế, gán vai trò quan trọng cho những lựa chọn có ý thức và tự do của chúng ta. Stapp bắt đầu từ nguyên tắc rằng sinh học truyền thống và khoa học thần kinh vẫn ủng hộ những định kiến cổ điển đã bị bác bỏ và thất bại về cơ bản, theo đó ý định tinh thần không ảnh hưởng đến hành vi của vật chất. Nó cho thấy cơ học lượng tử cung cấp cơ sở hợp lý như thế nào để hiểu rõ hơn về mối liên hệ giữa ý thức và hành vi, đồng thời cho phép giải thích một số hiện tượng hiện được coi là "huyền bí". Những ý tưởng này có ý nghĩa quan trọng đối với việc hiểu bản thân và các quá trình suy nghĩ của chúng ta, và do đó cũng đối với ý nghĩa cuộc sống của chúng ta.

Trong cuốn sách, Stapp đã giải quyết một trong những vấn đề nhức nhối nhất từ trước đến nay, đó là ý chí tự do. Đó là một khái niệm mà "Enciclopedia Italiana Treccani" định nghĩa như sau:

> ý chí tự do. Cụm từ dùng để chỉ quyền tự do của con người, hành vi của con người không do các thế lực tối cao (siêu nhiên hoặc tự nhiên) quyết định, mà bắt nguồn từ sự lựa chọn tự chủ của con người.

> Cách diễn đạt này được sinh ra trên cơ sở các cuộc thảo luận thần học của Cơ đốc giáo, liên quan đến khả năng hòa giải giữa quyền năng toàn năng của thần thánh với sự toàn tri và tự do của con người. Các nhân vật chính của Chủ nghĩa nhân văn và thời Phục hưng đặc biệt ủng hộ luận điểm về ý chí tự do với sự nhiệt tình đặc biệt.

Từ quan điểm tôn giáo, rất khó để dung hòa ý chí tự do với ý tưởng về một Đức Chúa Trời toàn tri: nếu Đức Chúa Trời đã biết trước tương lai và do đó biết con người sẽ hành động như thế nào, thì con người có thể tự cho mình là người tự do lựa chọn không?

Hãy tạm gác tôn giáo sang một bên, vì đó là một khái niệm cá nhân và không khách quan và ngay cả những tín đồ của các tôn giáo khác nhau cũng thường thấy mình bất đồng về nó.

Khoa học, như chúng ta biết, tiến hành với các phương pháp mà chúng ta có thể định nghĩa là khách quan: nó thực hiện các thí nghiệm, từ đó rút ra các kết luận cụ thể. Nếu kết quả thí nghiệm xác nhận giả thuyết một cách không thể chối cãi, thì điều này sẽ trở thành một quy luật vật lý, nếu không thì phán đoán có thể bị từ chối hoặc đình chỉ.

Trong trường hợp ý chí tự do, không ai có thể tuyên bố rằng đó là một luật hợp lệ. Trên thực tế, chưa bao giờ có thể chứng minh rằng bằng cách kiểm tra một tình huống nhất định nhiều lần, kết quả luôn thu được giống nhau.

Bắt đầu từ cơ sở khoa học này, chúng ta có thể hình thành một lý luận rộng lớn hơn, liên kết với sự chắc chắn rằng con người được tạo thành từ các nguyên tử và hạt.

Chúng ta biết rằng các nguyên tử đang chuyển động không ngừng, và chúng ta biết rằng, là một phần của chuyển động này, chúng có xu hướng kết hợp với các nguyên tử khác. Nhưng có một điều chúng ta không biết: tại sao các nguyên tử lại hút nhau và kết tụ lại? Bằng lực nào mà ba nguyên tử (hai nguyên tử hydro và một nguyên tử oxy) hợp nhất để tạo thành một phân tử nước? Có "lương tâm" nào khiến họ thực hiện chính xác hình thức tổng hợp cực kỳ hữu ích này, thay vì nhiều hình thức có thể khác không?

Thật vậy, nguyên tử không nên có ý thức, do đó nó không thể quyết định "một cách có ý thức" loại tập hợp nào sẽ thực hiện. Hơn nữa, ngay cả phân tử nước cũng không thể được định nghĩa là có ý thức. Nhưng các nguyên tử cũng có thể tập hợp lại theo một cách phức tạp hơn, chẳng hạn như để tạo thành một sinh vật "sống" về mặt sinh học, nghĩa là chắc chắn được phú cho ý thức, hoặc ít nhất là bản năng. Thật kỳ diệu, những sinh vật có ý thức được sinh ra từ sự kết hợp của hàng tỷ nguyên tử không có ý thức.

Tại sao? Đó là một câu đố thực sự. Điều gì có thể là giải pháp? Hoặc là các nguyên tử sở hữu một ý thức, trái ngược với niềm tin phổ biến, hoặc chúng được hướng dẫn bởi một ý thức bên ngoài chúng: trong mọi trường hợp, một "ý thức điều khiển" phải tồn tại trong quá trình tổng hợp.

Từ quan điểm tôn giáo, có thể nói rằng mọi thứ đều do Chúa sắp đặt; ý thức mà từ đó mọi ý thức và mọi hành vi có ý thức bắt nguồn là ý thức của Chúa.

Tuy nhiên, khoa học không coi những lập luận siêu hình này là hợp lệ và tiếp tục công việc của mình để khám phá đâu là cơ chế quyết định sự kết hợp của vật chất.

Hiểu cách thức và lý do tại sao các nguyên tử tập hợp lại có nghĩa là khám phá cách thức mà lương tâm của chúng sinh được tạo ra. Hơn nữa, cách hiểu này sẽ dẫn đến kết luận rằng sự hình thành ý thức diễn ra trên cơ sở của một quá trình có thể xác định rõ ràng. Có thể chuyển quy trình thành một thuật toán.

Nếu đây là trường hợp, "sự hình thành" của ý thức sẽ là một phần của quá trình có thể dự đoán và lặp lại. Do đó, người ta có thể đưa ra giả thuyết về sự tồn tại của ý thức "tiêu chuẩn". Trong những điều kiện này, sẽ rõ ràng một lần và mãi mãi rằng ý chí tự do không tồn tại.

Vật lý lượng tử phát triển một quan điểm hoàn toàn khác, mà Stapp khám phá trong cuốn sách của mình. Chúng ta không thể quan sát một hạt bằng cách thiết lập vị trí và tốc độ của nó, hay đúng hơn, chúng ta chỉ có thể làm điều đó một cách xác suất. Bằng cách lặp lại phép đo nhiều lần với cùng một dữ liệu, chúng tôi tìm thấy hạt ở một số vị trí khác nhau. Không chỉ vậy: bằng cách quan sát hạt, chúng ta tạo ra "sự sụp đổ" của hàm sóng chứa nó; do đó, chúng tôi quyết định nơi nó được tìm thấy.

Trên thực tế, hạt lơ lửng trong điều kiện mơ hồ cho đến khi, chỉ đơn giản bằng cách quan sát nó, tức là nhìn vào nó, chính chúng ta quyết định vị trí đặt hạt đó.

Điều này có những hậu quả đạo đức và triết học khôn lường. Nếu chúng ta quyết định, bằng cách quan sát chúng, nơi đặt các hạt, nghĩa là, nếu chúng ta tùy ý lựa chọn các đặc tính của vật chất, thì điều đó có nghĩa là ý chí tự do tồn tại. Chúng ta không còn là những cỗ máy bị vật chất chi phối, mà là những sinh vật có khả năng chi phối vật chất bằng ý chí của mình.

Trong một trong nhiều cuộc phỏng vấn của mình, Henry Stapp đã thể hiện bản thân về lý thuyết mà ông đã phát triển, "Lý thuyết lượng tử về ý thức":

Điều quan trọng đối với chúng ta, với tư cách cá nhân và tập thể, là phải sửa lại quan niệm phổ biến hiện nay rằng khoa học đã chỉ ra rằng chúng ta là những người máy cơ khí. Ý tưởng này dựa trên cơ học cổ điển, hiện đã bị vô hiệu hóa về mặt thực nghiệm. Người kế vị của nó, cơ học lượng tử, đại diện cho chúng ta như những sinh vật tâm lý có ý định có ý thức không được xác định bởi các khía cạnh vật lý của Tự nhiên, nhưng vẫn ảnh hưởng một cách nhân quả đến tiến trình của các sự kiện vật lý.

Câu hỏi đặt ra ngay lập tức là: "Mối liên hệ giữa trải nghiệm có ý thức của chúng ta và thế giới được mô tả vật lý là gì?".

Các lý thuyết vật lý cổ điển phổ biến trong khoa học trong thế kỷ 18 và 19 tuyên bố rằng bất kỳ thuộc tính vật lý nào chỉ được xác định trước bởi các thuộc tính vật lý trước đó, mà không có bất kỳ "yếu tố bổ sung" nào từ ý thức. Tuyên bố này, nếu đúng, sẽ ngụ ý rằng cuộc sống của chúng ta là vô nghĩa; nó sẽ biến mỗi chúng ta thành những cỗ máy cơ học không cần trí óc, không thể tác động đến tiến trình của các sự kiện vật chất trong tương lai vì lợi ích của chính chúng hoặc vì lợi ích của bất kỳ ai khác.

Ngày nay người ta biết rằng các kỹ thuật vật lý cổ điển về cơ bản là sai. Những lý thuyết lỗi thời này đã được thay thế bằng cơ học lượng tử. Trong lý thuyết này, "sự lựa chọn tự do" có ý thức của chúng tôi đóng một vai trò năng động thiết yếu trong việc xác định tương lai. Những lựa chọn như vậy được gọi là "tự do" bởi vì chúng không bị hạn chế bởi bất kỳ đặc điểm nào khác của lý thuyết, thống kê hay mặt khác."

Năng lượng của Tinh thần Vũ trụ.

Khả năng quan sát các hạt cơ bản của chúng ta quyết định tính thực tế của những gì chúng ta quan sát được và do đó minh chứng cho ý chí tự do của chúng ta. Nhưng sau đó, chúng ta có thể tự hỏi: ai là người quan sát các hạt của chúng ta để xác định rằng chúng phải hình thành chính xác cơ thể chúng ta, và do đó là ý thức của chúng ta? Ai đang theo dõi chúng ta?

Có một người quan sát xác định chúng ta? Hoặc: có trò chơi nào trong đó chúng ta là người quan sát và được quan sát, được tạo ra và là người sáng tạo không? Ai điều hành trò chơi này? Hoặc có thể trò chơi được sinh ra từ một "incipit" bí ẩn nhìn thấy chính chúng ta, ngay từ đầu, người chơi và trọng tài?

Có lẽ thực tế là một Ouroboros khổng lồ, con rồng thần thoại tự cắn đuôi mình, tạo thành một vòng tròn không có điểm đầu và điểm cuối?

Rõ ràng là bất động, nhưng trong chuyển động vĩnh cửu, ouroboros đại diện cho sức mạnh nuốt chửng và tự tái tạo, năng lượng vũ trụ liên tục được tiêu thụ và tái tạo. Do đó, nó tượng trưng cho sự thống nhất và tổng thể của mọi thứ, vô hạn, vĩnh cửu, thời gian theo chu kỳ, sự trở lại vĩnh cửu, sự bất tử và sự hoàn hảo.

Thật tò mò khi lưu ý làm thế nào biểu tượng này hiện diện trong vô số truyền thống thần bí và triết học ở mọi thời đại và địa điểm.

Thực tế là mọi vật chất hình thành từ sự quan sát chứa dựng một điều tất yếu không thể tránh khỏi: chúng ta cần được quan sát.

Phương châm của George Berkeley đang soi sáng: "Esse est percipi" (Tồn tại có nghĩa là được nhận thức).

Từ quan điểm này, những lời của tác giả thánh vịnh cũng trở nên dễ hiểu, người hướng về Chúa cảm ơn vì đã được nhìn, thực sự, vì không thể thoát khỏi ánh mắt của anh ấy. Không những thế: thừa nhận rằng Thiên Chúa đã dõi theo ngài từ khi ngài được hình thành trong lòng mẹ, ngài thừa nhận rằng ánh mắt đó đã làm cho ngài trở nên hoàn thiện "như một phép lạ".

David Bohm, con trai của một trợ lý giáo sĩ Do Thái, có lẽ đã cầu nguyện nhiều lần trong thời thơ ấu của mình bằng những lời của Thi thiên 138

> "Lạy Chúa, Chúa dò xét con và biết con,
> bạn biết khi tôi ngồi và khi tôi đứng dậy.
> Bạn thâm nhập vào suy nghĩ của tôi từ xa,
> bạn xem tôi khi tôi đi bộ và khi tôi nghỉ ngơi.
> Đi đâu khỏi tinh thần của bạn, chạy trốn khỏi sự hiện diện của bạn ở đâu?
> Đôi mắt của bạn nhìn thấy tôi khi tôi chưa được hình thành"

Trong những năm cuối đời, Bohm bị cuốn hút bởi các lý thuyết của Jiddu Krishnamurti, sinh năm 1895 tại Ấn Độ. Ông đã thiết lập mối quan hệ đối tác về văn hóa và tinh thần với triết gia này, đến mức họ đã cùng nhau viết một số cuốn sách, trong đó có cuốn "Nơi thời gian kết thúc".

Trong quá trình kết bạn với Krishnamurti, Bohm đã trở nên rất gần gũi với chủ nghĩa thần bí phương Đông và chuyển hóa ước muốn trẻ trung để xây dựng một xã hội công bằng hơn thông qua chủ nghĩa duy vật của Liên Xô. Anh ấy đã trưởng thành một khát vọng hướng đến cùng một mục tiêu nhưng thông qua con đường phát triển tâm linh.

Trong bối cảnh của mối quan hệ hợp tác văn hóa và tinh thần này, Bohm đã xây dựng ý tưởng mà ông đã thể hiện trong phần trích dẫn này từ cuốn sách "Bohm. Vật lý của Vô cực" của Massimo Teodorani:

> "Trường "phân định" của sự vật là tất cả những gì chúng ta có thể nhìn, nghe, chạm, ghi nhớ và mô tả. Lĩnh vực này về cơ bản là những gì hiển nhiên hoặc hữu hình. Ngược lại, phẩm chất thiết yếu của cái vô hạn là tính khó nắm bắt của nó. Phẩm chất này có dạng từ Tinh thần, có nghĩa ban đầu là "gió, hơi thở".
>
> Điều này cho thấy sự tồn tại của một năng lượng vô hình nhưng lan tỏa mà thế giới hiển nhiên của cái hữu hạn đáp ứng. Năng lượng này, Hỡi Thần linh, tràn ngập tất cả các sinh vật sống, và nếu không có nó, mọi sinh vật sẽ phân hủy thành các yếu tố cấu thành của nó. Những gì thực sự sống trong sinh vật sống là năng lượng của Tinh thần. Năng lượng này không bao giờ được sinh ra và sẽ không bao giờ chết."

Bohm gọi tinh thần là Linh hồn của thế giới, một trật tự siêu hàm ý làm nền tảng và làm sống động mọi hàm ý và giải thích tiếp theo. Ông muốn nói đến một trật tự nằm ở cấp độ tự do tối cao và như vậy, thoát khỏi bất kỳ hàm ý triết học hay giáo điều nào.

Như đã chứng minh trong cuộc đời mình, Bohm coi tự do là một điều tốt đẹp và khao khát chinh phục nó ở mức độ tuyệt đối để có thể chia sẻ nó. Ông qua đời vì một cơn đau tim vào ngày 27 tháng 10 năm 1992 tại Luân Đôn, để lại một khoảng trống lớn trong cộng đồng khoa học và một di sản khổng lồ gồm những ý tưởng đang chờ được phát triển cả về mặt khoa học và triết học.

Bibliography.

Acheson David # One thousand eighty-nine and other magic numbers.
Aguirre Anthony # Zen and Multiverses
Allen Steve # Deceptions of logic
Ambesi Alberto # Panteismo
Amir Dan Aczel #Entanglement. The greatest mystery of physics. Amir Dan Aczel # The Mystery of the Alef
Amir Dan Aczel # The God Equation
Anderl Sybilla # The universe and me. A philosophy of astrophysics
Angier Natalie # The canon of science. Guided tour from the infinitesimal to infinity for enthusiastic beginners...
Anthes Emily # Quick Guide for Brainiacs: The Mind
Arecchi Tito & Eva # Simboli e realtà
Argentieri Niccolò # Ci sono elettroni nel mondo della vita?
Armstrong David # What is metaphysics
Asimov Isaac # The Physics Book
Asimov Isaac # In the beginning. The book of genesis interpreted.
Asimov Isaac # The invisible universe
Astrolabio Ubaldini # Neuroscienze e spiritualità. Mente e coscienza nelle tradizioni
Baker Stephen # The secret power of mathematicians
BakerJoanne # Quantum Physics. 50 great ideas
Barbour Julian # The point of Janus. A new theory of time
Julian Barbour # The End of Time.
Barcelli Simone # La storia che verrà
Baron Vincenzo # Albert Einstein. Il costruttore di universi
Barrow, Tipler # The anthropic principle.
Barrow John David # 1+1 does not (always) do 2
Barrow John David # Zero to . The great story of nothing. Oscar Mondadori.
Barrow John David # From the Self to the Cosmos
Barrow John David # The numbers of the universe
Barrow John David # The Book of Universes. Complete guide to possible universes
Barrow John David # The mono within the world
Barrow John David # Infinity
Barrow John David # The universe as a work of art
Barrow John David # The Pictures of Science
Barrow John David # The Origins of the Universe

Barrow John David # Why is the world mathematical? The third
Barucca, Jannaccone Scacchi # Forced science
Barzaghi Giuseppe # Compendio di storia della filosofia
Battiston Roberto # La prima alba del cosmo. Dal big bang alla vita nell'universo
Beitman Bernard # Messages of coincidences.
Bellone Enrico # Corpi e cose
Bergson Henri # Essay on the immediate data of consciousness
Berkeley George # Philosophical Works
Bersani-Peres # Proverbial mathematics
Bersani R, Peres E. # Mathematics. Survival course
Berti Enrico # History of metaphysics
Bocchi G, Ceruti M. # Origins of stories
Bodanis David # E=mc². Biography of the equation that changed the world
Bogdanov Igor # Before the Big Bang. The origin of the universe
Bohm - Khrisnamurti # Where time ends
Bohm - Khrisnamurti # The limits of thought
Bõhm Conrad # The Keys of the Cosmos
Bohm David # Universe Mind Matter
Bojowald Martin # Before the Big Bang. Complete history of the universe
Bonaventura, Colombo, Miluzio # The made-to-measure universe. Journey into the incredible cosmic coincidences that allow us to be here
Boncinelli, Inherited # Everything is transformed. Brief history of energy
Borgna Eugenio # Il tempo e la vita
Brockmn John # That's not true but I believe it
Bruno Giordano # Of the infinite universe and worlds
Bryson Bill # A Brief History of (Almost) Everything
Bui Daniele, LeoniSilvio # Mente, cervello e coscienza. Il vicolo cieco del materialismo nel pensiero di Sir John Eccles
Burgin Luc # Errors of science
Cambray Joseph # Synchronicity. Nature and psyche in an interconnected universe.
Campbell, Joseph # Dee. The mysteries of the divine feminine
Campbell, Joseph # The Inner Reaches of the Cosmos. The metaphor in myth and religion
Cantalupi -Santarcangelo # Psiche e realtà
Cappelletti Valentina # From order to things. Essay on Werner Heisenberg
Capra F. Luisi P.L. # Life and nature. A systemic view.
Goat Fritjof # The turning point
Goat Fritjof # The Tao of Physics.
Goat Fritjof # The science of life
Goat Fritjof # Towards a new wisdom
Carlson W. Bernard#Tesla. The inventor of the electric age
Casati Roberto # La scoperta dell'ombra
Castorina Paolo # La «particella di Dio» e l'origine della massa
Cattabiani Alfredo # Planetarium
Cederquist John # Coincidences don't exist.

Cesati Cassin Marco # Non siamo qui per caso. Il potere delle coincidenze.
Chandrasekhar Sub. # Truth and beauty. The reasons for aesthetics in science.
Chiaberge Riccardo # Il Dio variabile
Chinnici Giorgio # Si dà il caso. Il funzionamento segreto del mondo quantistico
Chopra Deepak # Coincidences.
Ciuffardi, Perissi # La fine della coscienza? Dalla mente bicamerale all'intelligenza artificiale
Clark Michael # Paradoxes A to Z
Close Frank # Theories of everything
Scatti Monica # Buchi neri evanescenti
Coppens Yves # The construction of prehistory
Couliano Joan # The journeys of the soul
Coustè Alberto # Brief history of the devil
Crespi Marco # L'equazione della coscienza
Currivan Jude # The Cosmic Hologram
D'Ancona Vittorino # Greek mythology
Dal Buono Lucio # Dall'atomo all'anima. Tutto quello che devi sapere
Damasio Antonio # Emotion and conscience
Damasio Antonio # Descartes' error. Emotion, reason and the human brain
Dask Mike # Beyond Borders
Davies Paul # How to build a time machine
Davies Paul # God and the new physics
Davies Paul # The last three minutes
Davies Paul # The Mysteries of Time. The universe after Einstein
Davies Paul # The Intelligent Cosmos
Davies Paul # The fleeing universe
Davies Paul # The Mind of God
Davies Paul # Are we alone?
Davies Paul # On the edge of infinity. Naked singularities and distribution of space-time
Dawkins Richard # The Blind Watchmaker
De Agostini # Biology
De Agostini # Large paperbacks. Geographical atlas. Historical. Astronomy
De Crescenzo Luciano # Ordine e disordine
De Crescnzo Luciano # empo e felicità
De Santillana Giorgio, Von Dechend Hertha # Hamlet's mill. Essay on myth and the structure of time.
De Santillana Giorgio #Sirio
Dehaene Stanislas # Brain and consciousness
Della Sala, Dewar # Never trust your mind. N+1 experiments to understand how it deceives us and why
Delmastro Marco # Particelle familiari. Le avventure della fisica e il bosone di Higgs
By Francesco Michele, Marraffa, Tomasetta # Filosofia della mente. Corpo, coscienza, pensiero
Mondadori Dictionary # Dizionario della saggezza orientale

Donà Massimo # Magia e filosofia
Du Sautou Marcus # The perfect mess
Du Sautou Marcus # The Million Dollar Equation
Du Sautou Marcus # The impossible theories. What are the limits of science?
Dumezil Geoges # Archaic Roman religion
Edelmen, Tononi # Un universo di coscienza. Come la materia diventa immaginazione..
Albert Einstein # Albert Einstein. Relativity and new physics
Einstein Albert # The world as I see it
Einstein Albert # Thoughts, ideas, opinions
Einstein, Infeld # The evolution of physics
Ekelan Ivar # Chaos
Ereditato Antonio # Le particelle elementari
Hermes Trismegistus # Poimandres
Fabbro Franco # The biological foundations of philosophy. The symbolic nature of DNA, psyche and language
Facchini Fiorenzo # L'avventura dell'uomo. Caso o progetto?
Facchini Fiorenzo # Origini dell'uomo ed evoluzione culturale
Facchini- Magnani # Myths and rites of prehistory
Faggin Federico # Irriducibile, Conscience, life, computers and our nature
Faggin Federico # Silicon
Falletta Nicholas # The Book of Paradoxes
Federrici Vescovini G. # Magico Medioevo
Ferrini Federico # Onde gravitazionali. Una nuova porta per il cosmo
Ferris Timothy # The Adventure of the Universe. From Aristotle to quantum theory and beyond: a never ending story
Ferrone Vincenzo # Una scienza per l'uomo
Feynman Richard # The meaning of things
Feynman Richard # QED
Feynman Richard # Six Easy Pieces
Albertini Foundation # Prove e indizi dell'aldilà
Andrea Sardos Foundation # Prove e indizi dell'aldilà. Il caso Andrea
Ford Kenneth # The quantum world. Quantum physics for everyone.
Fosar-Bludorf # Hyperconsciousness. Intelligence is hidden in the DNA
Foster Charles # We human beings. 40,000 years of history of consciousness
Franks E.M. # Carl Jung's theory of psychological types
Fraser J. T. # Time: an unknown presence
Frazer James # The golden branch
Friedman Richard # Who Wrote the Bible?
Frova Andrea # Il Cosmo e il Buon Dio. Dialogo su astronomia, evoluzione e mito
Find Andrea # Luce. Una storia da Pitagora ad oggi
Find Andrea # Perché succede quello che succede
Galfard Cristophe # How to understand E=mc2
Galilei Galileo # DDialogo dei principali sistemi
Gallippi Angelo # Federico Faggin. Il padre del microprocessore

Gamow George # Gravity
Gamow George # The Adventures of Mr. Tompkins. Daedalus Editions
Gamow George # New World of mr. Tompkins. Zanichelli
Gamow George # Thirty Years That Shocked Physics
Gasperini Maurizio # L'universo prima del big bang. Cosmologia e teoria delle stringhe
Gazzaniga Michael # Conscience is an instinct. The mysterious link between the brain and the mind
Giacobbo Roberto # Secret cities
Giacobini, d'Errico # The Neanderthal hunters
Giacomelli Giorgio # Dal quark al big bang
Giuliodori Lucio # Sul concetto di sincronicità: Jung tra psicoanalisi e quantismo
Giuliodori Lucio # Tra fisica e metafisica. Alcune implicazioni
Atlanti Giunti # Geografia generale, astronomia e cartografi
Gleick James # Chaos. The birth of a new science
Goldman Jane #Xfiles. The Book of Incredible Facts
Goswami Amit # Quantum Guide to Enlightenment. Mediterranean Editions
GrazianoMichael # Rethinking conscience
Grecchi Vittorio # The brain field lies
Greek Peter # The origin of the universe
Greene Brian # Until the end of time. Mind, matter and the search for meaning in an ancient universe
Greene Brian # The elegant universe. Superstrings. hidden dimensions and the search for the ultimate theory.
Greene Brian # The Elegant Universe
Greene Brian # The Hidden Reality
Greene Brian # The hidden reality - parallel universes and profound laws of the cosmos. Philosophies of sciences
Greene Brian # The plot of the cosmos. Space, reality.
Gribbn John # Encyclopedic Dictionary of Quantum Physics
Guido Paolo # Da Buddha a Einstein
Hack Margherita Ferreri Cossard # La lunga storia delle origini. I grandi miti e le teorie con cui l'umanità ha spiegato l'universo
Hall Nna # Chaos. A science for the real world
Hand David # Chance does not exist. Because the most amazing things happen every day
Harner Michael # The Way of the Shaman
Harrison Edward # The Masks of the Universe
Hawking - Penrose # The nature of space and time
Hawking Heckler # The Grand Design.
Hawking -Mlodinov # From the Big Bang to black holes. Brief history of the universe. Mondadori
Hawking Stephan # Holes nr and newborn universes
Hawking Stephen # The universe in a nutshell. Oscar Saggi Mondadori.
Hawking Stephen # The Great History of Time. Mondadori

Stephen Hawking # The Theory of Everything. Origin and destiny of the universe. Mondadori.
Hawking Stephen # Gazing up at the stars
Heckler Richard # Coincidences
Heidegger, Martin # What is metaphysics?
Heidegger, Martin # The concept of time
Heisenberg Werner # Physics and Philosophy
Hermann Greta # Physics and philosophy
Higfield, Roger # The Science of Henry Potter
Hillman, James # The Soul Code
Hope Murry # The Secret of Sirius
Hopke Robert # Nothing happens by chance. Oscar Mondadori
Hoyle Fred # The Origin of the Universe and the Origin of Religion
Humphrey Nicholas # Soul Dust. The Magic of Consciousness
Hunter Tobias # A new idea of the world
Huxley Aldous # Brave New World. Back to the new world.
Jaffè Aniela # Dreams, prophecies, apparitions
Jaynes Julian # The Breakdown of the Bicameral Mind and the Origin of Consciousness
Johnson Steven # Where great ideas are born. Natural history of innovation
Joseph Frank # The Power of Coincidences. The meeting point.
Jou David # Rewrite Genesis. In search of the mathematical formula of creation
Jung Carl # Animus and anima
Jung Carl # Experience and mystery
Jung Carl # The Red Book. Liber novus.
Jung Carl # Jung speaks Interviews and meetings
Jung Carl # The analysis of dreams. The archetypes of the unconscious. The synchronicity.
Jung Carl # The ego and the unconscious
Jung Carl # Man and his symbols
Jung Carl # The psychic dimension. Collection of writings.
Jung Carl # Psychology of the unconscious
Jung Carl # Memories and reflections.
Jung Carl # Psychological types
Kaku Michio # The future of humanity
Kaku Michio # Hyperspace
Kaku Michio # The divine equation
Kane Gordon # The Garden of Building Blocks. Longanesi
Karsenti Eric # A Brief History of the Origins of Life. From the cell to the human being, the most beautiful story ever told: ours
Kauffman Stuart # Reinventing the sacred
Kinnebriock Werner # Where does the passing of time go. Physics, philosophy and daily life
Kippenhahn Rudolf # Pocket Cosmology. From the big bang to the poetry of the starry sky

Koch Christof ok # The search for conscience
Kornelius Martin #Einstein Light
Kosko Bart # The fuzzy-thinking
Krauss Lawrence # The Dark Heart of the Universe. In search of the «Fifth essence
Krauss Lawrence # The Universe from Nothing
Krauss Lawrence # The Physics of Star Trek
Kumar Manjit # Quantum. From Einstein to Bohr, a new idea of reality.
Kundera Milan # Immortality
Kung Hans # Chinese Christianity and Religiosity. Arnoldo Mondadori editor.
Lalumera Elisabetta # Cosa sono i concetti
Lambert Karel, G. Gordon # Introduction to the philosophy of science
Lanternari Vittorio # Religione, magia e droga
Lanza R. + Herman # Biocentrism
Lanza Robert # The grand biocentric design
Lanza Robert # Beyond biocentrism
Laszlo Erwin # Science and the Akashic Plan
LaszloErvin # The Immortal Mind
Lazzara Salvatore # Vedi alla voce scienza
Lederman-Hill # Quantum Physics for Poets
Ledoux Joseph # The emotional brain
Licata Ignazio # Observing the Sphinx. DiRenzo Publisher.
Lindley David # Einstein's moon
Lipton Bruce # The Biology of Belief
Livio Mario # La sezione aurea. Storia di un numero e di un mistero che dura da tremila anni
Lu Tung-pin # The Secret of the Golden Flower
Luc Georg # Il magico nella cultura antica
Luccio Riccardo # FDall'anima alla mente. Breve storia della psicologia
Lurker Manfrd # Dictionary of Biblical Pictures and Symbols
Marchesi Fabio # Exotropia
Marchi Vittorio # La scienza dell'Uno. Chiave per l'universo nascosto
Marconi Momolina # Prelude to the history of religions
Marletto Chiara # La scienza dell'impossibile. Alla ricerca delle nuove leggi della fisica
Martini Francesco # Persuasive communication 4 books
Massalenti (curator) # Qualcosa di grande. L'infinita bellezza e complessità di tutto ciò che esiste
Massimini Tononi # Nothing greater
Mavaldi Marco # The two heads of the tyrant. Mathcmatical methods for freedom
Mazzitelli Italo # What if God existed? E se Dio esistesse? I limiti della conoscenza scientifica quando si indaga su Dio e la religione
McTaggart Lynne # The secret force of the universe. The zero point field
McTaggart Lynne # The Bond. The quantum link
Mecacci Luciano # Identikit of the brain
Michell John # Astroarchaeology

Miramonti Reseghetti # Neutrino. La particella fantasma
Mondadori # Dictionary of oriental wisdom
Morowitz Harold # The birth of everything
Mortier Roland # Imposters and gullible people in the Age of Enlightenment
Matteo Motterlini # Mental traps. Rizzoli
Mugnos Sabrina # The universe that thinks
Mullis Kary # They dance naked in the field of mind
Musso Paolo # Science and the idea of reason. Science, philosophy and religion from Galileo to black holes and beyond.
Muzzio Publisher # Caos. Una scienza per il mondo reale
Nagel Thomas # A very short introduction to philosophy
Neumann Erich # History of the origins of consciousness
Nietzsce # Beyond good and evil
Nietzsche Friedrich # Thus Spoke Zarathustra
New Syntheses # Galileo Newton Einstein
O'Keane Veronica # The Bazaar of Memory. How we build memories and how memories build us
O'Regan J. Kevin # Why colors don't play. A new theory of consciousness
Odifreddi Piergiorgio # Una via di fuga. Il grande racconto della geometria moderna
Oldstone Moore # Understanding Taoism
Oliverio Alberto # Dove ci porta la scienza
Oliverio Alberto # L'arte di ricordare. La memoria e i suoi segreti
Oreglio Flavio # Curiosa storia della scienza. Le radici pagane dell'Europa
Osho # Rajneesh's bible
Overbye Dennis # Einstein innamorato. La vita di un genio, tra scoperte scientifiche e passione romantica
Palazzi Pablo # The Great Illusion
Palmarini and others # Musica, luce, colori, nuova energia
PanekRichard # The invisible century
Paolelli Ermanno # Neuro-quantum. The new frontier of neuroscience
Parigi Silvia # Magia e scienza nell'età moderna
Paris Giorgio # In un volo di storni. Le meraviglie dei sistemi complessi
Pauli Wolfgang # Psyche and nature
Pearson Carol S. # The hero within us
Peat David # The Paths of Chance
Peat David # Synchronicity. A union between matter and psyche. Magi Editions
Peiretti Federico # Il matematico si diverte. Duecento giochi e puzzle che hanno fatto la storia della matematica
Pellegrini Massimo # Fisica quantistica per principianti
Penrose Roger # The Universe is still a secret
Penrose Roger # The Emperor's New Mind
Penrose Roger # The road that leads to reality
Perconti Pietro # Conscience. Philosophical lexicon
Pichot André # The birth of science. Mesopotamia, Egypt, Ancient Greece
Pim van Lommel # Consciousness beyond life

Pinotti-Baccarini # Italia esoterica
Pizzuti Marco # From man 2.0 to the universal matrix of ooscience. Unauthorized evolution
Plato # Against Democracy
Plez Ugo # The lost sciences
Poli Eric Francesca # Anatomy of quantum consciousness
Polkinghorne John # Quantum theory
Popper Karl # The ego and its brain. Armando Publisher.
Powell Arthur # The astral body and related phenomena
Prattico Franco # From chaos… to conscience
Privitera Agata # MBT The Myers-Briggs theory and the 16 personalities
Proverb Edward # Archaeoastronomy
Radin Dean # Interconnected Minds. Psychic phenomena explained by quantum physics.
Ramorino Felice # Classic mythology illustrated
Randall Lisa # Curved passes. The mysteries of the hidden dimensions of the universe
Ranucci Stefano # Physics of the other world. When consciousness and quantum physics explain the paranormal
Reda Giuseppe # Energy and its forms of existence
Reeves Hubert # Cosmic Evolution
Regge Tullio # Infinity
Renn Jurgen # The evolution of knowledge
Rey Olivier # Itineraries of bewilderment. What if science were a great metaphysical enterprise?
Rezzolla Luciano # The irresistible attraction of gravity. Journey to the discovery of black holes
Rhine Louisa # Psychokinesis. Mind dominates matter. Golem Books.
Richet Pascal # A natural history of time
Robinson Richard # Why does toast always fall buttered side up?
Robinson Richard # Why does toast always fall buttered side up? The brilliant scientific explanation of Murphy's Laws
Rodriguez Pepe # God was born a woman
Romano Giuliano # Archeoastronomia italiana
Romanus Julian # Orientamenti ad sidera
Rosati Giancarlo # Cosmic consciousness. Path to enlightenment
Rossi Daniela # Matter that dreams
Roth Reme # The Seekers of God
Rovelli Carlo # Hellgoland
Rowan Robinon # The nine numbers of the cosmos. The origin and nature of our universe
Rucker Rudy # The Fourth Dimension. A guided journey into higher order universes
Russel Bertrand # Dictionary of physical and moral logic
Russo Lucio # The forgotten revolution. Greek scientific thought
Russo Michele # Is life a "case" of matter?
Essay Isabella # Age, if any

Sale Musio Carla # Communicating with those who no longer have a body
Sarle John # The Mystery of Conscience
Schoch Robert # The voice of the stones. Lost civilizations
Schoepflin Maurice # 100 Philosophers
Schopenhauer Arthur # The art of getting right
Schumacher Ernst # A guide for the perplexed
Searle John # The mind
Sermonti Giuseppe # A science without a soul.
Serra Pietro # From the soul to the conscience. An incursion into the folds of the mind
Severino Emanuele # The anti philosophy
Shapira Haim # Lessons on Infinity
Sheldrake Rupert # The Extended Mind. Hooray.
Sheldrake Rupert # The illusions of science. Hooray.
Siegfried Tom # The Number of Heavens. A story of the multiverse and the quest to understand the cosmos
Sigman Mariano # The Secret Life of the Mind. How our brain works when it thinks, feels, decides
Singer Charles # A Brief History of Scientific Thought
Sissa ISAS laboratories # Chaos and complexity
Smith Michael # Jung and shamanism.
Smolin, Lee # Einstein's Unfinished Revolution. The search for what is there
Sorensen Roy # Philosophical Wonder Room
Sparzani and Panepucci # Jung e Pauli. La corrispondenza originaria:
Stanzani Maserati # Consciousness and meaning
Stapp Henry# Quantum Theory and Free Will. Springer International Publishing.
Stavros Joshua # Shamanism
Stein Murray # The principle of individuation. Towards the development of consciousness
Stenger Victor # Why Science Doesn't Believe in God. Faith's Lost Challenge to Reason
Styer Daniel # Really understanding relativity. Discovering Einstein's theory
Sun-Tzu # The Art of War
Surace Graziano # The Quantum of Challenge
Surprise Kirby # Sincronicità. Comprendere e utilizzare coincidenze significative
Tagliagambe Malinc # Jung e il libro rosso: il sé e il sacrificio dell'ego. Moretti & Vitali.
Malinc Legcutter. # Pauli e Jung. Un confronto tra materia e psiche.
Tagliagambe Silvano # Lo sguardo e l'ombra
Talbot Michael # All is one. Feltrinelli
Teilhard de Chardin # The human phenomenon
Teilhard de Chardin # The future of man
Teillard De Chardin # The place of Man in Nature
Teillard De Chardin # The singularities of the human species
Teodorani Massimo # Bohm. The physics of infinity.

Teodorani Massimo # Entanglement. The entanglement in the quantum world: from particles to consciousness.
Teodorani Massimo # The great celestial numbers
Teodorani Massimo # The atom and the elementary particles. Macro Editions
Teodorani Massimo # The creative mind. From the physical universe to intelligent life. Macro Editions.
Teodorani Massimo # Telling the universe. Popular introduction to astrophysics
Teodorani Massimo # Synchronicity. The link between physics and psyche. From Pauli to Jung to Chopra.
Teodorani Massimo # Teleportation
Teodorani Massimo # Tesla. A brillant idea
Tesla Nicola # My inventions. The autobiography of a genius
Tesla Nikola # On increasing human energy
Frank Tipler # The physics of immortality. Double day.
Tong Ziya # When you look at the world and you don't see it
Toni Paolo # Mathematical sparks. Games and competitions of creativity and logic
Tononi Edelman # A universe of consciousness
Tononi Giuio # PHI A journey from the brain to the soul
De Agostini # Illuminismo
Vaas Rudiger # Hawking. Universe, space, time
Vacca Roberto # You too are a mathematician
Vafa Cumrun # Puzzles to decipher the world
Vassallo Nicola # Philosophies of the sciences
Vidali Paolo # History of the idea of nature. From Greek Thought to Anthropocene Consciousness
Vincenzo Lorenzo # Enlightenment.
Vitebski Piers # Shamans
Von Franz Marie-Louise # Divination and synchronicity. Psychology of significant coincidences
Von Franz Marie-Louise # Fairy tales interpreted
Von Franz Marie-Louise # Psyche and matter
Von Franz Marie-Louise-ok # Psychological typology. The functions of consciousness: thinking and feeling, intuition and sensation
White John # The meeting of science and spirit. Publishing Practices.
Widmann Claudio # Introduction to synchronicity. Magi Editions.
Widmann Claudio # Synchronicities and significant coincidences. Magi Editions.
Wiener Anna # The dark valley
Wigner Eugene # The unreasonable efficacy of mathematics in the natural sciences
Wilber Ken # Quantum Issues
Wilson Edward # Wonderful Harmony
Wolf Fred # Time loops and space twists. How God created the universe. Find out why space, time and matter are closely connected
Wolke Robert # To his barber Einstein told it like this. Daily life and scientific questions
Zeilinger Anton # Einstein's Veil

Zeilinger Anton # The dance of photons
Zichichi Antonino # The irresistible charm of time. From the resurrection of Christ to the subnuclear universe
Zichichi Antonino # Infinity
Zolla Elemire # Archetypes. auras. Secret truths. Wandering Dionysus
Zoppi Giorgi0 # Cosmology with six difficulty levels

Finished printing on May 8, 2023

Bruno Del Medico, blogger, nhà văn, biên tập viên, chuyên phổ biến các vấn đề liên quan đến các sự kiện thời sự xã hội và các biên giới mới của khoa học. Ông là tác giả của nhiều văn bản liên quan đến đại dịch gần đây và của một loạt bài chuyên biệt về vật lý lượng tử và siêu hình học.

Bruno Del Medico, blogger, writer, editor, specialized in the dissemination of issues related to social current events and the new frontiers of science. He is the author of many texts related to the recent pandemic and of a specialized series on quantum physics and metaphysics

www.ingramcontent.com/pod-product-compliance
Lightning Source LLC
LaVergne TN
LVHW010647051026
849532LV00001B/200